全国建筑装饰装修行业培训系列教材

建筑装饰装修工程安全管理

中国建筑装饰协会培训中心组织编写

江清源　主编

中国建筑工业出版社

图书在版编目（CIP）数据

建筑装饰装修工程安全管理/江清源主编. —北京：中
国建筑工业出版社，2013.9
全国建筑装饰装修行业培训系列教材
ISBN 978-7-112-15656-6

Ⅰ.①建…　Ⅱ.①江…　Ⅲ.①建筑装饰-工程施工-安
全管理　Ⅳ.①TU767

中国版本图书馆 CIP 数据核字（2013）第 169295 号

责任编辑：朱首明　刘平平
责任设计：张　虹
责任校对：王雪竹　关　健

全国建筑装饰装修行业培训系列教材
建筑装饰装修工程安全管理
中国建筑装饰协会培训中心组织编写
江清源　主编

*

中国建筑工业出版社出版、发行(北京西郊百万庄)
各地新华书店、建筑书店经销
北京红光制版公司制版
北京富生印刷厂印刷

*

开本：787×1092 毫米　1/16　印张：16　字数：390 千字
2013 年 11 月第一版　2013 年 11 月第一次印刷
定价：**33.00** 元
ISBN 978-7-112-15656-6
（24220）

版权所有　翻印必究
如有印装质量问题，可寄本社退换
（邮政编码 100037）

序

在科学发展观的指引下，在国家宏观经济强势发展的带动下，中国建筑装饰行业呈现出健康快速发展态势，行业规模持续增长，产业化水平有了明显进步，企业的集中化程度有了一定的提高，技术创新和科技进步水平有了提升。建筑装饰装修工程施工管理已经发展为相对独立、具有较高技术含量和艺术创造性的专业化施工项目，因此对建筑装饰装修施工项目管理者的综合素质、管理理论和实践水平的要求也越来越高。

建筑装饰装修工程项目是各种生产要素的载体，建筑装饰装修工程施工管理是一项由设计、材料、施工、监理构成的多领域、多专业、多关联、多元化的系统工程，是一个按照工程项目的内在规律进行科学的计划、组织、协调和控制的管理过程。建筑装饰装修工程项目管理者的综合素质和管理水平高低直接影响着工程产品的最终质量，反映着了装饰施工企业的整体形象和管理水平，关系着企业的生存和发展。因此，培养和造就一支专技术、懂管理、会经营的建筑装饰装修工程项目管理队伍，对于规范建筑装饰装修施工，提高建筑装饰产品质量，提高建筑装饰装修行业整体水平及在国际市场中的竞争力具有重要意义。

全国建筑装饰装修行业培训系列教材是中国建筑装饰协会培训中心在十二年前受住房和城乡建设部（原建设部）主管部门的委托，在装饰项目经理培训教材的基础上，组织担任主要课程的教学人员和业内专家编写的。根据建设部建市（2003）86 号文件中"要充分发挥有关行业协会的作用，加强项目经理培训，不断提高项目经理队伍素质"的要求，根据中国建筑装饰协会 2003 年 8 月 1 日发文对进一步做好装饰行业项目经理培训工作做出的具体安排，随着培训工作的广泛开展，本套教材多次重印，在行业人才培训过程中发挥了重大的作用。

随着建筑装饰行业迅速发展，在已经到来的"十二五"发展时期，建筑业需求将持续强劲，建设规模仍将保持较大幅度增长，环保、节能、减排、低碳以及更加严格的工艺标准，对建筑装饰装修工程的技术要求会越来越高，项目管理专业化、科学化、现代化程度越来越高，特别是转变行业发展方式、提升行业发展质量、实现行业可持续发展，建立资源节约型和环境友好型工程，对项目管理人员乃至全行业各级各类从业人员的专业技术能力、管理能力、执业能力的要求也越来越高，因此，自 2011 年开始，在中国建筑工业出版社的支持下，我们组织作者陆续对全套教材实施修订工作，包括对现有教材的更新、补充、完善和增加新种类教材，使之更加符合行业发展的需要，更加适合行业人才培养的需要。

本套教材在修订过程中，仍然立足于突出建筑装饰装修行业的特点，加强建筑装饰装修施工项目管理理论知识的系统性、准确性和先进性，强调理论与实践相结合，完善建筑装饰装修工程项目管理人员的知识结构，体现出较高的科学性、针对性和实用性。此次出版的《建筑装饰装修工程安全管理》就是根据国家对安全生产的法律法规，针对建筑装饰行业安全生产的特点编写的施工安全管理实务教材。本书除强化普遍意义上的安全生产管理概念、理论、法规、知识和方法外，更加强调的是，安全生产意识的加强绝非仅限于操作层面的工人、班组长和安全员，它必须引起包括企业法人及各层管理者在内的全员的高度重视，建立起人人重视安全、时时重视安全的广泛共识，并将其转化为务实的行动。

　　本套教材的修订工作得到了多方关心和支持，在此谨向给予这套教材在使用过程中提出宝贵意见和建议的教师、学员和读者致以衷心的感谢！谨向给予我们重托并给予我们大力支持和指导的住房和城乡建设部相关主管部门和为此套教材出版发行给予大力支持的中国建筑工业出版社致以衷心的感谢！

中国建筑装饰协会培训中心

王燕鸣

2013 年 7 月 20 日

前　言

安全生产是全国一切经济部门和生产企业的头等大事，必须将其放在首位，真正做到"安全第一"。为贯彻《中华人民共和国安全生产法》、国务院《建设工程安全生产管理条例》和《安全生产许可证条例》，住建部先后出台了《建设工程施工现场管理规定》、《建筑施工企业安全生产许可证管理规定》、《建筑业企业职工安全培训教育暂行规定》、《建筑施工企业主要负责人、项目负责人和专职安全生产管理人员安全生产考核管理暂行规定》、《建筑施工企业安全生产管理机构设置及专职安全生产管理人员配备办法》等文件，进一步规范了建筑企业的安全管理，也体现了政府管理部门对建筑行业安全管理的高度重视。

建筑施工是高危行业。建筑业和其他行业不同，其主要特点是：产品固定、施工作业流动性大、施工现场变幻不定、工期不固定、露天高处作业多、手工操作、体力劳动、临时工多，特别是经济体制改革和建筑业开放劳务市场后，建筑队伍不断地壮大，而且又多为年轻新手，安全知识极为贫乏，不安全因素多，比如，容易有临时观念，靠侥幸心理作业，不采取可靠的安全防护措施，导致伤亡事故必然发生。所以，安全教育就是提高职工安全生产意识、掌握安全生产知识的重要途径和手段。唯此，才能实现安全生产，确保工人在生产过程中的安全和健康。

建筑装饰装修是建筑业的一个分支，除和建筑业有共性外，也有其个性。编者力图针对建筑装饰装修行业的特点，编撰一本侧重建筑装饰装修工程施工安全管理实务的培训教材，以供从业人员特别是安全管理人员学习掌握安全知识和安全管理办法。

本教材共由十三章和两个附录组成。在编写过程中力求做到知识准确，内容全面，力争给读者提供尽可能多的实用资料。附录一中所提供的法律法规、标准规范，全部可以从网上下载，本书中不再过多引述。

本教材由江清源主编，第一章和第九章由危冠元补充、校正。由于编者水平所限，本教材中的不足之处在所难免，衷心希望读者朋友给予指正。

在此对所有关心和帮助完善本教材的朋友致谢！

目　　录

第一章 安全生产法律体系及相关法律法规

安全生产法律法规是党和国家的安全方针政策的集中表现，是上升为国家和政府意志的一种行为准则。它以法律的形式规定人们在生产过程中的行为准则，用国家强制性的权力来维护企业安全生产的正常秩序。因此，有了各种安全生产法规，可以使安全生产工作做到有法可依、有章可循。

第一节 安全生产法律体系基础知识

一、安全生产法律体系概述

法律体系，是指一国范围内现行法律规范，按照一定规则分类组合成为不同的法律部门而形成的法律规范的有机联系的统一体。目前我国法律体系一般认为是由宪法、行政法、刑法、民法、诉讼法、婚姻法、劳动法、经济法等法律部门（又称部门法）构成。如劳动法体系是调整劳动关系以及与劳动关系密切联系的其他一些社会关系的诸多法律规范，按照其内在的联系，组成相互协调统一的有机整体。安全生产法律体系是对生产经营单位在生产经营活动中的安全生产条件、安全生产工作规则和监督管理办法进行规范，以保护劳动者在生产经营中的人身安全为根本宗旨的规范体系，从大的法律部门体系而言是属于劳动法体系中的劳动安全与卫生法律法规类的规范体系。

建立健全安全生产法律体系的宗旨或目的，是为了加强安全生产监督管理。对安全生产工作依法实行监督管理，是国家保障公民生命财产安全的重要手段。我国生产经营单位的安全事故不断发生，由多种因素造成，但其中对安全生产的监督管理不力及安全生产法律制度不完善，是主要原因之一。

安全生产法律体系由安全生产法律法规构成，是国家为了改善劳动条件，实现安全生产，保护劳动者在生产过程中的安全和健康而制定的各种法律、法规、部门规章、地方政府规章和其他规范性文件的总和。有关行业主管部门、行业协会等制定的安全生产行业技术标准包括强制性标准和推荐性标准，是安全生产法律体系的有机组成部分。

二、安全生产法律的渊源体系

安全生产法律体系是一个包含多种法律形式和法律层次的综合性系统，从法律规范的形式和特点来讲，既包括作为整个安全生产法律法规基础的宪法规范，也包括法律、行政法规、技术性法规、程序性法规。按法律地位及效力位阶，安全生产法律体系主要包括宪法、法律、行政法规、部门与地方政府规章、安全生产标准、已批准的国际安全劳工公约等规范性文件。

（一）宪法

何谓宪法？宪法通俗地理解，就是公民与国家之间的契约，是规定公民与国家之间的权利义务关系的法律。比如民法，规范的是平等民事主体之间的权利义务关系，劳动法规范的是用人单位与劳动者之间的权利义务关系，而宪法就是规范公民与国家之间的权利义务关系的法律。其中主要的又是规定国家对公民的义务。《宪法》是安全生产法律体系框架的最高层级，"加强劳动保护，改善劳动条件"是规定国家在安全生产方面对劳动者的义务而作的最高法律效力的规定。

（二）安全生产法律

安全生产法律是指国家为了调整安全生产法律关系而由全国人大及其常务委员会制定和修改，经国家主席签署主席令予以公布并由国家政权保证执行的规范性文件。安全生产法律是制定安全生产行政法规、地方法规及标准规范的依据。

典型的安全生产法律有：《中华人民共和国安全生产法》、《中华人民共和国建筑法》、《中华人民共和国消防法》、《中华人民共和国劳动法》、《中华人民共和国职业病防治法》、《中华人民共和国矿山安全法》等。

（三）安全生产行政法规

安全生产行政法规是指由国务院根据并且为实施宪法和法律而制定和发布的各类条例、办法、规定、实施细则、决定等规范性文件的总和。安全生产行政法规的作用是将劳动安全生产法律的原则性规定具体化，其效力仅次于宪法和法律。

典型的安全生产行政法规有：《建设工程安全生产管理条例》（国务院令第 393 号）、《安全生产许可证条例》（国务院令第 397 号）、《建设项目环境保护管理条例》（国务院令第 253 号）、《特种设备安全生产监察条例》（国务院令第 373 号）、《国务院关于特大安全事故行政责任追究的规定》（国务院令第 302 号）、《危险化学品安全管理条例》（国务院令第 344 号）、《特种设备安全监察条例》（国务院令第 549 号）等。

（四）安全生产地方性法规

地方性法规是指为了执行法律和行政法规，根据地方的具体情况和实际需要，由省级和国务院批准较大的市的地方人民代表大会及其常务委员会制定和发布的规范性文件。它原则上是在与法律和国家行政法规保持高度一致的前提下，根据安全生产工作的需要，与地方实际情况相结合而制定的更具可操作性的详细规定。地方性法规在所属地区内适用。

（五）安全生产部门规章

部门规章（含规定、办法、规则等）是指国务院所属各部委根据宪法、法律和行政法规而制定、部委行政首长签署命令予以公布的规范性文件。它是在与法律和国家行政法规保持高度一致的前提下，根据安全生产工作的需要，为控制易发、多发事故和预防职业病而制定的更具有可操作性的详细规定。部门规章在各部委的权限范围内全国适用。

典型的关于安全生产的部门规章有：《建筑起重机械安全监督管理规定》（建设部令第166 号）、《建筑施工企业安全生产许可证管理规定》（建设部第 128 号令）、《安全生产违法行为行政处罚办法》（国家安监总局令第 15 号）等。

（六）安全生产地方政府规章

地方政府规章是指根据法律、行政法规和本省、自治区、直辖市的地方性法规所制定的规范性文件。地方政府规章的制定主体分为两类。第一是省级人民政府，第二是较大的市的人民政府。较大的市的人民政府，是指省级人民政府所在地的市、经济特区的市，以及经过国务院批准的较大的市的人民政府。

（七）安全生产标准规范

以国家标准名义发布的安全生产标准（规程、规范），是为了适应国家法律和行政法规而建立的技术性法规。根据《安全生产法》、《劳动法》的规定，安全技术标准属于强制性标准，且有相应的法律地位和法律效力。到目前为止，我国与安全生产有关的技术标准已达 400 多项。

典型的关于安全生产的标准规范有：《建筑施工企业安全生产管理规范》GB 50656—2011、《建筑工程施工现场供用电安全规范》GB 50194—93、《施工现场临时用电安全技术规范》JGJ 46—2005、《建筑施工安全检查标准》JGJ 59—2011、《施工企业安全生产评价标准》JGJ/T 77—2010 等。

（八）其他安全生产规范性文件

其他规范性文件包括由国务院所属各部委制定，或由各省、自治区、直辖市政府以及各厅（局）、委员会等政府管理部门制定，对某方面或某项工作进行规范的文件，一般以"通知"、"规定"、"决定"等文件形式出现。典型的关于安全生产的规范性文件有：《国务院关于进一步加强安全生产的决定》（国发〔2004〕2 号）、《建筑施工企业安全生产许可证管理规定实施意见》（建质〔2004〕148 号）等。

行政法规、地方性法规、规章以及其他规范性文件都是宪法和法律的具体化或必要补充。

（九）已批准的国际安全劳工公约

国际劳工组织自 1919 年创立以来，共通过了 185 个国际公约和为数较多的建议书，这些公约和建议书统称国际劳工标准，其中 70% 的公约和建议书涉及职业安全卫生问题。我国政府已签订了多个国际性公约，根据我国法律规定，当我国法律规定与国际公约不同时，应优先采用国际公约的规定（保留条款除外）。目前我国政府已批准的国际劳工公约有 23 个，其中 4 个是与职业安全卫生相关的。如 1988 年《建筑业安全和卫生公约》（第 167 号公约）、1990 年《作业场所安全使用化学品公约》（第 170 号国际公约）等。

第二节　主要安全生产法律法规及标准概述

一、宪法

《宪法》第四十二条规定："中华人民共和国公民有劳动的权利和义务。"

"国家通过各种途径，创造劳动就业条件，加强劳动保护，改善劳动条件，并在发展生产的基础上，提高劳动报酬和福利待遇。"

"国家对就业前的公民进行必要的劳动就业训练。"

《宪法》第四十三条规定："中华人民共和国劳动者有休息的权利。"

"国家发展劳动者休息和休养的设施，规定职工的工作时间和休假制度。"

关于宪法条文规定，目前我国的国情是更强调其政治意义和宣示意义，在司法实践中人民法院是不能直接援引宪法条文进行裁判的。

二、安全生产法律

（一）《刑法》

现行《刑法》是八届人大五次会议于 1997 年 3 月 14 日修订，自 1997 年 10 月 1 日起施行的，后来经过了八个《刑法修正案》，八个刑法修正案均由全国人大常委会修改制订。

刑法共主要有 13 条罪名与安全生产有关，分别是：

1. 第一百三十二条　　　〔铁路运营安全事故罪〕
2. 第一百三十三条　　　〔交通肇事罪〕
3. 第一百三十四条　　　〔重大责任事故罪〕
4. 第一百三十五条　　　〔重大安全生产事故罪〕
5. 第一百三十五条之一　〔大型活动安全事故罪〕
6. 第一百三十六条　　　〔危险物品肇事罪〕
7. 第一百三十七条　　　〔工程重大安全事故罪〕
8. 第一百三十九条　　　〔消防责任事故罪〕
9. 第一百三十九条之一　〔不报谎报事故罪〕
10. 第二百三十三条　　　〔过失致人死亡罪〕
11. 第二百三十五条　　　〔过失致人重伤罪〕
12. 第二百四十四条　　　〔强迫职工劳动罪〕
13. 第三百九十七条　　　〔滥用职权与玩忽职守罪〕

为促进安全生产责任的落实，2006 年 6 月 29 日十届全国人民代表大会常务委员会第二十二次会议通过《中华人民共和国刑法修正案（六）》，该修正案加重了对安全事故责任人的刑事处罚力度，提高了重大安全生产事故罪的最高刑期。这是国家运用法制、促进安全生产工作的重要举措。其中涉及安全生产方面主要修改如下：

（1）《刑法》第一百三十四条修改为："在生产、作业中违反有关安全管理的规定，因而发生重大伤亡事故或者造成其他严重后果的，处三年以下有期徒刑或者拘役；情节特别恶劣的，处三年以上七年以下有期徒刑。"

"强令他人违章冒险作业，因而发生重大伤亡事故或者造成其他严重后果的，处五年以下有期徒刑或者拘役；情节特别恶劣的，处五年以上有期徒刑。"

（2）《刑法》第一百三十五条修改为："安全生产设施或者安全生产条件不符合国家规定，因而发生重大伤亡事故或者造成其他严重后果的，对直接负责的主管人员和其他直接责任人员，处三年以下有期徒刑或者拘役；情节特别恶劣的，处三年以上七年以下有期徒刑。"

（3）在《刑法》第一百三十五条后增加一条，作为第一百三十五条之一："举办大型群众性活动违反安全管理规定，因而发生重大伤亡事故或者造成其他严重后果的，对直接负责的主管人员和其他直接责任人员，处三年以下有期徒刑或者拘役；情节特别恶劣的，处三年以上七年以下有期徒刑。"

（4）在《刑法》第一百三十九条后增加一条，作为第一百三十九条之一："在安全事故发生后，负有报告职责的人员不报或者谎报事故情况，贻误事故抢救，情节严重的，处三年以下有期徒刑或者拘役；情节特别严重的，处三年以上七年以下有期徒刑。"

各罪名介绍如下：

◆ 重大责任事故罪。本罪可是安全生产领域最重要的一条罪名。所谓重大责任事故罪是指在生产、作业中违反有关安全管理的规定，因而发生重大伤亡事故或者造成其他严重后果的行为。重大责任事故罪构成要件：

（1）客体：重大责任事故罪的侵害的对象是人身和财产。

（2）客观要件：重大责任事故罪的行为是在生产、作业中违反有关安全管理规定。这里的违反有关安全管理规定，是指违反有关生产安全的法律、法规、规章制度。因此，这种有关安全生产规定包括以下三种情形：

1）国家颁布的各种有关安全生产的法律、法规等规范性文件。

2）企业、事业单位及其上级管理机关制定的反映安全生产客观规律的各种规章制度。比如我们企业内部经过法定程序制定的关于安生生产管理方面的规章制度，也是这里所说的"有关安全生产规定"。

3）虽无明文规定，但反映生产、科研、设计、施工的安全操作客观规律和要求，在实践中为职工所公认的行之有效的操作习惯和惯例等。

本条第二款所称"强令他人违章冒险作业"，主要是指生产、施工、作业等工作的管理人员，明知自己的指挥、决定违反安全生产、作业的规章制度，可能会发生事故，却心怀侥幸，自认为不会出事，而强行命令他人违章作业的行为。"强令"，不能机械地理解为必须有说话态度强硬或者大声命令等外在表现，强令者也不一定必须在生产、作业现场，而应理解为"强令"者发出的信息内容所产生的影响，达到了使工人不得不违心继续生产、作业的心理强制程度。比如工人如果拒绝服从，会面临扣工资、辞退等后果，使工人产生畏惧而不得不继续工作。规章制度，可以是行业主管发布的行业规范或标准，也可以是企业内部的关于安生生产管理方面的规章制度。

如果这个"强令他人违章冒险作业"是以限制人身自由方法强迫他人作业的，那么就会同时构成刑法的另一条罪名第二百四十四条"强迫职工劳动罪"。那就更严重了，有可能涉及数罪并罚。

（1）犯罪主体：《刑法修正案（六）》扩大了刑法第134条重大责任事故罪的犯罪主体，将该罪的犯罪主体从原来的企业、事业单位职工扩大到从事生产、作业的一切人员，把目前难以处理的对安全事故负有责任的个体、包工头和无证从事生产、作业的人员都包括在内了。

（2）主观要件。重大责任事故罪的罪过形式（也就是主观上的一种过错形式）是过失。这里的过失，可以为疏忽大意的过失，也可以为过于自信的过失，由此导致危害社会结果的发生。对于违章行为，既可以是无意违反，也可能是明知故犯，故意去违章。也就是说行为人对违反安全管理规定时所持的心理态度可能是故意或过失，但是对违章可能造成的后果即发生安全事故所持的心理态度只能是过失的。如果明知会发生安全事故，仍积极地实施违章行为，则可能涉及故意犯罪问题。

◆重大安全生产事故罪。本罪也是安全生产领域比较重要的一条罪名，《刑法修正案（六）》也对此作了修改，修改前的罪名是"重大劳动安全事故罪"。所谓重大安全生产事故罪，是指企业、事业单位的安全生产设施或者安全生产条件不符合国家规定，因而发生重大伤亡事故或者其他严重后果的行为。《刑法修正案（六）》对本罪作了比较大的修改：

（1）对本罪主体的修改。取消了原主体规定工厂、矿山、林场、建筑企业或者其他企业、事业单位。修改后本罪的主体为一般主体，不限于企业、事业单位。

（2）将劳动安全设施不符合国家规定修改为"安全生产设施或者安全生产条件不符合国家规定"。

（3）取消了"经有关部门或者单位职工提出后对事故隐患仍不采取措施"即把本罪由

5

纯正不作为犯罪修改为既可以作为也可以由不作为构成。只要发生了重大伤亡事故或者造成其他严重后果，就算没有人提出来，也构成犯罪。

重大责任事故罪与重大安全生产事故罪辩析：

（1）二罪的共同点：重大责任事故罪与重大劳动安全事故罪的共同之处在于都发生了重大安全事故，且都是在生产过程中发生的，主观方面都是过失。

（2）二罪的区别在于：

1）客观方面不同：重大责任事故罪是针对的是从事生产、作业的一切人员违章作业造成事故进行惩罚，主要是对"人"的行为的刑法评价；重大安全生产事故罪针对的是从事安全生产经营的单位或个人所拥有的安全生产设施或者安全生产条件不符合要求，主要是针对"物"的状态所作的刑法评价。

2）主体不同：重大安全生产事故罪的主体一般是单位，但也不排除个人从事生产经营（比如包工头个人承包的工程项目）的项目安全生产设施或者安全生产条件不符合国家规定，也就是说原来构成本罪的主体是单位，现在自然人也可以构成。重大责任事故罪的主体是自然人，即不管是不是单位职工，包括包工头或临时工，都可以成为本罪的主体。

3）从逻辑关系分析：二者有包容与被包容的关系，也就是重大责任事故罪的"违反有关安全管理的规定"其实包括了"安全生产设施或者安全生产条件不符合国家规定"情节。

◆不报、谎报安全事故罪。本罪是《刑法修正案（六）》第四条即刑法第一百三十九条之一新增设的罪名，是指在安全事故发生后，负有报告职责的人员不报或者谎报事故情况，贻误事故抢救，情节严重的行为。不报、谎报安全事故罪的构成要件：

（1）客体方面：本罪侵犯的是安全事故监管制度。本罪主要是针对近年来一些事故单位的负责人和对安全事故负有监管职责的人员在事故发生后弄虚作假，结果延误事故抢救，造成人员伤亡和财产损失进一步扩大的行为而设置的。

（2）客观方面：表现为在安全事故发生后，负有报告职责的人员不报或者谎报事故情况，贻误事故抢救，情节严重的行为。《中华人民共和国安全生产法》第九十一条规定：生产经营单位主要负责人在本单位发生重大生产安全事故时，不立即组织抢救或者在事故调查处理期间擅离职守或者逃匿的，给予降职、撤职的处分，对逃匿的处十五日以下拘留；构成犯罪的，依照刑法有关规定追究刑事责任。生产经营单位主要负责人对生产安全事故隐瞒不报、谎报或者拖延不报的，依照前款规定处罚。《中华人民共和国安全生产法》第九十二条之规定：有关地方人民政府、负有安全生产监督管理职责的部门，对生产安全事故隐瞒不报、谎报或者拖延不报的，对直接负责的主管人员和其他直接责任人员依法给予行政处分；构成犯罪的，依照刑法有关规定追究刑事责任。

（3）主体方面：犯罪主体为对安全事故"负报告职责的人员"。"安全事故"不仅限于生产经营单位发生的安全生产事故、大型群众性活动中发生的重大伤亡事故，还包括刑法分则第二章规定的所有于安全事故有关的犯罪，但第一百三十三条、第一百三十八条除外，因为这两条已经把不报告作为构成犯罪的条件之一。另外，2007年2月26日最高人民法院、最高人民检察院出台《关于办理危害矿山生产安全刑事案件具体应用法律若干问题的解释》（以下称《生产安全刑事案件解释》）第五条，刑法第一百三十九条之一规定的"负有报告职责的人员"，是指矿山生产经营单位的负责人、实际控制人、负责生产经营管理的投资人以及其他负有报告职责的人员。

（4）主观方面：心须是故意。根据《生产安全刑事案件解释》第六条，在矿山生产安全事故发生后，负有报告职责的人员不报或者谎报事故情况，贻误事故抢救，具有下列情形之一的，应当认定为刑法第一百三十九条之一规定的"情节严重"：（一）导致事故后果扩大，增加死亡一人以上，或者增加重伤三人以上，或者增加直接经济损失一百万元以上的；（二）实施下列行为之一，致使不能及时有效开展事故抢救的：①决定不报、谎报事故情况或者指使、串通有关人员不报、谎报事故情况的；② 在事故抢救期间擅离职守或者逃匿的；③ 伪造、破坏事故现场，或者转移、藏匿、毁灭遇难人员尸体，或者转移、藏匿受伤人员的；④毁灭、伪造、隐匿与事故有关的图纸、记录、计算机数据等资料以及其他证据的；（三）其他严重的情节。

◆ 消防责任事故罪。违反消防管理法规，经消防监督机构通知采取改正措施而拒绝执行，造成严重后果的，对直接责任人员，处三年以下有期徒刑或者拘役；后果特别严重的，处三年以上七年以下有期徒刑。

◆ 过失致人死亡罪、过失致人重伤罪。类似的这两个条款，在刑法理论上称之为兜底条款或叫"口袋罪"。司法实践中，针对一些刑法条文没有明确规定、但又确实造成严重社会危害后果的违法行为，通常适用这些兜底条款或叫"口袋罪"。比如在建筑工程施工现场，出现非安全生产过程中的过失致人死亡或重伤，或者虽然发生安全事故，但仅造成三人以下重伤的事故，这时候，就适用过失致人死亡罪、过失致人重伤罪这两个兜底条款。

◆ 刑事责任。2008 年 6 月 25 日最高人民检察院、公安部发布《关于公安机关管辖的刑事案件立案追诉标准的规定（一）》对各类案件的立案追诉标准作了详细规定，其中涉及安全生产方面规定如下：

第八条　［重大责任事故案（刑法第一百三十四条第一款）］在生产、作业中违反有关安全管理的规定，涉嫌下列情形之一的，应予立案追诉：

（1）造成死亡一人以上，或者重伤三人以上；

（2）造成直接经济损失五十万元以上的；

（3）发生矿山生产安全事故，造成直接经济损失一百万元以上的；

（4）其他造成严重后果的情形。

第九条　［强令违章冒险作业案（刑法第一百三十四条第二款）］强令他人违章冒险作业，涉嫌下列情形之一的，应予立案追诉：

（1）造成死亡一人以上，或者重伤三人以上；

（2）造成直接经济损失五十万元以上的；

（3）发生矿山生产安全事故，造成直接经济损失一百万元以上的；

（4）其他造成严重后果的情形。

第十条　［重大安全生产事故案（刑法第一百三十五条）］安全生产设施或者安全生产条件不符合国家规定，涉嫌下列情形之一的，应予立案追诉：

（1）造成死亡一人以上，或者重伤三人以上；

（2）造成直接经济损失五十万元以上的；

（3）发生矿山生产安全事故，造成直接经济损失一百万元以上的；

（4）其他造成严重后果的情形。

原来重大责任事故罪、重大安全生产事故罪的责任主体是专门指企业、事业单位的职工，《刑法修正案（六）》对本案刑事责任的主体作了修改，之后"两高"出台了《生产安全刑事案件解释》，明确规定有可能构成此案犯罪的主体包括生产、作业负有组织、指挥或者管理职责的负责人、管理人员、实际控制人、投资人等人员，以及直接从事施工生产、作业的人员。因此，只要在生产、作业中，无论是企业法定代表人，或者是项目负责人（包工头），还是一个临时工，都有可能构成此类案件刑事责任的主体。

（二）《民法》

我国目前没有法典化的《民法典》，平常所称的民法，是指以《民法通则》为总纲，以一些单行法比如《合同法》、《物权法》、《侵权责任法》等为分则内容的一系列涉及民事领域的法律的总称。其中《民法通则》是我国对民事活动中一些共同性问题所作的法律规定，是民法体系中的一般法。所谓民事活动当然也包括建筑工程施工活动，建筑工程施工必然也受《民法通则》的调整。

1. 《民法通则》第98条关于生命健康权、第119条关于人身伤害赔偿的两条法律规定，对在安全生产过程中受到的人身伤亡事故赔偿问题提供法律依据。另外，最高人民法院于2003年12月4日通过的《关于审理人身损害赔偿案件适用法律若干问题的解释》，这个司法解释对各种人身伤害的赔偿标准作了具体规定，适用于非工伤事故的赔偿程序，以及安全生产领域劳务关系（非劳动关系）主体之间发生的人身伤害赔偿程序。

民法关于人身伤害赔偿规定在安全生产领域的用得不多，因为安全生产一旦发生事故，一般情况下是按工伤事故处理，而工伤事故，并不适用民法规定，而是适用国务院颁布的行政法规《工伤保险条例》的规定。

2. 民事行为代理。建筑工程施工过程发生安全事故，涉及各类民事主体之间错综复杂的法律关系，如挂靠施工、合同项目分包转包、劳动者临时用工等。《民法通则》第66条关于无权越权代理的规定、第67条关于违法代理的规定以及《合同法》第49条关于表见代理的规定，均是处理类似法律关系的法律依据。

（三）《建筑法》

《建筑法》以规范建筑市场行为为起点，以建设工程质量和安全为主线，为建筑业企业及其主管部门贯彻"安全第一、预防为主、综合治理"的方针，处理好建设行政主管部门和安全生产监察部门管理职责分工联系，处理好"扰民"和"民扰"关系，落实建设单位、设计单位、施工企业安全生产责任制，加强建筑施工的4个环节（即施工前、施工作业过程、施工现场的安全管理以及一旦发生事故如何处理和建立健全安全生产基本制度）等做出了法律上的规定。

《建筑法》确立了9项基本制度，即承包方资质管理制度；建筑工程施工许可证制度；招标、投标制度；禁止肢解发包和转包工程制度；建筑工程监理制度；工程质量监督管理制度；建筑安全生产管理制度（其中包括安全生产责任制度、群防群治制度、教育培训制度、意外伤害保险制度、伤亡事故报告制度）；竣工验收制度和保修制度；建筑工程质量责任制度。

《建筑法》对施工单位安全生产管理做出了14项规定。它们是：

1. 第三十六条：建筑工程安全生产管理必须坚持"安全第一、预防为主、综合治理"

的方针，建立健全安全生产的责任制度和群防群治制度。

2. 第三十八条：在编制施工组织设计时，应当根据建筑工程的特点制定相应的安全技术措施；对专业性较强的工程项目，应当编制专项安全施工组织设计，并采取安全技术措施。

3. 第三十九条：应当在施工现场采取维护安全、防范危险、预防火灾等措施；有条件的，应当对施工现场进行封闭式管理。施工现场对毗邻的建筑物、构筑物和特殊作业环境可能造成损害的，应当采取安全防护措施。

4. 第四十一条：应当遵守有关环境保护安全生产的法律、法规，采取措施控制和处理施工现场的各种粉尘、废气、废水、固体废物以及噪声、振动对环境的污染和危害。

5. 第四十四条：必须依法加强对建筑安全生产的管理，执行安全生产责任制度，采取有效措施，防止伤亡和其他安全生产事故发生。建筑施工企业的法定代表人对本企业的安全生产负责。

6. 第四十五条：施工现场安全由建筑施工企业负责，实行施工总承包的由总承包单位负责，分包单位应服从总承包单位对施工现场的安全生产管理。

7. 第四十六条：应当建立健全劳动安全生产教育培训制度，加强对职工安全生产的教育培训；未经安全生产教育培训的人员，不得上岗作业。

8. 第四十七条：建筑施工企业和作业人员在施工过程中，应当遵守有关安全生产的法律、法规和建筑行业安全规章、规程，不得违章指挥或者违章作业。作业人员有权对影响人身健康的作业程序和作业条件提出改进意见，有权获得安全生产所需的防护用品。作业人员对危及生命安全和人身健康的行为有权提出批评、检举和控告。

9. 第四十八条：必须为从事危险作业的职工办理意外伤害保险，支付保险费。

10. 第四十九条：涉及建筑主体和承重结构变动的装修工程，建设单位应当在施工前委托原设计单位或者具有相应资质条件的设计单位提出设计方案；没有设计方案的，不得施工。

11. 第五十条：房屋拆除应当由具备保证安全条件的建筑施工单位承担，由建筑施工单位对安全负责。

12. 第五十一条：施工中发生事故时，应当采取紧急措施，减少人员伤亡和事故损失，并按国家有关规定及时向有关部门报告。

13. 第五十二条：建筑工程勘察、设计、施工的质量必须符合国家有关建筑工程安全标准的要求，具体管理办法由国务院规定。

14. 第五十四条：建设单位不得以任何理由，要求建筑设计单位或者建筑施工企业在工程设计或者施工作业中，违反法律、行政法规和建筑工程质量、安全标准，降低工程质量。建筑设计单位和建筑施工企业对建设单位违反前款规定提出的降低工程质量的要求，应当予以拒绝。

（四）《劳动法》

《劳动法》中涉及劳动保护安全生产的内容有：劳动安全卫生；女职工和未成年工特殊保护；社会保险与福利。在劳动安全卫生方面明确了用人单位的责任和义务、劳动者的权利和义务。规定用人单位必须建立健全劳动安全卫生制度，严格执行国家劳动安全卫生规程和标准，对劳动者进行劳动安全卫生教育，防止劳动过程中的事故，减少职业危害。

必须为劳动者提供符合国家规定的劳动安全卫生条件和必要的劳动保护用品，对从事有职业危害作业的劳动者应当定期进行健康检查。从事特种作业的劳动者必须经过专门培训并取得特种作业资格。

规定劳动者在劳动过程中必须严格遵守安全操作规程。劳动者对用人单位管理人员违章指挥，强令冒险作业有权拒绝执行；对危害生命安全和身体健康的行为，有权提出批评、检举和控告。

《劳动法》还强调劳动安全卫生设施必须符合国家规定的标准。新建、改建、扩建工程的劳动安全卫生设施必须与主体工程同时设计、同时施工、同时投入生产和使用，即"三同时"制度。

（五）《安全生产法》

《安全生产法》是我国第一部全面规范安全生产的综合性法律，是我国安全生产法律体系的主体法，它以规范生产经营单位的安全生产为重点，以强化安全生产监督执法为手段，立足于事故预防，强调了生产经营单位必须遵守《安全生产法》和其他有关安全生产的法律法规，必须加强安全生产管理，必须建立健全安全生产责任制，必须完善安全生产条件。《安全生产法》的公布施行，是我国安全生产法制进程中新的里程碑，它标志着我国安全生产法制建设进入了一个新的阶段。

《安全生产法》突出了安全生产基本法律制度建设，该法主要包括以下 7 项基本内容：安全生产监督管理、生产经营单位的安全生产保障、生产经营单位负责人安全生产责任制、从业人员的安全生产权利义务、安全生产中介服务、安全生产责任追究、安全生产事故的应急救援和调查处理。它是各类生产经营单位及其从业人员实现安全生产所必须遵循的行为准则，是各级人民政府和各有关部门进行监督管理和行政执法的法律依据，是制裁各种安全生产违法犯罪的法律武器。

（六）《消防法》

《消防法》对涉及火灾的法律规范作了严格规定，自实施以来，有力地推动了我国消防法治建设、社会化消防管理、公共消防设施建设以及消防监督执法规范化、提升政府应急救援能力、火灾隐患整改等方面的工作，对预防和减少火灾危害，保护人身、财产安全，维护公共安全，发挥了重要作用。在与建筑装饰装修施工有关的规定主要有如下方面：

1. 第九条　建设工程的消防设计、施工必须符合国家工程建设消防技术标准。建设、设计、施工、工程监理等单位依法对建设工程的消防设计、施工质量负责。

2. 第十条　按照国家工程建设消防技术标准需要进行消防设计的建设工程，除本法第十一条另有规定的外，建设单位应当自依法取得施工许可之日起七个工作日内，将消防设计文件报公安机关消防机构备案，公安机关消防机构应当进行抽查。

3. 第十一条　国务院公安部门规定的大型的人员密集场所和其他特殊建设工程，建设单位应当将消防设计文件报送公安机关消防机构审核。公安机关消防机构依法对审核的结果负责。

4. 第十二条　依法应当经公安机关消防机构进行消防设计审核的建设工程，未经依法审核或者审核不合格的，负责审批该工程施工许可的部门不得给予施工许可，建设单位、施工单位不得施工；其他建设工程取得施工许可后经依法抽查不合格的，应当停止施工。

5.第十三条 按照国家工程建设消防技术标准需要进行消防设计的建设工程竣工，依照下列规定进行消防验收、备案：

（1）本法第十一条规定的建设工程，建设单位应当向公安机关消防机构申请消防验收；

（2）其他建设工程，建设单位在验收后应当报公安机关消防机构备案，公安机关消防机构应当进行抽查。

依法应当进行消防验收的建设工程，未经消防验收或者消防验收不合格的，禁止投入使用；其他建设工程经依法抽查不合格的，应当停止使用。

6.第十四条 建设工程消防设计审核、消防验收、备案和抽查的具体办法，由国务院公安部门规定。

7.第二十一条 禁止在具有火灾、爆炸危险的场所吸烟、使用明火。因施工等特殊情况需要使用明火作业的，应当按照规定事先办理审批手续，采取相应的消防安全措施；作业人员应当遵守消防安全规定。

进行电焊、气焊等具有火灾危险作业的人员和自动消防系统的操作人员，必须持证上岗，并遵守消防安全操作规程。

三、安全生产行政法规

（一）《建设工程安全生产管理条例》（国务院第 393 号令）

《建设工程安全生产管理条例》是在《建筑法》、《安全生产法》颁布实施后制定的第一部在建设工程安全生产方面的配套性行政法规，是针对工程建设中存在的建设各方主体安全责任不够明确，建设工程安全生产投入不足，监督管理制度不健全以及安全生产事故应急救援制度不健全而制定的，《条例》的实施标志着我国建设工程安全生产管理进入法制化、规范化发展的新时期。

《条例》全面总结了我国建设工程安全管理的实践经验，借鉴了国外发达国家建设工程安全管理的成熟做法，对建设活动各方主体的安全责任、政府监督管理、生产安全事故的应急救援和调查处理以及相应的法律责任作了明确规定，确立了一系列符合中国国情以及适应社会主义市场经济要求的建设工程安全管理制度。《条例》的颁布实施，对建设单位、施工单位、勘察、设计、监理单位、机械设备配件的提供单位以及检验检测机构的安全责任进行了进一步的明确，对于规范和增强建设工程各方主体的安全行为和安全责任意识，强化和提高政府安全监管水平和依法行政能力，保障从业人员和广大人民群众的生命财产安全，具有十分重要的意义。

（二）《安全生产许可证条例》（国务院令第 397 号）

《安全生产许可证条例》于 2004 年 1 月 7 日国务院第 34 次常务会议通过，2004 年 1月 13 日公布并施行。其中的第六条规定了企业取得安全生产许可证，应当具备的安全生产条件：

1.建立、健全安全生产责任制，制定完备的安全生产规章制度和操作规程；

2.安全投入符合安全生产要求；

3.设置安全生产管理机构，配备专职安全生产管理人员；

4.主要负责人和安全生产管理人员经考核合格；

5. 特种作业人员经有关业务主管部门考核合格，取得特种作业操作资格证书；

6. 从业人员经安全生产教育和培训合格；

7. 依法参加工伤保险，为从业人员缴纳保险费；

8. 厂房、作业场所和安全设施、设备、工艺符合有关安全生产法律、法规、标准和规程的要求；

9. 有职业危害防治措施，并为从业人员配备符合国家标准或者行业标准的劳动防护用品；

10. 依法进行安全评价；

11. 有重大危险源检测、评估、监控措施和应急预案；

12. 有生产安全事故应急救援预案、应急救援组织或者应急救援人员，配备必要的应急救援器材、设备；

13. 法律、法规规定的其他条件。

（三）《工伤保险条例》（国务院令第 375 号）

《工伤保险条例》于 2003 年 4 月 27 日国务院令第 375 号公布，2004 年 1 月 1 日起施行，2010 年 12 月 20 日根据《国务院关于修改〈工伤保险条例〉的决定》进行了大的修订。按修改后的《工作保险条例》规定，原来由用人单位支付的一次性工伤医疗补助金、住院伙食补助费和到统筹地区以外就医所需的交通、食宿费，改由工伤保险基金支付；同时为了从源头上减少工伤事故和职业病的发生，还将工伤预防费用增列为工伤保险基金支出项目，主要用于工伤预防的宣传、培训。总之，按新的工伤保险条例处理安全事故，企业承担的赔付费用大大减少。建筑工程施工过程中，若发安全事故，大多数情况下涉及事故后对发生工伤或工亡的劳动者进行经济赔偿的问题。而这个赔偿适用的法律依据就是《工伤保险条例》。另根据《工伤保险条例》规定，职业病的处理程序与工伤的处理程序是基本相同的。事故发后，工伤赔偿处理的基本程序是：首先是确认劳动关系，然后由用人单位在事故伤害之日 30 天内向社会保险行政部门提出工伤认定申请，如果用人单位未及时提出工伤认定申请的，工伤职工或者其近亲属、工会组织在事故伤害发生之日起 1 年内可以直接向用人单位所在地统筹地区社会保险行政部门提出工伤认定申请，接着社会保险行政部门应当自受理工伤认定申请之日起 60 日内做出工伤认定的决定，根据工伤认定进行申报工伤保险待遇。

四、安全生产部门规章

（一）《建筑起重机械安全监督管理规定》（建设部令第 166 号）

该规定指出：从事建筑起重机械安装、拆卸活动的单位（以下简称安装单位）应当依法取得建设主管部门颁发的相应资质和建筑施工企业安全生产许可证，并在其资质许可范围内承揽建筑起重机械安装、拆卸工程。

（二）《建筑施工企业安全生产许可证管理规定》（建设部第 128 号令）

该规定指出：建筑施工企业未取得安全生产许可证的，不得从事建筑施工活动。

建筑施工企业取得安全生产许可证，应当具备下列安全生产条件：

（1）建立、健全安全生产责任制，制定完备的安全生产规章制度和操作规程；

（2）保证本单位安全生产条件所需资金的投入；

（3）设置安全生产管理机构，按照国家有关规定配备专职安全生产管理人员；

（4）主要负责人、项目负责人、专职安全生产管理人员经建设主管部门或者其他有关部门考核合格；

（5）特种作业人员经有关业务主管部门考核合格，取得特种作业操作资格证书；

（6）管理人员和作业人员每年至少进行一次安全生产教育培训并考核合格；

（7）依法参加工伤保险，依法为施工现场从事危险作业的人员办理意外伤害保险，为从业人员交纳保险费；

（8）施工现场的办公、生活区及作业场所和安全防护用具、机械设备、施工机具及配件符合有关安全生产法律、法规、标准和规程的要求；

（9）有职业危害防治措施，并为作业人员配备符合国家标准或者行业标准的安全防护用具和安全防护服装；

（10）有对危险性较大的分部分项工程及施工现场易发生重大事故的部位、环节的预防、监控措施和应急预案；

（11）有生产安全事故应急救援预案、应急救援组织或者应急救援人员，配备必要的应急救援器材、设备；

（12）法律、法规规定的其他条件。

五、建筑施工安全生产技术标准

1. 最近新制修订的安全生产标准：《建筑施工企业安全生产管理规范》GB 50656—2011、《建筑施工安全检查标准》JGJ 59—2011 与《施工企业安全生产评价标准》JGJ/T 77—2010 等，旨在加强并提高安全生产和文明施工的管理水平。根据国务院第 397 号《安全生产许可证条例》规定："依法通过安全生产评价"是企业取得安全生产许可证应当具备的条件之一。

2. 《施工现场临时用电安全技术规范》JGJ 46—2005

该规范明确规定了施工现场临时用电施工组织设计的编制、专业人员、技术档案管理要求；外电线路与电气设备防护、接地与防雷、配电室及自备电源、配电线路、配电箱及开关箱、电动建筑机械及手持电动工具、照明以及实行 TN−S 三相五线制接零保护系统等方面的安全管理及安全技术措施的要求。

3. 《建筑施工高处作业安全技术规范》JGJ 80—1991

该规范对高处作业的安全技术措施及其所需料具，施工前的安全技术教育及交底，人身防护用品的落实，上岗人员的专业培训考试、持证上岗和体格检查，作业环境和气象条件，临边、洞口、攀登、悬空作业、操作平台与交叉作业的安全防护设施的计算，安全防护设施的验收都做出了规定。

4. 《龙门架及井架物料提升机安全技术规范》JGJ 88—2010

该规范规定：安装、拆除单位应具有起重机械安拆资质及安全生产许可证；安装、拆除作业人员必须经专门培训，取得特种作业资格证；使用单位应建立设备档案；物料提升机严禁载人。物料提升机在大雨、大雾、风速 13m/s 及以上大风等恶劣天气时，必须停止运行；作业结束后，应将吊笼返回最底层停放，控制开关应扳至零位，并应切断电源，锁好开关箱。

5. 《建筑施工扣件式钢管脚手架安全技术规范》JGJ 130—2011

该规范对房屋建筑工程和市政工程等施工用落地式单、双排扣件式钢管脚手架、满堂扣件式钢管脚手架、型钢悬挑扣件式钢管脚手架、满堂扣件式钢管支撑架的设计、施工及验收作了明确规定。

6.《建筑施工门式钢管脚手架安全技术规范》JGJ 128—2010

该规范对房屋建筑与市政工程施工中采用门式钢管脚手架搭设的落地式脚手架、悬挑脚手架、满堂脚手架与模板支架的设计、施工和使用都作了明确的要求。同时，对架体搭设人员的要求，防护用品的落实都做出了规定。

7.《建筑机械使用安全技术规程》JGJ 33—2012

该规程适用于建筑安装、工业生产及维修企业中各种类型建筑机械的使用。主要内容包括总则、一般规定（明确了操作人员的身体条件要求、上岗作业资格、防护用品的配置以及机械使用的一般条件）和11大类建筑机械使用所必须遵守的安全技术要求。

8.《工程建设标准强制性条文》（房屋建筑部分）

《工程建设标准强制性条文》的内容，每年都有新的条文增加，是摘录了工程建设现行国家和行业标准中涉及人民生命财产安全、人身健康、环境保护和其他公众利益的必须严格执行的强制性规定，同时考虑了提高经济效益和社会效益等方面的要求。列入《工程建设标准强制性条文》的所有条文都必须严格执行。最后一篇专门汇集与施工安全有关的标准强制性条文。

9.《施工企业安全生产评价标准》JGJ/T 77—2010

该标准适用于施工企业及政府主管部门对企业生产条件、业绩的评价以及在此基础上对施工企业安全生产能力的综合评价。该标准是为加强施工企业安全生产的监督管理，科学地评价施工企业安全生产条件、安全生产业绩及相应的安全生产能力，实现施工企业安全生产评价工作的规范化和制度化，促进施工企业安全生产管理水平的提高。

六、施工现场环境保护标准

环境标准通常指为了防治环境污染、维护生态平衡、保护社会物质财富和人体健康、保障自然资源的合理利用对环境保护中需要统一规定的各项技术规范和技术要求的总称。

环境标准分国家环境标准、国家行业、地方环境标准和国家环境保护总局标准。

环境标准又分为环境质量标准和污染物排放标准。与建筑施工现场密切相关的主要有：

1.《建筑施工现场环境与卫生标准》JGJ 146—2004

该标准对建筑施工现场的环境保护和环境卫生提出了相关规定。

2.《建筑施工场界环境噪声排放标准》GB 12523—2011 已取代了《建筑施工场界噪声限值》GB 12523—1990 和《建筑施工场界噪声测量方法》GB 12524—1990，后两项标准已废止。

该标准明确规定了城市建筑施工期间，施工场地产生的噪声限值及其具体测量方法。

3.《环境空气质量标准》GB 3095—2012

该标准对环境空气质量提出了更高的要求，特别是对PM2.5颗粒物等有害物质的监控更引起国际社会和国内公众的关注。

七、国际安全劳工公约

比较重要的国际安全劳工公约如《建筑业安全和卫生公约》，其中第十二条规定："国家法律或条例应规定工人应有权利，在有充分理由认为对其安全或健康存在紧迫的严重危险时躲避危险，并有义务立即通知其主管人"，其本质即为紧急避险行为，我国民法设立了紧急避险制度，劳动法规定了工人有拒绝冒险作业的权利等等。这些部门法都是吸收了《建筑业安全和卫生公约》的第十二条规定的内容。另根据法律规定，如果我国国内法规定与国际公约不同时，应优先采用国际公约的规定。

第三节　安全生产基本方针的法律保障

一、"安全第一、预防为主、综合治理"是我国安全生产管理的基本方针

自新中国成立以来，党中央、全国人大和国务院历来重视安全生产工作。《中华人民共和国建筑法》规定："建筑工程安全生产管理必须坚持安全第一、预防为主的方针。"《中华人民共和国全民所有制工业企业法》规定："企业必须贯彻安全生产制度，改善劳动条件，做好劳动保护和环境保护工作，做到安全生产和文明生产。"《安全生产法》在总结我国安全生产管理实践经验的基础上，再次将"安全第一、预防为主"规定为我国安全生产工作的基本方针。

近年来，中央领导同志高度关注安全生产工作，先后做出了很多有关的指示和批示。江泽民同志明确指出："隐患险于明火，防范胜于救灾，责任重于泰山。""坚决树立安全第一的思想，任何企业都要努力提高经济效益，但是必须服从安全第一的原则。"要求各级党委和政府把安全生产摆到重要的议事日程上，加强领导，采取有力措施，预防和遏制重大、特大事故，减少人民群众生命和财产损失，促进经济发展。胡锦涛同志强调："安全生产关系群众生命，要作为一项重要工作切实抓好。"同时要求："各级党委和政府要牢牢树立责任重于泰山的观点，坚持把人民群众的生命安全放在第一位，进一步完善和落实安全生产的各项措施，努力提高安全生产水平。"习近平同志指出："人命关天，发展决不能以牺牲人的生命为代价。这必须作为一条不可逾越的红线。"

随着改革开放和经济高速发展，安全生产越来越受到重视。"十一五"发展规划首次提出了"安全发展"的理念，明确了安全生产必须贯彻"安全第一、预防为主、综合治理"方针及治理隐患、防范事故、标本兼治、重在治本的安全生产工作原则。"十二五"规划又进一步提出"加大公共安全投入，加强安全生产，健全对事故灾难、公共卫生事件、食品安全事件、社会安全事件的预防预警和应急处置体系。"

把"综合治理"充实到安全生产方针中，始于党的十六届五中全会《"十一五"建议》，并在胡锦涛总书记、温家宝总理的讲话中进一步明确。这一发展和完善，更好地反映了安全生产工作的规律特点。综合运用经济手段、法律手段和必要的行政手段，从发展规划、行业管理、安全投入、科技进步、经济政策、教育培训、安全立法、激励约束、企业管理、监管体制、社会监督以及追究事故责任、查处违法违纪等方面着手，解决影响制约安全生产的历史性、深层次问题，建立安全生产长效机制。

二、"安全第一、预防为主、综合治理"方针的法律保障

（一）《安全生产法》的法律保障

《安全生产法》从法律上规定了对生产经营单位的基本要求和措施，主要包括：

1. 安全生产的市场准入制。即生产经营单位必须具备法律、法规和国家标准或者行业标准规定的安全生产条件，不符合安全生产条件的，不得从事生产经营活动；

2. 生产经营单位主要负责人对本单位安全生产工作全面负责的制度；

3. 企业必须依法设置安全生产管理机构或安全生产管理人员的制度；

4. 对生产经营单位的主要负责人、安全生产管理人员和从业人员进行安全生产教育、培训、考核的制度；

5. 对特种作业人员实行资格认定和持证上岗的制度；

6. 建设工程项目的安全措施应当与主体工程同时设计、同时施工、同时投入生产使用的"三同时"制度；

7. 对部分危险性较大的建设工程项目实行安全条件论证、安全评价和安全措施验收制度；

8. 安全设备的设计、制造、安装、使用、检测、维修和报废必须符合国家标准的制度；

9. 对危险性较大的特种设备实行安全认证和使用许可，非经认证和许可不得使用的制度；

10. 对从事危险品的生产经营活动实行前置审批和严格监管的制度；

11. 对严重危及生产安全的工艺、设备予以淘汰的制度；

12. 生产经营单位对重大危险源的登记建档及向安全监督管理部门报告备案的制度；

13. 对爆破、吊装等危险作业的现场安全管理制度；

14. 生产经营单位的安全生产管理人员对本单位安全生产状况的经常性检查、处理报告和记录的制度等。

（二）其他法律保障

《中华人民共和国矿山安全法》第三条规定："矿山企业必须具有保障安全生产的设施，建立、健全安全管理制度，采取有效措施改善职工劳动条件，加强矿山安全管理工作，保证安全"。

《中华人民共和国煤炭法》第七条规定："煤矿企业必须坚持安全生产、预防为主的安全生产方针"。

《中华人民共和国矿产资源法》第三十一条规定："开采矿产资源，必须遵守国家劳动安全卫生规定，具备保证安全生产的必要条件"。

《中华人民共和国建筑法》第三十六条规定："建筑工程安全生产管理必须坚持安全第一、预防为主的方针"。

《中华人民共和国电力法》第十九条规定："电力企业应当加强安全生产管理，坚持安全第一、预防为主的方针"。

《中华人民共和国全民所有制工业企业法》第四十一条规定："企业必须贯彻安全生产制度，改善劳动条件，做好劳动保护和环境保护工作，做到安全生产和文明生产"。

《中华人民共和国公司法》第十七条规定："公司必须保护职工的合法权益，依法与职工签订劳动合同，参加社会保险，加强劳动保护，实现安全生产。"

三、安全与生产的辩证关系

安全与生产是辩证统一的关系。安全是生产的前提，生产必须服从安全，当安全状态笼罩着整个生产时，那么生产绩效将有显著的提高，从而引起经济以及政治与文化的增长。

"生产必须安全，安全促进生产"科学地揭示了生产与安全的辩证关系，是被实践证明了的正确方针。在贯彻执行这一思想的同时，必须树立"安全第一"的思想，贯彻"管生产必须同时管安全"的原则。

（一）生产必须安全

生产必须安全是现代工业的客观需要。"安全第一"的思想是指当考虑生产的时候，应该把安全作为一个前提条件考虑进去，落实安全生产的各项措施，保证员工的安全与健康，保证生产持续和安全的发展。

安全是生产的前提条件，不安全就不能顺利地进行生产。为此，在生产过程中，必须坚持"安全第一"，但是"安全第一"的目的就是为了有效地保证生产。如果不生产，"安全第一"就失去了存在的意义。所以，我们在生产过程中，不应单纯地考虑安全和生产到底谁重要，而是要把精力放在整个生产工作过程中；放在如何处理好两者的关系上。总之一句话，既要首先保证安全，又要搞好生产。

人是生产的第一要素，如果没有人，就谈不上生产。为此，如果在生产过程中出现危及人身安全的时候，不论生产任务有多重，都必须坚决地首先排除事故隐患，采取有效措施保护人身安全。作为安全工作者，每个人都需要有高度的责任感和积极主动的精神，以科学的态度去解决生产中存在的每一个不安全因素，这样才能达到安全和生产的和谐统一。

（二）安全促进生产

要使生产过程在符合安全要求的物质条件和工作秩序下进行，以防止人身伤亡和设备事故以及各种危险的发生，从而保证劳动者的安全与健康，以促进生产率的提高。

在安全的生产条件下，企业生产正常进行，经济水平健康稳定发展，达到一定的程度，企业将经济效益投资于安全管理当中，从而可以加强企业的生产能力，进而不断地的促进生产在安全状态下的不断提高。

安全生产作为保护和发展社会生产力、促进社会经济持续健康发展的基本条件，做好它，可以提高社会公共安全和生存安全水平，这是社会稳定的需要，是党和政府"执政为民"的要求，是"以人为本"的内涵，是人民生活质量的体现，更是社会文明与进步的标志。

（三）安全与生产的矛盾统一性

在生产过程中，安全与生产既有矛盾性，又有统一性。

所谓矛盾性，首先表现为生产过程中的不安全、不卫生因素与生产顺利进行的矛盾。其次是安全工作与生产工作的矛盾，表现为采取安全措施时会影响生产，增加成本。这些矛盾只是暂时，从长远看，矛盾一解决，很快就会促进生产，提高劳动生产率。另外，这种矛盾只是一种表面的浅层次的矛盾，而从本质上看，安全与生产是统一的。严格执行安全规定，表面上降低劳动生产率，但如果从深层次看，一旦发生事故，将会损失更多工时，将会造成生命和财产损失。而且，事故的发生将会影响企业生产和形象，给企业带来不可估量的损失。另一方面，生产的发展，又为安全创造必要物质条件。

所以安全与生产互为条件，相互依存，本质上是辩证统一的。没有生产活动，安全问题就不可能存在；没有安全条件，生产也不能顺利进行。安全促进生产，生产必须安全。

（四）安全与生产的协调发展

安全与生产的协调发展可以从安全与生产的"超前性"和"滞后性"来了解并处理两者的关系。

安全的超前投入能够稳定企业的生产环境，可是超前的投入可能会给企业造成冗余投入，而这部分投资在企业生产中并没起到安全防护作用，这样对企业来说，就是资源闲置；当然，安全的滞后投入行为处于生产的被动状态，这样会影响生产的健康稳定的发展，进而制约了企业经济的发展；只有当安全投入与生产达到一定比例（而这一比例系数需要经过大量实践去测试而得，是一个研究的方向），这样才能使生产更快更好健康稳定的发展。

第二章　建筑装饰施工企业安全生产管理

安全生产管理是企业管理的重要组成部分，是保证施工生产顺利进行，防止伤亡事故和职业病，实现安全生产而采取的各种对策和措施的总称。

第一节　建筑施工安全生产基本概念

一、安全生产管理体制

1993 年，国务院在《关于加强安全生产工作的通知》中提出实行企业负责、行业管理、国家监察、群众监督、劳动者遵章守纪的安全生产管理体制。

"企业负责"是市场经济体制下安全生产工作体制的基础和根本，即企业在其生产经营活动中必须对本企业的安全生产负全面责任。"行业管理"即各级行业主管部门对用人单位的安全生产工作应加强指导，进行管理。"国家监察"就是各级政府部门对用人单位遵守安全生产法律、法规的情况实施监督检查，对用人单位违反安全生产法律、法规的行为实施行政处罚。"群众监督"，一方面工会应当依法对用人单位的安全生产工作实行监督，另一方面劳动者对违反安全生产及劳动保护法律、法规和危害生命及身体健康的行为有权提出批评、检举和控告。"劳动者遵章守纪"是指劳动者在劳动过程中，必须严格遵守安全操作规程，要珍惜生命，爱护自己，勿忘安全，广泛深入地开展不伤害自己、不伤害他人、不被他人伤害的"三不伤害"活动，自觉做到遵章守纪，确保安全。

二、安全生产基本概念

（一）安全

安全是指不会发生损失或伤害的一种状态，安全的实质就是防止事故，消除导致死亡、伤害、急性职业危害及各种财产损失发生的条件。

（二）安全事故

安全事故是人们在实现其有目的的行动过程中，突然发生的、迫使其有目的的行动暂时或永久终止的意外事件。这些意外事件包括人员死亡、伤害、职业病、财产损失或其他损失。重大安全事故，是指在施工过程中由于责任过失造成工程倒塌或废弃，机械设备破坏和安全设施失当导致人身伤亡或者重大经济损失的事故。

（三）安全生产管理

安全生产管理是指建设行政主管部门、建设工程安全监督机构、建筑施工企业及有关单位对建设工程生产过程中的安全进行计划、组织、指挥、控制、监督等一系列的管理活动。

（四）安全评价

安全评价（也称风险评价），是以实现工程（系统）安全为目的，应用安全系统工程的原理和方法，对工程（系统）中存在的危险、有害因素进行识别和分析，判断工程（系统）发生事故和急性职业危害的可能性及其严重程度，提出安全对策措施建议，从而为工程（系统）制定防范措施和管理决策提供科学依据。

（五）特种作业

特种作业是指容易发生人员伤亡事故，对操作者本人、他人及周围设施的安全有众多危害的作业。建筑施工中属于特种作业的有：电工作业、金属焊接切割作业、起重机械（含电梯）作业、企业内机动车辆驾驶、登高架设作业、锅炉作业（含水质化验）、压力容器操作、制冷作业、爆破作业等。

（六）安全标志与安全色

安全标志由安全色、几何图形和图形符号构成，以此表达特定的安全信息。其目的为引起人们对不安全因素的注意，预防发生事故。安全标志分为禁止标志、警告标志、指令标志、提示标志 4 类。安全色的规定为：红（表示禁止、停止、消防和危险）、黄（表示注意、警告）、蓝（表示指令、必须遵守的规定）、绿（表示通行、安全和提供信息）。

三、建筑施工安全生产的特点及施工现场不安全因素

（一）建筑施工安全生产的特点

1. 产品的固定性导致作业空间的局限性

建筑产品建造在固定的位置上，在连续几个月或几年的时间里，需要在有限的场地空间上集中大量的人力、物资、机具、多个分包单位来进行交叉作业，作业空间的局限性，容易产生物体打击等伤亡事故。

2. 露天作业导致作业环境的恶劣性

建筑工程露天作业约占整个工作量的 70%，高处作业约占 90%，致使现场易受自然环境因素影响，工作环境相当艰苦恶劣，容易发生高处坠落等伤亡事故。装饰装修室内外施工环境也比较恶劣，危险因素同样存在。

3. 手工操作多、体力消耗大、强度高带来了个体劳动保护的艰巨性

建筑施工作业环境恶劣，施工过程手工操作多，体能耗费大，劳动时间和劳动强度比其他行业要大，致使作业人员容易疲劳、注意力分散和出现错误操作。其职业危害严重，带来了个人劳动保护的艰巨性。

4. 大型施工机械和设备的使用带来机械伤害的不确定性

现代建筑施工使用大型施工机械和设备较多，容易产生机械伤害。建筑装饰装修机械化施工随着科技进步越来越多。

5. 施工流动性带来了安全管理的困难性

建筑施工流动性大、施工现场变化频繁、加之劳务分包队伍的不固定、施工操作人员的素质参差不齐、文化层次较低、安全意识淡薄，容易出现违章作业和冒险蛮干。

6. 产品多样性、施工工艺多变性，要求安全技术措施和安全管理应具有保证性

建筑工程的多样性，施工生产工艺复杂多变性，使得施工过程的不安全的因素不尽相同。同时，随着工程建设进度，施工现场的不安全因素和风险也在随时变化，要求施工单位必须针对工程进度和施工现场实际情况，及时地采取安全技术措施和安全管理措施。

施工安全生产的上述特点，决定了施工生产的不安全性，隐患多存在于高处作业、交叉作业、垂直运输、个体劳动保护以及使用电气工具上。伤亡事故也多发生在高处坠落、物体打击、机械伤害、起重伤害、触电、坍塌等方面。同时，超高层、新、奇、个性化的

建筑产品的出现，特别是新型装饰材料不断面市，给建筑施工带来了新的挑战，也给建设工程安全管理和安全防护技术提出了新的要求。

（二）施工现场不安全因素

1. 人的不安全因素

人的不安全因素可分为个人的不安全因素和人的不安全行为两个大类。

个人的不安全因素是指人员的心理、生理、能力中所具有不能适应工作或作业岗位要求而影响安全的因素。个人的不安全因素主要包括：

（1）心理上的不安全因素。是指人在心理上具有影响安全的性格、气质和情绪，如懒散、粗心等。

（2）生理上的不安全因素。包括视觉、听觉等感觉器官、体能、年龄、疾病等不适合工作或作业岗位要求的影响因素。

（3）能力上的不安全因素。包括知识技能、应变能力、资格等不能适应工作或作业岗位要求的影响因素。

人的不安全行为在施工现场的类型，按《企业职工伤亡事故分类标准》GB 6441—86，可分为 13 个大类：

1）操作失误、忽视安全、忽视警告；

2）造成安全装置失效；

3）使用不安全设备；

4）手代替工具操作；

5）物体存放不当；

6）冒险进入危险场所；

7）攀坐不安全位置；

8）在起吊物下作业、停留；

9）在机器运转时进行检查、维修、保养等工作；

10）有分散注意力行为；

11）没有正确使用个人防护用品、用具；

12）不安全装束；

13）对易燃易爆等危险物品处理错误。

2. 物的不安全状态

物的不安全状态是指能导致事故发生的物质条件，包括机械设备等物质或环境所存在的不安全因素。物的不安全状态的类型有：

（1）防护等装置缺少或有缺陷；

（2）设备、设施、工具、附件有缺陷；

（3）个人防护用品、用具缺少或有缺陷；

（4）施工生产场地环境不良。

3. 管理上的不安全因素

也称为管理上的缺陷，也是事故潜在的不安全因素，作为间接的原因有以下方面：

（1）技术上的缺陷；

（2）教育上的缺陷；

（3）生理上的缺陷；

（4）心理上的缺陷；

（5）管理工作上的缺陷；

（6）教育和社会、历史上的原因造成的缺陷。

四、建筑施工安全管理的基本要求

（一）建筑施工安全管理的基本思想

人的不安全行为与物的不安全状态在同一时间和空间相遇就会导致事故出现。因此，预防事故可采取以下方式：

1. 约束人的不安全行为

（1）建立安全生产责任制度；

（2）建立安全生产教育制度；

（3）执行特种作业管理制度。

2. 消除物的不安全状态

（1）安全防护管理制度，包括土方开挖、基坑支护、脚手架工程、临边洞口作业、高处作业及料具存放等的安全防护要求；

（2）机械安全管理制度，包括塔吊及主要施工机械的安全防护技术及管理要求；

（3）临时用电安全管理制度，包括临时用电的安全管理、配电线路、配电箱、各类用电设备和照明的安全技术要求。

3. 同时约束人的不安全行为，消除物的不安全状态

通过安全技术管理，包括安全技术措施和施工方案的编制、审核、审批的基本要求，安全技术交底要求，各类安全防护用品、施工机械、设施、临时用电工程等验收要求，新技术、新工艺推广的安全要求。

4. 采取隔离防护措施

使人的不安全行为与物的不安全状态不相遇，如各种劳动防护管理制度。

（二）建筑施工安全管理的基本要求——建立健全安全管理制度

要实现建筑施工的安全生产，其基本点在于建立完善的安全生产管理制度，并加以落实。安全生产管理制度可分为政府部门的监督管理制度和企业的责任制度两个层面。

1. 政府部门监督管理制度

（1）安全生产许可证制度

国家对高危险的重点行业实行安全生产许可制度，建立安全生产市场准入机制。《建筑工程安全生产管理条例》规定施工单位应当具备安全生产条件，企业未取得安全生产许可证的企业不得从事生产活动；建设部《建筑施工企业安全生产许可证管理规定》（建设部令第 128 号）规定从事建筑装修的施工单位应当依法取得安全生产许可证。

（2）安全生产费用保障制度

生产费用是指建设单位在编制建设工程概算时，为保障安全施工确定的费用，建设单位根据工程项目的特点和实际需要，在工程概算中要确定安全生产费用，并全部、及时地将这笔费用划转给施工单位，施工单位不得挪作他用。

安全生产费用保障制度是指施工单位对安全生产费用必须用于施工安全防护用具及设施的采购和更新、安全施工措施的落实、安全生产条件的改善，不得挪作他用。

（3）安全生产管理机构和专职人员制度

安全生产管理机构是指施工单位专门负责安全生产管理的内设机构，其人员即为专职人员。管理机构的职责是负责落实国家有关安全生产的法律法规和工程建设强制性标准，监督安全生产措施的落实，组织施工单位进行内部的安全生产检查活动，及时整改各种安全事故隐患以及日常的安全生产检查。

专职安全生产管理人员是指施工单位专门负责安全生产管理的人员，是国家法律、法规、标准在本单位实施的具体执行者，其职责是负责对安全生产进行现场监督检查。一旦发现安全事故隐患，应当及时向项目负责人和安全生产管理机构报告。对于违章指挥、违章操作的应当立即制止。

《建筑施工企业安全生产管理机构设置及专职安全生产管理人员配备办法》（建质〔2008〕91号）中规定：

第八条　建筑施工企业安全生产管理机构专职安全生产管理人员的配备应满足下列要求，并应根据企业经营规模、设备管理和生产需要予以增加：

（1）建筑施工总承包资质序列企业：特级资质不少于6人；一级资质不少于4人；二级和二级以下资质企业不少于3人。

（2）建筑施工专业承包资质序列企业：一级资质不少于3人；二级和二级以下资质企业不少于2人。

（3）建筑施工劳务分包资质序列企业：不少于2人。

（4）建筑施工企业的分公司、区域公司等较大的分支机构（以下简称分支机构）应依据实际生产情况配备不少于2人的专职安全生产管理人员。

第十三条　总承包单位配备项目专职安全生产管理人员应当满足下列要求：

（1）建筑工程、装修工程按照建筑面积配备：

1）1万平方米以下的工程不少于1人；

2）1万～5万平方米的工程不少于2人；

3）5万平方米及以上的工程不少于3人，且按专业配备专职安全生产管理人员。

（2）土木工程、线路管道、设备安装工程按照工程合同价配备：

1）5000万元以下的工程不少于1人；

2）5000万～1亿元的工程不少于2人；

3）1亿元及以上的工程不少于3人，且按专业配备专职安全生产管理人员。

第十四条　分包单位配备项目专职安全生产管理人员应当满足下列要求：

（1）专业承包单位应当配置至少1人，并根据所承担的分部分项工程的工程量和施工危险程度增加。

（2）劳务分包单位施工人员在50人以下的，应当配备1名专职安全生产管理人员；50～200人的，应当配备2名专职安全生产管理人员；200人及以上的，应当配备3名及以上专职安全生产管理人员，并根据所承担的分部分项工程施工危险实际情况增加，不得少于工程施工人员总人数的5‰。

第十五条　采用新技术、新工艺、新材料或致害因素多、施工作业难度大的工程项目，项目专职安全生产管理人员的数量应当根据施工实际情况，在第十三条、第十四条规定的配备标准上增加。

第十六条　施工作业班组可以设置兼职安全巡查员，对本班组的作业场所进行安全监督检查。

建筑施工企业应当定期对兼职安全巡查员进行安全教育培训。

建筑施工和危险物品的生产、经营、储存单位，从业人员在一百人以上的，应当设置安全生产管理机构，并按照不低于从业人员百分之一的比例配备专职安全生产管理人员；从业人员在一百人以下的，至少应当配备专职安全生产管理人员一人，其中从业人员在七人以下的，也可以指定人员负责安全生产管理。

其他生产经营单位从业人员在三百人以上的，应当设置安全生产管理机构，并按照不低于从业人员千分之五的比例配备专职安全生产管理人员；不足三百人的按照不低于从业人员百分之一的比例配备专职或者兼职安全生产管理人员，也可以委托具有国家规定的相关专业技术资格的工程技术人员提供安全生产管理服务。

（4）特种作业人员持证上岗制度

特种作业人员是指从事特殊岗位作业的人员，不同于一般的施工作业。特种作业岗位，有较大的危险性，容易发生人员伤亡事故，对操作者本人、他人及周围设施的安全有重大危害。特种作业人员必须按照国家有关规定经过专门的安全作业培训，并取得特种作业操作资格证书后，方可上岗作业。

下列人员必须专门培训，持证上岗：

1）建筑电工；

2）建筑架子工；

3）高处作业吊篮操作工；

4）高处作业吊篮安装拆卸工；

5）桩工机械操作工；

6）混凝土机械操作工；

7）钢筋机械连接操作工；

8）建筑起重机械司机；

9）建筑起重信号司索工；

10）建筑起重机械安装拆卸工。

（5）三类人员考核任职制度

三类人员是指施工单位的主要负责人、项目负责人和安全生产管理人员，必须经建设行政主管部门对其安全知识和管理能力考核合格后方可任职。

（6）意外伤害保险制度

意外伤害保险是法定的强制性保险，由施工单位作为投保人与保险公司订立保险合同，支付保险费，以本单位从事危险作业的人员作为被保险人。当被保险人在施工作业发生意外伤害事故时，由保险公司依照合同约定向被保险人或者受益人支付保险金。该项保险是施工单位必须办理的，以维护施工现场从事危险作业人员的利益。

（7）安全事故报告制度

施工单位按照国家有关伤亡事故报告和调查处理的规定，及时、如实地向负责安全生产监督管理部门、建设行政主管部门或者其他有关部门报告；特种设备发生事故的，还应当同时向特种设备安全监督管理部门报告。实行施工总承包的建设工程，由总承包单位负责上报事故。

上述制度同时也是建筑装饰企业应当积极配合履行的安全制度。

2. 企业的责任制度

根据《建筑工程安全生产管理条例》的要求，施工单位应建立的安全生产管理制度有：

（1）安全生产责任制度

安全生产责任制度是指企业中各级领导、各个部门、各类人员所规定的在他们各自职责范围内对安全生产应负责任的制度。其内容应充分体现责、权、利相统一的原则。建立以安全生产责任制为核心的各项安全管理制度，是保障安全生产的重要手段。

（2）安全生产教育培训制度

安全生产教育培训制度是指对从业人员进行安全生产的教育和安全生产技能的培训，并将这种教育和培训制度化、规范化，以提高全体人员的安全意识和安全生产的管理水平，减少、防止生产安全事故的发生。

（3）安全技术措施制度

安全技术措施是指为防止工伤事故和职业病的危害，从技术上采取措施，是建设工程项目管理实施规划或施工组织设计的重要组成部分。

安全技术措施包括：防火、防毒、防爆、防洪、防尘、防雷击、防触电、防坍塌、防物体打击、防机械伤害、防溜车、防高空坠落、防交通事故、防寒、防暑、防疫、防环境污染等方面的措施。

（4）专项施工方案专家论证审查制度

根据《危险性较大的分部分项工程安全管理办法》（建质〔2009〕87号）的要求对于结构复杂、危险性较大、特性较多的特殊工程，如基坑支护、降水工程、土方开挖工程、起重吊装及安装拆卸工程、脚手架工程、拆除、建筑幕墙安装工程、采用新技术、新工艺、新材料、新设备及尚无相关技术标准的危险性较大的分部分项工程等，必须编制专项施工方案，并附具安全验算结果。经施工单位技术负责人、总监理工程师签字后，还应当组织专家进行论证审查，经审查同意后，方可施工。

（5）安全技术交底制度

又称施工前详细说明制度。指在施工前，施工项目技术负责人将工程概况、作业特点、施工方法、危险点、安全技术措施以及发生事故后应及时采取的避难和急救措施等情况向作业工长、作业班组、作业人员进行详细地讲解和说明。

（6）消防安全责任制度

消防安全责任制度指施工项目确定消防安全责任人，制定用火、用电、使用易燃易爆材料等各项消防安全管理制度和操作规程，施工现场设置消防通道、消防水源，配备消防设施和灭火器材，并在施工现场入口处设置明显标志。

（7）防护用品及设备管理制度

防护用品及设备管理制度，是指施工单位采购、租赁的安全防护用具、机械设备、施工机具及配件，应当具有生产（制造）许可证、产品合格证，并在进入现场前进行查验。同时，做好防护用品和设备的维修、保养、报废和资料档案管理。

（8）起重机械和设备设施验收登记制度

施工单位在使用施工起重机械和整体提升脚手架、模板等自升式架设设施前，应当组织有关单位进行验收，也可以委托具有相应资质的检验检测机构进行验收。使用承租的机械设备和施工机具及配件的，由施工总承包单位、分包单位、出租单位和安装单位共同进行验收，验收合格的方可使用。施工单位应自验收合格之日起 30 日内向建设行政主管部门或者其他有关部门登记。

（9）安全事故应急救援制度

施工单位应当制定本单位生产安全事故应急救援预案，建立应急救援组织或者配备应急救援人员，配备必要的应急救援器材、设备，并定期组织演练。

实行施工总承包的，由总承包单位统一组织编制建设工程生产安全事故应急救援预案，工程总承包单位和分包单位按照应急救援预案，各自建立应急救援组织或者配备应急救援人员，配备救援器材、设备，并定期组织演练。

五、建筑施工安全管理的高层次要求

建筑施工安全管理的高层次要求是建立起科学、规范，并具有持续改进功能的职业健康安全管理体系。传统的提法称"施工现场安全生产保证体系"。

职业健康安全管理体系是与质量管理体系、环境管理体系并列的三大管理体系之一，是世界各国目前广泛推行的一种先进的现代安全生产管理方法。它强调通过系统化的预防管理机制，彻底消除各种事故和疾病隐患，以最大限度地减少事故和职业病的发生。

2001 年，国家标准化委员会和国家认证认可委员会联合发布了《职业健康安全管理体系规范》（GB/T 28001—2001，等效 OHSAS 18001）。这个国家标准是在综合国内外职业健康安全管理工作经验的基础上结合中国国情而制定的。其核心思想是：通过建立和保持职业健康安全管理体系，控制和降低职业健康安全风险，从而达到预防和减少事故与职业病的最终目的。

第二节　安全生产责任制

安全生产责任制是根据"管生产必须管安全"，"安全生产，人人有责"的原则，明确规定各级领导、各职能部门、岗位、各工种人员在生产活动中应负的安全职责的管理制度。安全生产责任制是各项安全管理制度的核心，是企业岗位责任制的一个重要组成部分，是企业安全管理中最基本的制度，是保障安全生产的重要组织措施。

一、各级人员安全生产责任制

（一）企业法人代表

企业是安全生产的责任主体，实行法人代表负责制。企业法人代表要严格落实安全生产责任制，使安全生产真正成为企业的一项自觉行动。

（1）认真贯彻执行国家和省市有关安全生产的方针政策和法规、规范，掌握本企业安全生产动态，定期研究安全工作，对本企业安全生产负全面领导责任；

（2）领导编制和实施本企业中、长期整体规划及年度、特殊时期安全工作实施计划，建立健全和完善本企业的各项安全生产管理制度及奖惩办法；

（3）建立健全安全生产的保证体系，保证安全技术措施经费的落实；

（4）领导并支持安全管理人员或部门的监督检查工作；

（5）在事故调查组的指导下，领导、组织本企业有关部门或人员，做好特大、重大伤亡事故调查处理的具体工作，监督防范措施的制定和落实，预防事故重复发生。

（二）企业主要负责人

企业经理和主管生产的副经理对本企业的劳动保护和安全生产负全面领导责任。

（1）认真贯彻执行劳动保护和安全生产政策、法令和规章制度；

（2）定期分析研究解决安全生产中的问题，定期向企业职工代表会议报告企业安全生产情况和措施；

（3）制定安全生产工作规划和企业的安全责任制等制度，建立健全安全生产保证体系；

（4）保证安全生产的投入及有效实施；

（5）组织审批安全技术措施计划并贯彻实施；

（6）定期组织安全检查和开展安全竞赛等活动，及时消除安全隐患；

（7）对职工进行安全和遵章守纪及劳动保护法制教育；

（8）督促各级领导干部和各职能单位的职工做好本职范围内的安全工作；

（9）总结与推广安全生产先进经验；

（10）及时、如实地报告安全生产事故，主持伤亡事故的调查分析，提出处理意见、改进措施，并督促实施；

（11）组织制定企业的安全事故救援预案，组织演习及实施。

（三）企业总工程师（技术负责人）

企业总工程师（技术负责人）对本企业劳动保护和安全生产的技术工作负领导责任。

（1）组织编制和审批施工组织设计（施工方案）以及采用新技术、新工艺、新设备时制定专项安全技术措施；

（2）负责提出改善劳动条件的项目和措施，并付诸实施；

（3）对职工进行安全技术教育；

（4）编制审查企业的安全操作技术规程，及时解决施工中的安全技术问题；

（5）参加重大伤亡事故的调查分析，提出技术鉴定意见和改进措施。

（四）项目经理

项目经理（工地负责人）对承包工程项目的安全生产负全面领导责任。

（1）在项目施工生产全过程中，认真贯彻落实安全生产方针、政策、法律法规和各项规章制度，结合项目特点，提出有针对性的安全管理要求，严格履行安全考核指标和安全生产奖惩办法；

（2）认真落实施工组织设计中安全技术管理的各项措施，严格执行安全技术措施审批制度、施工项目安全交底制度和设施、设备交接验收使用制度；

（3）领导组织安全生产检查，定期研究分析项目施工中存在的不安全生产问题，并及时落实解决；

（4）发生事故及时上报，保护好现场，做好抢救工作，积极配合调查，认真落实纠正和预防措施，并认真吸取教训。

（五）项目技术负责人

对本工程项目的劳动保护、安全生产、文明施工技术工作负总的责任。

（1）编制和审核施工组织设计（施工方案），采用新技术、新工艺、新设备时负责制定相应的安全技术措施；

（2）负责提出改善劳动条件的项目和措施，并付诸实施；

（3）对职工进行安全技术教育，及时解决安全达标和文明施工中的安全技术问题；

（4）参与重大伤亡事故的调查分析，提出整改技术措施。

（六）项目安全员

在项目经理领导下，负责施工现场的安全管理工作。

（1）做好安全生产的宣传教育工作，组织好安全生产、文明施工达标活动，经常开展安全检查；

（2）掌握施工进度及生产情况，研究解决施工中的安全隐患，并提出改进意见和措施；

（3）按照施工组织设计方案中的安全技术措施，督促检查有关人员贯彻执行；

（4）协助有关部门做好新工人、特种作业人员、变换工种人员的安全技术、安全法规及安全知识的培训、考核、发证工作；

（5）制止违章指挥、违章作业的现象，遇有危及人身安全或财产损失险情，有权暂停生产并立即向有关领导报告；

（6）组织或参与进入施工现场的劳保用品、防护设施、器具、机械设备的检验检测及验收工作；

（7）参与本工程发生的伤亡事故的调查、分析、整改方案（或措施）的制定及事故登记和报告工作。

（七）项目施工员

（1）认真贯彻上级审批的安全技术措施和施工组织设计，在施工与安全防护发生冲时，应积极主动地配合，坚持做到先防护、后施工的原则，坚决制止违章、侥幸、冒险行为；

（2）熟练掌握《建筑施工安全检查标准》JGJ 59—2011 及有关规定，在分管的分部分项工程中对班组和个人进行安全技术措施交底及教育，并付诸实施；

（3）随时制止违章行为，对施工过程中发现的安全隐患要及时处理并提出合理化建议，对坚持错误的班组和个人有权责令其停工，在发生险情时，要及时上报并配合有关部门做好善后处理工作；

（4）发生施工伤亡事故要立即抢救伤员，保护现场，迅速上报，协助调查并提出整改措施，认真整改。

（八）项目质量员

（1）贯彻执行有关安全生产法律、法规、规范和标准，正确认识安全与质量的关系；

（2）督促班组人员遵守安全生产技术措施和有关安全技术操作规程，有责任制止违章指挥、违章作业；

（3）发现事故隐患，首先责令班组人员进行整改或者停止作业，并及时汇报给工长和安全员进行处理，并跟踪整改落实情况；

（4）发生事故后，要保护现场并立即上报，参与调查与分析。

（九）项目材料员

（1）贯彻执行有关安全生产的法律、法规、规范标准，树立良好的工作作风，做好本职工作；

（2）熟悉建筑施工安全防护用品、设施、器具的有关标准、性能、技术参数、检验检测和质量鉴别方法，不断提高业务水平；

（3）对采购的安全防护用品、设施器具和材料、配料及质量负有直接的安全责任，禁止采购影响安全的不合格材料和用品；

（4）做好安全防护用品、施工机具等入库的保养、保管、发放、检查工作，对不合格的产品有权拒绝进入施工现场；

（5）对采购上述产品检查生产许可证、质量合格证；

（6）配合安监部门做上述产品的抽检工作，发现质量问题及时向领导反映，确保安全防护产品的安全性、可靠性。

（十）项目预算员

（1）熟悉和遵守国家、地方有关部门的安全生产法律、法规、规范、标准；

（2）按《建筑施工安全检查标准》和工程项目实际，编制安全技术措施费，并按计划准确地提供给财务部门；

（3）审核材料员所购安全防护产品备料清单是否符合项目实际需要及是否列入计划；

（4）根据工伤事故报告，准确地做好安全事故所带来的直接损失、间接损失及整改所需费用的预算；

（5）对所购入安全防护产品因质量问题带来的经济损失，应及时向项目经理汇报并建议追查有关责任或厂家责任，挽回经济损失。

（十一）项目设备员

（1）负责宣传贯彻国家、省、市有关安全生产的法律、法规、规范、标准及管理规定，做好机械设备管理、维修、保养工作，确保性能良好，安全装置齐全完好，灵敏可靠；

（2）负责编制垂直运输机械设备的装、拆安全施工组织设计和验收工作，并监督实施；

（3）配合有关部门对机械操作工进行"十字"作业（清洁、坚固、润滑、调整、防腐）、安全技术操作、遵章守纪的教育、培训考核；

（4）经常对机械设备进行安全检查，发生隐患及时排除，禁止机械设备带病运转；

（5）禁止无有效证件的人员操作机械设备，制止违章作业和违章指挥。参与有关工伤事故调查、分析，并提出整改措施。

（十二）项目劳资员

（1）认真执行国家、省、市有关安全生产、教育培训的法律、法规、规范、标准，努力做好对职工安全生产的宣传、教育、培训工作；

（2）配合有关部门编制职工安全教育培训计划及协助组织新工人入场三级教育，变换工种、特种作业人员的技能训练培训和考核工作；

（3）积极开展预防工伤和职业病的宣传教育工作，提出改善职工作业环境、实现劳逸结合的合理化建议；

（4）组织或参与职工或新工人入场前、变换工种等身体检查。关心工伤、职业病的职工，并建议安排合适的工作；

（5）做好女职工的卫生保健及计划生育工作；

（6）及时发放劳保防护用品和费用。

（十三）施工工长

（1）对所管单位工程或分部工程的安全生产负直接领导责任；

（2）向作业班组进行书面的分部分项工程安全技术交底，工长、安全员、班组长在交底书上签字；

（3）组织实施安全技术措施；

（4）参加所管工程施工现场的脚手架、物料提升机、塔吊、外用电梯、模板支架、临时用电设备线路的检查验收，合格后方可使用；

（5）参加每周的安全检查，边查边改；

（6）有权拒绝使用无特种作业操作证人员上岗作业；

（7）经常组织职工学习安全技术操作规程，随时纠正违章作业和违纪行为；

（8）有权拒绝使用伪劣防护用品；

（9）发生工伤事故立即组织抢救并向项目经理报告，并保护好现场；

（10）负责实施文明施工。

（十四）班组长

（1）班组长要模范遵守安全生产规章制度，领导本班组安全作业；

（2）认真遵守安全操作规程和有关安全生产制度，根据本组人员的技术、体力、思想等情况合理安排工作，认真执行安全技术交底事项，有权拒绝违章作业；

（3）组织搞好安全活动日，开好班前、班后安全会，支持班组安全员的工作，对新进工人进行现场第三级安全教育，并在未熟悉工作环境前，指定专人帮助其搞好人身安全；

（4）班前对所使用的机具、设备，即采取改进措施，及时消除事故隐患并上报；对防护用具及作业环境进行安全检查，发现问题，对不能解决的问题要采取临时控制措施，并及时上报；

（5）组织本班组职工学习安全规程和制度，不违章蛮干，不擅自动用机械、电气、架子等设备；

（6）发生工伤事故立即组织抢救和上报，要保护好伤亡事故的现场，事后要组织全体人员认真分析，提出防范措施；

（7）拒绝违章指令；

（8）听从专职安全员的指导，实施改进措施，教育全组从业人员坚守岗位，严格执行安全规程和制度；

（9）发动全班组职工，提出促进安全生产和改善劳动条件的合理化建议。

（十五）操作工人

（1）接受安全教育培训，认真学习和掌握本工种的安全操作规程及有关方面的安全知识，努力提高安全知识和安全技能；

（2）严格执行安全技术操作规程，自觉遵守安全生产规章制度，不违章作业，服从安全人员的指导，做到三不伤害（不伤害自己，不伤害他人和不被他人伤害）；

（3）正确使用防护用品和安全设施、工具，爱护安全标志，不随便开动他人操作的机械、电气设备，不无证进行特种作业；

（4）随时检查工作岗位的环境和使用的工具、材料、电气、机械设备，做好文明施工和各种机具的维护保养工作，发现隐患及时处理和上报；

（5）发生伤亡和未遂事故，要保护现场并立即上报；

（6）有权拒绝违章指令；提出防止事故发生、促进安全作业、改善劳动条件等方面的合理化建议；

（7）发扬团结友爱精神，在安全生产方面做到互相帮助、互相监督，对新工人要热情指导。

二、职能部门安全生产责任制

（一）工程管理部门

（1）在编制下达生产计划时，要考虑工程特点和季节气候条件，合理安排并会同有关部门提出相应的安全要求和注意事项，安排月旬作业计划时，要将支、拆安全网，拆、搭脚手架等列为正式工作，给予时间保证；

（2）在检查月、旬生产计划的同时，要检查安全措施的执行情况；

（3）在排除生产障碍时，要贯彻"安全第一"的思想，同时消除安全隐患，遇到生产与安全发生矛盾时，生产必须服从安全，不得冒险违章作业；

（4）对改善劳动条件的工程项目必须纳入生产计划，视同生产任务并优先安排，在检查生产计划完成情况时，一并检查；

（5）加强对现场的场容场貌管理，做到安全生产、文明施工。

（二）技术部门

（1）对施工生产中的有关技术问题负安全责任；

（2）对改善劳动条件、减轻笨重体力劳动、消除噪声、治理尘毒危害等方面，负责制定技术措施；

（3）严格按照国家有关安全技术规程、标准，编制、审批施工组织设计、施工方案、工艺等技术文件，使安全措施贯穿在施工组织设计、施工方案、工艺卡的内容里，负责解决施工中的疑难问题，从技术措施上保证安全生产；

（4）对新材料、新工艺、新技术、新设备、新工法要制定相应的安全措施和安全操作规程；

（5）会同劳动、教育部门编制安全技术教育计划，对职工进行安全技术教育；

（6）参加安全检查，对查出的隐患因素提出技术改进措施，并检查执行情况；

（7）参加伤亡事故和重大未遂事故的调查，针对事故原因提出技术措施。

（三）机械设备部门

（1）制定安全措施，保证机、电、起重设备、锅炉、压力容器安全运行，对所有现用的安全防护装置及其附件，经常检查其是否齐全、灵敏、有效，并督促操作人员进行日常维护；

（2）对严重危及职工安全的机械设备，应会同技术部门提出技术改进措施，并付诸实施；

（3）新购进的机械、锅炉、压力容器等设备的安全防护装置必须齐全、有效，出厂合格证及技术资料必须完整，使用前要制定安全操作规程；

（4）负责对机、电、起重设备的操作人员，锅炉、压力容器的运行人员定期培训考核；

（5）认真贯彻执行机、电、起重设备、锅炉、压力容器的安全规程和安全运行制度，对违章作业人员要严肃处理，发生机、电设备事故应认真调查分析。

（四）材料供应部门

（1）供施工生产使用的工机具和附件等，在购入时必须有出厂合格证明，发放时必须符合安全要求，回收后必须检修；

（2）采购的劳动保护用品，必须符合规格标准；

（3）负责采购、保管、发放和回收劳动保护用品，并向本单位劳动部门提供使用情况；

（4）对批准的安全设施所用材料应纳入计划，及时供应；

（5）对所属职工经常进行安全意识和纪律教育。

（五）劳动部门

（1）负责对劳动保护用品发放标准的执行情况进行监督检查，并根据上级有关规定修改和制定劳保用品发放标准实施细则；

（2）严格审查和控制上报职工加班、加点，以保证职工劳逸结合和身体健康；

（3）会同有关部门对新工人做好入场安全教育，对职工进行定期安全教育和培训考核；

（4）对违反劳动纪律，影响安全生产者应加强教育，经说服无效或屡教不改的应提出处理意见；

（5）参加伤亡事故调查处理，认真执行对责任者的处理决定，并将处理材料归档。

（六）安全管理部门

（1）贯彻执行安全生产和劳动保护方针、政策、法规、条例及企业的规章制度；

（2）做好安全生产的宣传教育和管理工作，总结交流推广先进经验；

（3）经常深入基层，指导下级安全技术人员的工作，掌握安全生产情况，调查研究生产中的不安全问题，提出改进意见和措施；

（4）组织安全活动和定期安全检查，及时向上级领导汇报安全情况；

（5）参加审查施工组织设计（施工方案）和编制安全技术措施计划，并对贯彻执行情况进行督促检查；

（6）与有关部门共同做好新工人、转岗工人、特种作业人员的安全技术培训、考核发证工作；

（7）进行工伤事故统计、分析和报告，参加工伤事故的调查和处理；

（8）制止违章指挥和违章作业，遇有严重险情，有权暂停生产并报告领导处理。

（七）工会

（1）向员工宣传国家的安全生产方针、政策、法律、法规、标准和行业标准以及企业的安全生产规章制度，对员工进行遵章守纪安全意识和安全卫生知识教育；

（2）监督检查企业安全生产经费的投入，督促改善安全生产条件项目的落实情况；

（3）发现违章指挥、强令工人冒险作业或发现明显重大事故隐患和职业危害，危及职工生命安全和身体健康时，有权代表职工向企业主要负责人或现场指挥人员提出解决的建议，如无效，应支持和组织职工停止作业，撤离危险现场；

（4）把本单位安全生产和职业卫生议题，纳入职工代表大会的重要议程，并做出相应决议；

（5）督促和协助企业负责人严格执行国家有关保护女职工的规定，切实做好女职工"四期"（即经期、孕期、产期和哺乳期）的保护工作；

（6）组织职工开展安全生产竞赛活动，发动职工为安全生产提供合理化建议和举报事故隐患，评选先进时，严把安全关，凡违章指挥、强令工人冒险作业而造成死亡事故的单位不能评为先进集体，责任者不能评为先进个人；

（7）参加职工伤亡事故和职业病的调查工作，协助查清事故原因，总结经验教训，制定防范措施，有权代表职工和家属对事故主要责任人提出控告，追究其行政、法律的责任。

三、总分包单位安全生产责任制

（一）总包单位安全生产责任

（1）审查分包单位的安全生产保证体系与条件，对不具备安全生产条件的，不得分包工程；

（2）对分包的工程，承包合同要明确安全责任；

（3）对分包单位承担的工程要做详细的安全交底，提出明确的安全要求，并认真监督检查；

（4）对违反安全规定冒险蛮干的分包单位，要责令停工；

（5）凡总包单位产值中包括分包完成的产值的，总包单位要统计上报分包单位的伤亡事故，并按承包合同的规定，处理分包单位的伤亡事故。

（二）分包单位安全生产责任

（1）分包单位行政领导对本单位的安全生产工作负责，认真履行承包合同规定的安全生产责任；

（2）认真贯彻执行国家和工程所在地政府有关安全生产的方针、政策、法规、规定；

（3）服从总包单位关于安全生产的指挥，执行总包单位有关安全生产的规章制度；

（4）及时向总包单位报告伤亡事故，并按承包合同的规定调查处理伤亡事故。

第三节　安　全　教　育

一、安全教育的分类和时间要求

（一）安全教育的分类

（1）安全法制教育

通过对员工进行安全生产、劳动保护方面的法律、法规的宣传教育，使每个人从法制的角度去认识搞好安全生产的重要性，明确遵纪守纪是每个员工应尽职责，而违章、违规的本质也是一种违法行为，轻则会受到批评教育，造成严重后果的还将受到法律的制裁。

（2）安全思想教育

通过对员工进行深入细致的思想工作，提高对安全生产重要性的认识。各级管理人员，特别是领导干部要加强对员工安全思想教育，要从关心人、爱护人、保护人的生命与健康出发，重视安全生产，做到不违章指挥。工人要增强自我保护意识，施工过程中要做到互相关心、互相帮助、互相督促，共同遵守安全生产规章制度，做到不违章操作。

（3）安全知识教育

安全知识教育是让员工了解施工生产中的安全注意事项、劳动保护要求，掌握一般安全基础知识是最基本、最普通和最经常性的安全教育。

安全知识教育的主要内容有：本企业生产的基本情况，施工流程及施工方法，施工中的主要危险区域及其安全防护的基本常识，施工设施、设备、机械的有关安全常识，电气设备安全常识，车辆运输安全常识，高处作业安全知识，施工过程中有毒有害物质的辨别及防护知识，防火安全的一般要求及常用消防器材的使用方法，特殊类专业（如桥梁、隧道、深基坑、异形建筑等）施工的安全防护知识，工伤事故的简易施救方法和报告程序及保护事故现场等规定，个人劳动防护用品的正确穿戴、使用常识等。

（4）安全技能教育

安全技能教育是在安全知识教育基础上，进一步开展的专项安全教育，其侧重点是在安全操作技术方面。是通过结合本工种特点、要求，以培养安全操作能力而进行的一种专业安全技术教育。主要内容包括安全技术、安全操作规程和劳动卫生规定等。

根据安全技能教育的对象不同，这种教育主要可分为以下两类：

1）对一般工种进行的安全技能教育。即除国家规定的特种作业人员以外的所有工种的教育。

2）对特殊工种作业人员的安全技能教育。根据国家标准《特种作业人员安全技术考核管理规则》GB 5306—85 的规定，特种作业人员需要由专门机构进行安全技术培训教育，并对受教育者进行考试，合格后方可持证从事该工种的作业。同时，还必须按期进行审证复训。

（5）事故案例教育

事故案例教育是通过对一些典型事故，进行原因分析、事故教训及预防事故发生所采取的措施，来教育职工引以为戒，不重蹈覆辙。是一种运用反面案例，进行正面宣传的独特的安全教育方法。教育中要注意：

1）事故应具有典型性。即施工现场常见的、有代表性的，又具有教育意义、往往因违章原因引起的典型事故，阐明违章作业不出事故是偶然的，出事故是必然的。

2）事故应具有教育性。事故案例应当以教育职工遵章守纪为主要目的，不应过分渲染事故的恐怖性、不可避免性，减少事故的负面影响。

以上安全教育的内容往往不是单独进行的，而是根据对象、要求、时间等不同情况，有机地结合开展。

（二）安全教育与培训的时间要求

根据建设部《建筑企业职工安全培训教育暂行规定》（建教［1997］83 号文件）的要求：

（1）企业法人代表、项目经理每年不少于 30 学时；

（2）专职管理和技术人员每年不少于 40 学时；

（3）其他管理和技术人员每年不少于 20 学时；

（4）特殊工种每年不少于 20 学时；

（5）其他职工每年不少于 15 学时；

（6）待、转、换岗重新上岗前，接受一次不少于 20 学时的培训；

（7）新工人的公司、项目、班组三级培训教育时间分别不少于 15、15、20 学时。

二、安全教育的对象

（一）三类人员（建筑施工企业的主要负责人、项目负责人、专职安全生产管理人员）

依据建设部《建筑施工企业主要负责人、项目负责人、专职安全生产管理人员安全生产考核管理暂行规定》（建质〔2004〕59 号），为贯彻落实《安全生产法》、《建筑工程安全生产管理条例》和《安全生产许可证条例》，提高建筑施工企业主要负责人、项目负责人、专职安全生产管理人员安全生产知识水平和管理能力，保证建筑施工安全生产，对建筑施工企业三类人员进行考核认定。三类人员应当经建设行政主管部门或者其他有关部门考核合格后方可任职，考核内容主要是安全生产知识和安全管理能力。

（1）建筑施工企业主要负责人

指对本企业日常生产经营活动和安全生产工作全面负责、有生产经营决策权的人员，包括企业法定代表人、经理、企业分管安全生产工作的副经理等。其安全教育的重点是：

1）国家和本地区有关安全生产的方针政策、法律法规、部门规章、标准及有关规范性文件；

2）建筑施工企业安全生产管理的基本知识和相关专业知识；

3）重特大事故防范、应急救援措施，报告制度及调查处理方法；

4）企业安全生产责任制和安全生产规章制度的内容、制定方法；

5）国内外安全生产管理经验。

（2）建筑施工企业项目负责人

指由企业法定代表人授权，负责建设工程项目管理的项目经理或负责人等。其安全教育的重点是：

1）国家和本地区有关安全生产的方针政策、法律法规、部门规章、标准及有关规范性文件；

2）工程项目安全生产管理的基本知识和相关专业知识；

3）重大事故防范、应急救援措施，报告制度及调查处理方法；

4）企业和项目安全生产责任制和安全生产规章制度内容、制定方法；

5）施工现场安全生产监督检查的内容和方法；

6）国内外安全生产管理经验；

7）典型事故案例分析。

（3）建筑施工企业专职安全生产管理人员

指在企业专职从事安全生产管理工作的人员，包括企业安全生产管理机构的负责人及其工作人员和施工现场专职安全生产管理人员。其安全教育的重点是：

1）国家和本地区有关安全生产的方针政策、法律法规、部门规章、标准及有关规范性文件；

2）重大事故防范、应急救援措施，报告制度，调查处理方法以及防护救护方法；

3）企业和项目安全生产责任制和安全生产规章制度；

4）施工现场安全监督检查的内容和方法；

5）典型事故案例分析。

（二）特种作业人员

特种作业是指容易发生人员伤亡事故，对操作者本人、他人及周围设施的安全有重大危害的作业。包括电工作业；金属焊接切割作业；起重机械（含电梯）作业；企业内机动车辆驾驶；登高架设作业；锅炉作业（含水质化验）；压力容器操作；制冷作业；爆破作业；以及由省、自治区、直辖市安全生产综合管理部门或国务院行业主管部门提出，并经前国家经济贸易委员会批准的其他作业，如垂直运输机械作业人员、安装拆卸工、起重信号工等，都应当列为特种作业人员。

特种作业人员必须按照国家有关规定经过专门的安全作业培训，并取得特种作业操作资格证书后，方可上岗作业。专门的安全作业培训，是指由有关主管部门组织的专门针对特种作业人员的培训，也就是特种作业人员在独立上岗作业前，必须进行与本工种相适应的、专门的安全技术理论学习和实际操作训练。经培训考核合格，取得特种作业操作资格证书后，才能上岗作业。特种作业操作资格证书在全国范围内有效，离开特种作业岗位一定时间后，应当按照规定重新进行实际操作考核，经确认合格后方可上岗作业。对于未经培训考核即从事特种作业的，《建设工程安全生产管理条例》第六十二条规定了行政处罚；造成重大安全事故，构成犯罪的，对直接责任人员，依照刑法的有关规定追究刑事责任。

（三）新入场工人

每个刚进企业的新工人必须接受首次安全生产方面的基本教育，即三级安全教育。三级一般是指公司（即企业）、项目（或工程处、施工队、工区）、班组这三级。

三级安全教育一般是由企业的安全、教育、劳动、技术等部门配合进行的。受教育者必须经过考试，合格后才准予进入生产岗位；考试不合格者不得上岗工作，必须重新补课，并进行补考，合格后方可工作。

为加深新工人对三级安全教育的感性认识和理性认识。一般规定，在新工人上岗工作6个月后，还要进行安全知识复训，即安全再教育。复训内容可以从原先的三级安全教育的内容中有重点地选择，复训后再进行考核。考核成绩要登记到本人劳动保护教育卡上。不合格者不得上岗工作。

施工企业应当给每一名职工建立职工劳动保护（安全）教育卡，教育卡应记录包括：三级安全教育、变换工种安全教育等及考核情况，并由教育者与受教育者双方签字，登记入册，作为企业及施工现场安全管理资料备查。

（1）公司安全教育

按建设部《建筑企业职工安全培训教育暂行规定》（建教［1997］83号文），公司级的安全培训教育时间不得少于15学时。主要内容是：

1）国家和地方有关安全生产、劳动保护的方针、政策、法律、法规、规范、标准、规章；

2）企业及其上级部门（主管局、集团、总公司、办事处等）印发的安全管理规章制度；

3）安全生产与劳动保护工作的目的、意义等。

（2）项目（施工现场）安全教育

项目安全培训教育时间不得少于15学时。主要内容是：

1）建设工程施工生产的特点，施工现场的一般安全管理规定、要求；

2）施工现场主要事故类别，常见多发性事故的特点、规律及预防措施，事故教训等；

3）本工程项目施工的基本情况（工程类型、施工阶段、作业特点等），施工中应当注意的安全事项。

（3）班组教育

班组安全培训教育时间不得少于 20 学时，班组教育又叫岗位教育。主要内容是：

1）本工种作业的安全技术操作要求；

2）本班组施工生产概况，包括工作性质、职责、范围等；

3）个人及本班组在施工过程中，所使用、所遇到的各种生产设备、设施、电气设备、各种机械、工具的性能、作用、操作要求、安全防护要求；

4）个人使用和保管的各类劳动防护用品的正确穿戴、使用方法及劳动防护用品的基本原理与主要功能；

5）发生伤亡事故或其他事故，如火灾、爆炸、设备及管理事故等，应采取的措施（救助抢险、保护现场、报告事故等）要求。

（四）变换工种的教育

施工现场变化大，动态管理要求高，随着工程进度的发展，部分工人的工作岗位会发生变化，转岗现象较普遍。这种工种之间的互相转换，有利于施工生产的需要。但是，如果安全管理工作没有跟上，安全教育不到位，就可能给转岗工人带来伤害事故。因此，必须对他们进行转岗安全教育。根据建设部的规定，企业待岗、转岗、换岗的职工，在重新上岗前，必须接受一次安全培训，时间不得少于 20 学时。对待岗、转岗、换岗职工的安全教育主要内容是：

1）本工种作业的安全技术操作规程；

2）本班组施工生产的概况介绍；

3）施工区域内各种生产设施、设备、工具的性能、作用、安全防护要求等。

三、安全教育的类别与形式

（一）经常性教育

经常性的安全教育是施工现场开展安全教育的主要形式，目的是提醒、告诫职工遵章守纪，加强责任心，消除麻痹思想。

经常性安全教育的形式多样，可以利用班前会进行教育，也可以采取大小会议进行教育，还可以用其他形式，如安全知识竞赛、演讲、展览、黑板报、广播、播放录像等进行。总之，要做到因地制宜，因材施教，不摆花架子，不搞形式主义，注重实效，才能使教育收到效果。经常性教育的主要内容是：

（1）安全生产法规、规范、标准、规定；

（2）企业及上级部门的安全管理新规定；

（3）各级安全生产责任制及管理制度；

（4）安全生产先进经验介绍，最近的典型事故教训；

（5）施工新材料、新技术、新工艺、新设备的使用及有关安全技术方面的要求；

（6）最近安全生产方面的动态情况，如新的法律、法规、标准、规章的出台，安全生产通报、文件、批示等；

（7）本单位近期安全工作回顾、讲评等。

（二）季节性教育

主要是指夏季与冬季施工期间的教育。

（1）夏季施工安全教育

夏季高温、炎热、多台风雷暴雨，是触电、雷击、坍塌等事故的高发期。闷热的气候容易造成中暑，高温使得职工夜间休息不好，打乱了人体的"生物钟"，往往容易使人乏力、走神、瞌睡，较易引起伤害事故。因此，夏季施工安全教育的重点是：

1）用电安全教育，侧重于防触电事故教育；

2）预防台风暴雨雷击安全教育；

3）大型施工机械、设施常见事故案例教育；

4）基础施工阶段的安全防护教育，特别是基坑开挖的安全和支护安全；

5）劳动保护的宣传教育，合理安排好作息时间，注意劳逸结合，白天上班避开中午高温时间，"做两头、歇中间"，保证职工有充沛的精力。

（2）冬期施工安全教育

冬季气候干燥、寒冷，为了施工需要和取暖，使用明火、接触易燃易爆物品的机会增多，易发生火灾、爆炸和中毒事故；寒冷使人们衣着笨重、反应迟钝、动作不灵敏，也容易发生事故。因此，冬期施工安全教育应从以下几方面进行：

1）针对冬期施工特点，注重防滑、防坠安全意识教育；

2）防火安全宣传；

3）安全用电教育，侧重于防电气火灾教育；

4）冬期施工，人们习惯于关闭门窗、封闭施工区域，在深基坑、地下管道、沉井、涵洞及地下室内作业、室内装饰时，应加强对作业人员的防中毒自我保护意识教育，教育职工识别一般中毒症状，学会解救中毒人员的安全基本常识。

（三）节假日加班教育

节假日期间，加班职工容易思想不集中，注意力分散，这给安全生产带来不利因素。

1）重点做好安全思想教育，稳定职工工作情绪，集中精力做好本职工作；

2）班组长做好班前安全教育，强调互相督促、互相提醒，共同注意安全；

3）对较易发生事故的薄弱环节，应进行专门的安全教育。

（四）安全教育的形式

开展安全教育应当结合建筑装饰装修施工生产特点，采取多种形式，有针对性地进行。要考虑到安全教育的对象大部分是文化水平不高的工人，因此教育的形式应当浅显、通俗、易懂。

（1）会议形式。如安全知识讲座、座谈会、报告会、先进经验交流会、事故教训现场会、展览会、知识竞赛等。

（2）报刊形式。如订阅安全生产方面的书报杂志、企业自编自印安全刊物及安全宣传小册子。

（3）张挂形式。如安全宣传横幅、标语、标志、图片、黑板报等。

（4）音像制品。如电视录像片、VCD片、录音磁带等。

（5）固定场所展示形式。如劳动保护教育室、安全生产展览室等。

（6）文艺演出形式。

（7）现场观摩演示形式。如安全操作方法、消防演习、触电急救方法演示等。

第三章 建筑装饰装修施工工程安全技术

安全技术是指为了防止工伤事故和职业病危害而采取的技术措施。实际施工中，建筑施工工程各分部分项工程的安全施工技术措施是根据工程特点、环境条件、劳动组织、作业方法、施工机械、供电设施等制定。安全技术措施是施工组织设计的重要组成部分。鉴于建筑装饰装修工程的复杂性，本章只介绍与建筑装饰装修施工有关的部分安全技术，更多的安全技术还有待企业自行补充，进行交流。

第一节 装饰装修可能涉及的土方工程安全施工技术

土方工程施工中安全是一个很突出的问题，因土方坍塌造成的事故占每年因工死亡人数的5％左右，成为五大伤亡之一。

土方工程在装饰装修过程经常会涉及，这里就土方工程的安全技术要求提出来供施工参考。

一、深坑开挖的安全措施

（1）在施工组织设计中，要有单项土方工程施工方案，对施工准备、开挖方法、放坡、排水、边坡支护应根据有关规范要求进行设计，边坡支护要有设计计算书。

（2）挖土方前对周围环境要认真检查，不能在危险岩石或建筑物下面进行作业。

（3）深坑四周设防护栏杆，人员上下要有专用爬梯。

（4）运土道路的坡度、转弯半径要符合有关安全规定。

（5）弃土应及时运出，如需要临时堆土，或留作回填土，堆土坡脚至坑边距离应按深坑深度、边坡坡度和土的类别确定，在边坡支护设计时应考虑堆土附加的侧压力。

（6）为防止深坑底的土被扰动，深坑挖好后要尽量减少暴露时间，及时进行下一道工序的施工。如不能立即进行下一道工序，要预留15～30cm厚覆盖土层，待基础施工时再挖去。

二、人工开挖

（1）挖土前根据安全技术交底了解地下管线、人防及其他构筑物情况和具体位置。遇到地下构筑物外露时，必须进行加固保护。作业工程中应避开管线和构筑物。在现场电力、通信电缆2m范围内和现场燃气、热力、给排水等管道1m范围内挖土时，必须在主管单位人员监护下采取人工开挖。

（2）开挖槽、坑、沟深度超过1.5m，必须根据土质和深度情况，按安全技术交底要求放坡或加可靠支撑。遇边坡不稳、有坍塌危险征兆时，必须立即撤离现场并及时报告施工负责人，采取安全可靠排险措施后方可继续挖土。

（3）槽、坑、沟必须设置人员上下坡道或安全梯。严禁攀登固壁支撑或从沟、坑边坡上挖洞攀登爬上或跳下。作业间歇时，不得在槽、坑坡脚下休息。

（4）挖土过程中遇有古墓、地下管道、电缆或其他不能辨认的异物和液体、气体时应立即停止作业并报告负责人，待查明处理后，再继续挖土。

（5）槽、坑、沟边 1m 以内不得堆土、堆料、停放机具。堆土高度不得超过 1.5m。槽、坑、沟与建筑物、构筑物的距离不得小于 1.5m。开挖深度超过 2m 时，必须在周边设两层牢固护身栏杆，并张挂密目式安全网。

（6）人工挖土、前后操作人员横向间距离不应小于 2～3m，纵向间距不得小于 3m。严禁掏洞挖土，抠底挖槽。

（7）每日或雨后必须检查土壁及支撑稳定情况，在确保安全的情况下继续工作，并且不得将土和其他物件堆在支撑上，不得在支撑上行走或站立。混凝土支撑梁底板上沾黏物必须及时清除。

三、排水

深坑开挖后要采取措施预防深坑被浸泡，以免引起坍塌和滑坡事故的发生。

（1）土方开挖及地下工程要尽可能避开雨期施工，当地下水位较高、深坑较深时，应在枯水期施工，避免在地下水位以下进行土方施工。

（2）为防止深坑浸泡，除做好排水沟外，要在坑四周做挡水堤，防止地面水流入坑内，坑内要做排水沟、集水井以便抽水。

（3）开挖低于地下水位的深坑（槽）、管沟和其他土方时，应根据当地工程地质资料和挖方的深度和尺寸、选用集水坑或井点降水。

采用集水坑降水时，应符合以下规定：

1）根据现场条件，应能保持开挖边坡的稳定。

2）集水坑应与基础底边有一定距离。边坡如有局部渗出地下水时，应在渗水处设置过滤层，防止土粒流失，并应设置排水沟，将水引出坡面。

（4）采用井点降水，降水前应考虑降水影响范围内的已有建筑物和构筑物可能产生的附加沉降、位移。定期进行沉降和水位观测并作好记录，发现问题，及时采取措施解决。

四、机械开挖

（1）施工机械进场前必须经过验收，合格后方能使用。

（2）机械挖土，应严格控制开挖面坡度和分层厚度，防止边坡和挖土机下的土体滑动。挖土机作业半径内不得有人进入。司机必须持证作业。

（3）机械挖土，启动前应检查离合器、液压系统及各铰接等部分，经空车试运转正常后再开始作业。机械操作中进铲不应过深，提升不应过猛，作业中不得碰撞支撑。

（4）机械不得在输电线路和线路一侧工作，不论在任何情况下，机械的任何部位与架空输电线路的最近距离应符合安全操作规程要求（根据现场输电线路的电压等级确定）。

（5）机械应停在坚实的地基上，如基础过差，应采取走道板等加固措施，不得将挖土机履带与挖空的深坑平行 2m 停、驶。运土汽车不宜靠近深坑平行行驶，防止塌方翻车。

（6）配合挖土机的清坡、清底工人，不准在机械回转半径下工作。

（7）向汽车上卸土应在车子停稳定后进行，禁止铲斗从汽车驾驶室上越过。

（8）场内道路应及时整修，确保车辆安全畅通，各种车辆应有专人负责指挥引导。

（9）车辆进出门口的人行道下，如有地下管线（道）必须铺设厚钢板，或浇筑混凝土加固。车辆出大门口前应将轮胎冲洗干净，不污染道路。

第二节　装饰装修中结构工程安全施工技术

一、砌砖工程

（1）脚手架上堆料量不得超过规定荷载和高度，同一块脚手板上的操作人员不得超过2人。

（2）砌墙时，每个工作班组的砌筑高度不得超过1.80m，雨期施工时，每天砌筑高度不宜超过1.2m。砖柱和独立构筑物的砌筑高度，每个工作班组也不得超过1.80m，冬期施工更要严格控制一次砌筑高度。

（3）不得站在墙顶上做画线、勾缝和清扫墙面或检查大角垂直等工作。

（4）不得用不稳固的工具或物体在脚手板面垫高操作，脚手板不允许有探头现象，不准用5cm×10cm木料或钢模板作立人板。

（5）砌筑作业时不得勉强在高度超过胸部以上墙体上进行，以免将墙碰撞倒塌或失稳坠落或砌块失手掉下造成事故。

（6）对石料加工凿面时要戴防护眼镜，防止石碴、石屑飞溅伤害眼睛或皮肤。

（7）用里脚手架砌筑时，其脚手板操作面不得超过砌体高度，一般应低于20cm。墙外要伸支2～4m宽的安全网。在邻街面、人行道或居民区，应搭设牢固的防护棚。

（8）在同一垂直面内上下交叉作业时，必须设置安全隔板，操作人员戴好安全帽。

（9）冬期施工时应采取防冰措施，及时清扫脚手架上的冰冻积雪。

二、砌块工程

砌块砌筑作业除执行常规安全操作规程外，还应注意：

（1）作业前，必须检查各起重机械、夹具、绳索、脚手架以及其他施工安全设施。尤其应重点检查夹具的灵活可靠性能、剪刀夹具悬空吊起后是否自动拉拢，夹板齿或橡胶块是否磨损，夹板齿槽内是否有垃圾杂物。

（2）夹具的夹板应夹在砌块的中心线上，如砌块歪斜，应撬正后再夹。

（3）砌块吊运时、拔杆及吊钩下不得站人或进行其他操作；吊装时，不得在下层楼面进行其他任何工作。

（4）堆放砌块的场地应平整，无杂物。在楼面卸下、堆放砌块时，应避免冲击，严禁倾卸和撞击楼板。

（5）砌块堆放应靠近楼板端部，砌块的备量不准超过楼板的允许承载能力。否则应采取相应的加固措施。

（6）砌块吊装就位，应待砌块放稳到位后，方可松开夹具。

（7）就位的砌块，应立即进行竖缝灌浆，对稳定性较差的窗间墙、独立柱和挑出墙面较多的部位，应加临时支撑。

（8）在砌块砌体上，不宜拉缆风绳，不宜吊挂重物，不宜作其他临时设施的支撑点。

三、混凝土工程

（1）参加施工的各工种应遵守有关安全技术规程，坚守职责，随时检查混凝土浇筑过程中的模板、支撑、钢筋、架子平台、电线、设备等工作动态，发现模板有松动、变形、走移，钢筋埋件移位等情况，应立即整改。

（2）用塔吊、料斗浇筑混凝土时，指挥扶斗人员与塔吊司机应密切配合，当塔吊下放料斗时，操作人员应主动避让，随时注意防止料斗碰人坠落。

（3）离楼（地）面 2m 以上浇筑框架、梁、柱、雨篷、阳台的混凝土时，应搭设操作平台，并有安全防护措施，必要时戴安全带，扣好保险钩。严禁直接站在模板或支撑上操作，以避免踩滑或踏断而发生坠落事故。

（4）移动振动器时，不能硬拉电线，更不能在钢筋和其他锐利物上拖行，防止割破、拉断电线而造成触电伤亡事故。

（5）预应力灌浆，应严格按照规定压力进行、输浆管应畅通，阀门接头严密牢固。

（6）浇筑混凝土使用溜槽、串筒时，溜槽应固定牢固，串筒节间应连接可靠，操作部位应设护身栏杆，严禁直接站在溜槽帮上操作。

四、墙体改造工程

装饰装修不可避免会需要对墙体进行改造，以满足使用功能。特别是涉及结构的改动，直接影响到建筑物的安全和住户的生命财产，要特别慎重。根据《建筑法》第四十九条规定："涉及建筑主体和承重结构变动的装修工程，建设单位应当在施工前委托原设计单位或者具有相应资质条件的设计单位提出设计方案；没有设计方案的，不得施工。"如果原设计单位不存在，可另由与原设计单位相同资质等级的设计单位变更设计方可施工。

（一）墙体的概念

1. 墙体的作用

墙体主要有下列 4 个作用：①承重作用。承受屋顶、梁和楼板传下来的荷载。②围护作用。抵御自然界风、雨、雪等的侵袭，保温、隔热、隔声、防止太阳辐射和防火作用。③分隔作用。把建筑物的内部分隔成若干个小空间，满足使用功能和私密性。④装饰作用。墙面装修对整个建筑物的装修效果作用很大，是建筑装修的重要部分。

2. 对墙体的基本要求

墙体应满足下列基本要求：①具有足够的承载力和稳定性。②满足热工方面（保温、隔热、防止产生凝结水）的性能。③具有一定的隔声性能。④具有一定的防火性能。

3. 墙体的类型

按照墙体在建筑物中的位置，墙体分为外墙和内墙。外墙位于建筑物四周，是建筑物的围护构件，起着挡风、遮雨、保温、隔热、隔声等作用。内墙位于建筑物内部，主要起分隔内部空间的作用，也可起到一定的隔声、防火等作用。

按照墙体在建筑物中的方向，墙体分为纵墙和横墙。纵墙是沿建筑物长轴方向布置的墙。横墙是沿建筑物短轴方向布置的墙，其中的外横墙通常称为山墙。

按照墙体的受力情况，墙体分为承重墙和非承重墙。承重墙是直接承受梁、楼板、屋顶等传下来的荷载的墙。非承重墙是不承受外来荷载仅起分割作用的墙。在非承重墙中，仅承受自重并将其传给基础的墙，称为承自重墙；仅起分隔空间作用，自重由楼板或梁来承担的墙，称为隔墙。在框架结构中，墙体不承受外来荷载，其中，填充柱之间的墙，称为填充墙。房屋或构筑物中主要承受风荷载或地震作用引起的水平荷载的墙体，防止结构剪切破坏，称为剪力墙，又称抗风墙或抗震墙、结构墙。剪力墙有可能做承重墙也有可能做非承重墙，一般来说，剪力墙都是承重墙。剪力墙又分平面剪力墙和筒体剪力墙：平面剪力墙用于钢筋混凝土框架结构、升板结构、无梁楼盖体系中，为增加结构的刚度、承载力及抗倒塌能力，在某些部位可现浇或预制装配钢筋混凝土剪力墙。现浇剪力墙与周边梁、柱同时浇筑，整体性好。筒体剪力墙用于高层建筑、高耸结构和悬吊结构中，由电梯间、楼梯间、设备及辅助用房的间隔墙围成，筒壁均为现浇钢筋混凝土墙体，其刚度和强度较平面剪力墙高可承受较大的水平荷载。悬挂在建筑物外部以装饰作用为主的轻质墙板组成的墙，称为幕墙。按照幕墙使用的材料，幕墙分为玻璃幕墙、铝塑板幕墙、不锈钢板幕墙、花岗石板幕墙等。

按照墙体使用的材料，墙体分为砖墙、石块墙、小型砌块墙、钢筋混凝土墙、轻钢龙骨石膏板墙、木龙骨灰板条墙……

按照墙体的构造方式，墙体分为实体墙、空心墙和复合墙。实体墙是用黏土砖和其他实心砌块砌筑而成的墙。空心墙是墙体内部中有空腔的墙，这些空腔可以通过砌筑方式形成，也可以用本身带孔的材料组合而成，如空心砌块等。复合墙是指用两种以上材料组合而成的墙，如加气混凝土复合板材墙。

（二）墙体改造注意事项

墙体的改造首先要分辨承重墙和非承重墙。辨别承重墙的几种方法有：

1. 查看工程图纸：在工程图上黑色墙体代表的是承重墙，建筑施工图中的粗实线部分和圈梁结构中非承重梁下的墙体都是承重墙。非承重墙体一般在图纸上以细实线或虚线标注，为轻质、简易材料制成的墙体，非承重墙一般较薄，仅做隔断墙体用。这是最直接的辨别办法。

2. 看砖结构：砖混结构的房屋所有两砖墙及一砖竖垒的墙，都是承重墙。非承重墙一般较薄，用轻质、简易材料制成，仅做隔断墙体用。敲击起来有"空声儿"的墙壁，大多属于非承重墙。

3. 看墙的厚度：承重墙体是砖墙时，结构厚 24cm，寒冷地区外墙结构厚度为 37cm，混凝土墙结构厚度 20cm 或 16cm，非承重墙 15、12、10、8cm 不等。

4. 通过结构判断：框架结构和框剪结构除剪力墙外，均为非承重墙。砖混结构除个别轻质隔墙外均为承重墙。在老式的建筑中，还有半框架结构，半框架的梁搭在承重砖墙上。

5. 根据梁与墙的结合处区分：一般墙与梁间紧密结合的是承重墙，采用斜排砖方法的是非承重墙。承重墙主要看设计时的结构，两个垂直相交的承重墙相交处一般有抗震构造柱，也可以在施工时把表皮敲掉，看里面结构来判断，遇到无法判断的最好不要敲打或挖孔开洞。

6. 根据楼层：框架结构高层 7 层以上柱子和混凝土墙一般都是起承重作用的，7 层以下砖混结构的构造柱和承重墙也不能敲打。

7. 阳台边的矮墙：一般房间与阳台之间的墙上，都有一门一窗。这些门窗都可以拆改，但窗以下的墙不能动。这段墙叫"配重墙"，它像秤砣一样起着挑起阳台的作用。拆改这堵墙，会使阳台的承重力下降，导致阳台下坠。

8. 非承重墙也不要轻易拆。传统观念认为：房内的承重墙不能拆，非承重墙都可以拆，其实这是一个大误区。事实上，并不是所有的非承重墙都可以随意拆改。所谓非承重墙，就是指由钢筋混凝土的梁柱板框架组成的房屋内，楼板由横直梁支撑，梁由柱支撑，柱由地基支撑，这种结构通常在室内可见柱阵，在柱阵间的墙身多数用空心砖或普通砖块充塞，这种墙一般为非承重墙。从结构上讲，非承重墙通常还是设计上的抗震墙。在框架结构中非承重墙和梁柱一起承受地震传来的力。也就是说，如果发生地震，这些非承重墙将和剪力墙一起承受地震力。

为了安全，一般来讲承重墙是不可以拆除的。如果非拆改不可，经原设计单位或者与原设计单位相同资质等级的设计单位变更设计可以拆改，通过植筋、粘钢或碳纤维或采用内框架支撑等方式加固方法来达到原有的承重力。

如果未经同意私自拆改，据建设部的《房屋建筑工程抗震设防管理规定》中第二十六条规定："违反本规定，擅自变动或者破坏房屋建筑抗震构件、隔震装置、减震部件或者地震反应观测系统等抗震设施的，由县级以上地方人民政府建设主管部门责令限期改正，并对个人处以1000元以下罚款，对单位处以1万元以上3万元以下罚款。"

第三节　安装工程安全施工技术

一、施工方案

（1）施工前必须编制专项施工方案。施工方案应包括：现场环境、工程概况、施工工艺、起重机械的选型依据，土法吊装还应有起重扒杆的设计计算，地锚设计、钢丝绳及索具的设计选用，地基承载力及道路的要求，待安装物件摆放就位图以及吊装过程中的各种防护措施等。

（2）施工方案必须针对工程状况和现场实际具有指导性，并经上级技术部门审批确认符合要求。

二、安全技术措施

（1）起重吊装作业人员要求

1）起重吊装作业人员包括起重工、电工、司机、指挥等，属于特种作业人员，必须经有关部门培训考核合格，发给《中华人民共和国特种作业操作证》方可操作。

2）起重机司机所持《中华人民共和国特种作业操作证》的操作项目，必须与司机所驾驶起重机类型相符。汽车吊、轮胎吊必须由起重机司机驾驶，严禁同车的汽车司机与起重机司机相互替代（司机持有两种证的除外）。

3）起重机的信号指挥人员应经特种作业安全技术培训考核并取得《中华人民共和国特种作业操作证》。其信号应符合《起重吊运指挥信号》GB 5052—85的规定。

（2）起重吊装作业机械要求

1）作业前应对起重机械、工具绳索做全面检查，并对起吊物的捆绑进行全面的检查，确认符合有关要求、规范，方可进行起重吊装作业。

2）起重机的行驶道路必须平整、坚实可靠。一般情况纵向坡度不大于3‰，横向坡度不大于1‰。地基承载力应符合进行吊装作业的该机的使用说明书要求。

3）当地面平整度与地基承载力不能满足要求时，应采用路基箱、道木等铺垫措施，确保机车的安全作业条件。

4）起重机不得停置在斜坡上工作、回转，不允许起重机两边履带或轮胎一高一低。

5）严禁超负荷使用起重设备；不准斜拉、斜吊；不得起吊埋于地下和粘在地面或其他物体上的重物。

6）多机抬吊作业，必须随时掌握各台起重机的同步情况；单机负载不得超过该机额定起重量的80%；双机抬吊时不得超过两机额定起重量之和的75%。

7）起重机的变幅指示器、力矩限制器、行程开关等安全保护装置不得随意调整和拆除，亦不得用限位装置代替操作；对无提升限位装置的起重机，起重臂最大仰角不超过78%。

8）液压和气动驱动的起重机、应按规定的压力转速运行，严禁用提高压力、加快转速等手段来满足施工需要。要遵守液压和气动的安全技术要求。

9）起重机带载行驶时，起重臂应与履带平行，重物应拴拉绳缓行。不得带载行驶在坡道上，上坡时应将起重臂的仰角放小一些；而下坡行驶则应将起重臂的仰角放大一些以此平衡起重机的重心。严禁下坡时空挡滑行。

10）在满载或接近满载作业时，不得同时进行两种操作动作，要注意检查起重臂的高度，侧向作业时要将支腿牢固支撑，发现不正常情况应立即放下重物，检查、调整正常方可继续作业。不得悬吊重物过夜。

11）吊件升降时应平稳，尽量避免振动或摆动。起吊时应先将重物吊离地面200～300mm后停住，检查起重机的工作状态，在确认起重机稳定、制动可靠、重物吊挂平衡牢固后，方可继续起升。

12）起重吊装作业现场若有输电线路通过，起重机械应与之保持一定的安全距离。当起重机从输电线下行驶时，起重臂各点与电线之间应保持的垂直及水平距离见表3-1。

起重机吊杆各点与电线之间应保持的安全距离（m）　　　　　表3-1

电压（kV）	<1	1～15	20～40	60～110	220
沿垂直方向	1.5	3.0	4.0	5.0	6.0
沿水平方向	1.0	1.5	2.0	4.0	6.0

13）禁止在6级以上大风、雾天、雨雪等恶劣天气条件下作业；夜晚作业应有足够的照明，且应经有关部门批准，进行协调。

（3）起重作业人员安全操作要点

1）在起重作业范围内应设置明显的警戒标志，严禁非作业人员通行。凡参加起重作业的指挥、司索及辅助作业人员都必须坚守工作岗位，统一指挥、统一行动，确保作业人员自身安全。

2）起重作业时起重臂下严禁站人，下部车驾驶室不得坐人，重物不得超越驾驶室下方，也不得在车前方起吊。任何人不得随同吊物或起重机升降。

（4）起重吊装高空安全作业要点

1）起重吊装工程有许多工作要高空作业，操作人员必须正确使用安全带。安全带要高挂低用，不得低挂高用。宜采用速差式自控器（可卷式安全带），作业时可随意拉出绳索使用，坠落时因速度的变化引起自控。

2）在屋架吊装中，操作工不得在没有安全保护的情况下在屋架上、下弦行走。

3）在雨期或冬期施工，构件常因潮湿或积有雨水而容易使操作人员滑倒，必须采取防滑措施，如在屋架上、下弦捆绑麻袋防滑；在屋面板上铺垫草袋；绑吊索时，防止将泥土粘到构件上。

4）雨天施工时，吊装作业人员应戴绝缘手套和穿绝缘鞋，以防因触电引起高空坠落。

5）登高用的梯子必须牢固，上端用绳子与已固定的构件绑牢，而且攀登时要注意检查绳子是否被解脱或被电焊、气割等飞溅的火焰烧断，发现后立即重新绑牢。梯子与地面夹角一般以 65°～70°为宜。

6）操作人员在高空通过脚手板时，应思想集中，防止踏上探头板而引起高空坠落；在通过"四口"时，应按"四口"防护执行。登高作业人员不得穿硬底皮鞋攀爬，宜穿软质胶底轻便鞋操作。

7）高空作业人员使用的工具、垫铁、焊条等应放入随身佩戴的工具袋内，不可随便向下丢掷。气割或电焊切割时，也应采取措施防止割下的金属或火花伤人。

8）起重吊装作业人员必须戴安全帽，应尽量避免在高空作业的正下方停留或通过，也不得在正吊装的构件下停留。

9）构件安装后必须检查连接质量，电焊连接，要确保焊接牢固；螺栓连接，要检验紧固必要数量的螺栓，只有连接确实安全可靠，才能松钩或拆除临时固定工具，以防构件掉下伤人。

（5）其他安全要求

1）起重吊装作业中电焊机的转移，要对其电源线的长度加以限制，一般不超过 5m，并必须架高，以减少事故发生的范围。

2）起重吊装作业中的电焊、气焊、气割操作，应遵循其相应的专业安全操作技术。

3）严格执行起重机"十不吊"操作规定：

A. 超载或被吊物重量不明时不吊。

B. 指挥信号不明确时不吊。

C. 捆绑、吊挂不牢或不平衡可能引起吊物滑动时不吊。

D. 被吊物上有人或有浮置物时不吊。

E. 结构或零部件有影响安全工作的缺陷或损伤时不吊。

F. 遇有拉力不清的埋置物时不吊。

G. 歪拉斜吊重物时不吊。

H. 工作场地昏暗，无法看清场地、被吊物和指挥信号时不吊。

I. 重物棱角处与捆绑钢丝绳之间未加衬垫时不吊。

J. 水泥砂浆、混凝土装得太满时不吊。

三、指挥与司索起重作业的安全注意事项

（1）凡参加起重吊运作业的指挥、司索及辅助作业人员都必须坚守工作岗位，统一指挥、统一行动，确保作业的安全。

（2）作业前应对包括起重机械、起重工具、绳索作全面检查。检查内容为：完好程度、规格型号、数量以及备用品是否具备。

（3）起重前必须详细检查吊件是否绑挂牢固，是否找准重心，吊点是否正确。

（4）严禁超负荷使用起重设备；严禁斜拉、斜吊；严禁起吊重量不明的构件和冻结、联挂的吊物。

（5）在起重作业范围内应设置明显的警戒标志，严禁非作业人员通行。

（6）起重吊运大型吊件通过桥梁，事先应进行调查核算，以确保顺利通过。起重机械与大型拖车行驶时距路边不得小于 1.5m。

第四节　装饰工程安全施工技术

一、抹灰饰面工程

（1）脚手架上的施工荷载不得大于 2kN/m²，当使用挂脚手架、吊篮等时，施工荷载不大于 1kN/m²，挂脚手架每跨同时操作人数不超过 2 人。

（2）从事高层建筑外墙抹灰装饰作业时，应遵守高空作业安全技术规程，系好安全带，配置水平安全网，同时应注意所使用的材料和工具不能乱丢或抛掷。

（3）不能随意拆除、斩断脚手架的拉结，不得随意拆除脚手架上的安全设施，如妨碍施工必须经施工负责人批准后，方能拆除妨碍部位。

（4）手持加工件时要注意不碰伤手指。

（5）对有毒、有刺激、有腐蚀的材料要注意了解熟悉保管和使用方法，穿戴好防护用品及口罩和护目镜，保护眼睛、呼吸道及皮肤。

（6）易燃材料堆放处禁止吸烟，并配备相应的灭火器材。

（7）施工中尽量避免垂直立体交叉作业。

（8）使用各种瓷砖、大理石等装饰面层，加工切割石板时，不应两人面对面作业，使用切砖机、磨砖机、锯片机时，要防止锯片破碎、石碴飞溅伤害身体或眼睛。

二、油漆涂刷施工的安全防护

（1）施工场地应有良好的通风条件，否则应安装通风设备。

（2）在涂刷或喷涂有毒涂料时，特别是用含铅、苯、乙烯、铝粉等涂料，必须戴防护口罩和密封式防护眼镜，穿好工作服，扎好领口、袖口、裤脚等处，防止中毒。

（3）在喷涂硝基漆或其他具有挥发性、易燃性溶剂稀释的涂料时，不准使用明火，不准吸烟。罐体或喷漆作业机械应妥善接地，泄放静电。涂刷大面积场地（或室内）时，应采用防爆型电气、照明设备。

（4）使用钢丝刷、板锉及气动、电动工具清除铁锈、铁鳞时，需戴上防护眼镜及防护口罩。

（5）作业人员如果感到头痛、头昏、心悸或恶心时，应立即离开工作现场到通风处换气，必要时送医院治疗。

（6）油漆及稀释剂应专人保管。油漆涂料凝结时，不准用火烤。易燃性原材料应隔离储存。易挥发性原料要用密封好的容器储存。油漆仓库通风性能要良好，库内温度不得过高。仓库建筑要符合国家防火等级规定。

（7）在配料或提取易燃品时不得吸烟，浸擦过油漆、稀释剂的棉纱、擦手布不能随便乱丢，应全部收集存放在有盖的金属箱内，待不能使用时集中销毁。

（8）工人下班后应洗手和清洗皮肤裸露部分，未洗手之前不触摸其他皮肤或食品，以防刺激引起过敏反应和中毒。

（9）2002 年 7 月 1 日国家明令淘汰落后涂料产品有：

75. 聚乙烯醇水玻璃内墙涂料（106 内墙涂料）；

76. 多彩内墙涂料（树脂以硝化纤维素为主，溶剂以二甲苯为主的 O/W 型涂料）；

77. 氯乙烯-偏氯乙烯共聚乳液外墙涂料；

78. 焦油型聚氨酯防水涂料；

79. 水性聚氯乙烯焦油防水涂料；

80. 聚乙烯醇及其缩醛类内外墙涂料；

81. 聚醋酸乙烯乳液类（含 EVA 乳液）外墙涂料；

82. 聚氯乙烯建筑防水接缝材料（焦油型）。

三、玻璃工程

装饰工程施工应执行《建筑安全玻璃管理规定》，贯彻《建筑玻璃应用技术规程》JGJ 113—2009 标准，并注意以下几点：

（1）作业人员在搬运玻璃时应戴手套或用布、纸垫住边口锐利部分，以防被玻璃刺伤。

（2）裁划玻璃时应在规定场所进行，边角料要集中堆放并及时处理，以防扎伤他人。

（3）安装两层楼以上的窗户时要系好安全带。

（4）安装窗扇玻璃时要按顺序依次进行，不得在垂直方向的上下两层同时作业，避免玻璃掉落伤人。

（5）安装或修理天窗玻璃时，应在天窗下满铺脚手板以防玻璃和工具掉落伤人，必要时设置防护区域，禁止人员通行。

第四章　装饰装修用特种设备安全技术

《特种设备安全监察条例》（国务院第 373 号令）指出：特种设备是指涉及生命安全、危险性较大的锅炉、压力容器（含气瓶）、压力管道、电梯、起重机械、客运索道、大型游乐设施。一般房屋建筑工程中主要涉及起重机械、施工电梯、锅炉、压力容器（含气瓶）。

《安全生产法》、《劳动法》和《特种设备安全监察条例》中对特种设备的安全管理都有明确规定，对特种设备的设计、制造、安装、使用、检验、修理改造直至报废等环节均实施严格的控制和管理。以下只选择建筑装饰装修使用最多的气瓶作一些介绍。

第一节　气瓶工作特点及分类

一、气瓶工作特点

气瓶是移动式小型盛装容器，单瓶容积一般不大于 1000L。其基本工作特点是：

（1）工作场所、工作条件经常变化；

（2）介质单口进出，充装和使用不同时进行；

（3）多次反复充装介质。

二、气瓶最高工作温度和许用压力

气瓶最高工作温度，指考虑日晒，瓶内介质可能达到的最高温度，我国标准规定为 60℃。气瓶许用压力，指保证气瓶安全，允许气瓶承受的最高压力，它应不小于瓶内介质温度为 60℃时的介质压力。

三、气瓶分类

主要依据瓶内介质临界温度的不同而分类。临界温度是介质气、液相状态界限消失，气化潜热为零的温度。介质温度超过临界温度时仅靠压缩无法使其液化。

（1）永久气体气瓶临界温度 $t_c < -10℃$ 的气体称作永久气体，盛装永久气体的气瓶叫永久气体气瓶。盛装氧、氮、空气、甲烷及氩、氖等气体的气瓶均属此类。

永久气体在环境温度下始终呈气态，以较高压力将其压缩才能在气瓶较小容积中储存较多质量，因而这类气瓶必须有较高的许用压力，其常用标准压力系列为 15、20、30MPa。

（2）高压液化气体气瓶临界温度 $t_c \geq -10℃$ 的气体称作液化气体。

临界温度 $t_c \geq -10℃$ 而 $\leq 70℃$ 的液化气体为高压液化气体，其气瓶为高压液化气体气瓶。二氧化碳、氧化亚氮、乙烯、氯化氢等均属这类气体。

高压液化气体在环境温度下可能呈气液两相状态，也可能完全呈气态，因而也要求以较高压力充装。其气瓶标准压力系列为 8、12.5、15MPa 及 20MPa。

（3）低压液化气体气瓶 $t_c > 70℃$ 的液化气体为低压液化气体，其气瓶为低压液化气体气瓶。液氯、液氨、硫化氢、丙烷、丁烷及液化石油气等均属于低压液化气体。

在环境温度下，低压液化气体始终处于气液两相共存状态，其气态的压力是相应温度下该气体的饱和蒸气压。按最高工作温度为 60℃ 考虑，所有低压液化气体的饱和蒸气压均在 5MPa 以下，所以这类气体可用低压气瓶充装，其标准压力系列为 1.0、2.0、3.0、5.0MPa。

（4）溶解气体气瓶专指盛装乙炔的特殊气瓶，基准温度 15℃ 时，充以规定丙酮量和最大乙炔量的乙炔瓶的最大允许压力为 1.56MPa，最高许用温度 40℃，公称容积 2～60L，其安全问题具有特殊性。

乙炔气瓶是利用丙酮将乙炔溶解在丙酮溶剂中贮存的装置。公称容积大于等于 10L 的乙炔瓶，采用钢质焊接式的瓶体。乙炔为易燃易爆物质，因此乙炔气瓶特别应注意防爆。

第二节　气瓶基本结构和主要附件

一、气瓶基本结构

（1）无缝气瓶。瓶体无焊缝的高压气瓶，用于盛装永久气体或高压液化气体。

（2）焊接气瓶。瓶体有焊缝，用于盛装低压液化气体或溶解气体的气瓶。

二、气瓶主要附件

（1）瓶阀。是装置于气瓶上端瓶颈或阀座上，用以控制气体进出气瓶的阀门。瓶阀出气口的螺纹有左右旋之分，左旋螺纹用于可燃气体气瓶，右旋螺纹用于不可燃气体气瓶。

（2）瓶帽。是用于保护瓶阀防止其被碰坏的帽罩式装置。分固定式和拆卸式两种。

（3）防震圈。是套装在气瓶瓶体上使其免受直接冲撞的橡胶圈，用于高压气瓶。

（4）安全泄压装置。包括易熔塞、爆破片、安全阀或其组合装置，主要用于无毒及不燃气体气瓶，且多装置在瓶阀部位。

盛装有毒或剧毒气体的气瓶上，禁止装配各种安全泄压装置。

第三节　气　瓶　充　装

气瓶充装时的介质温度一般低于其最高工作温度 60℃，必须通过控制充装压力或充装量，使气瓶有一定裕度，以确保介质升温至 60℃ 时压力不超过气瓶许用压力。

绝大多数高压液化气体的临界温度低于 60℃。由于充装时的温度常低于临界温度而压力较高，高压液化气体在充装时往往呈液态，瓶内压力是液面之上该气体的饱和蒸气压。而在充装之后的运输、使用或储存过程中，受到环境温度的影响，瓶内气体的温度有可能高于其临界温度。在这种情况下，瓶内的液化气体全部气化，压力大幅度升高，瓶内状态与永久气体基本相同。

由于充装时的饱和蒸气压仅与介质种类及充装温度有关，而与充装量及介质全部汽化后的瓶内压力无关，所以只能通过控制单位气瓶容积的充装质量——充装系数，进而控制全瓶充装质量及瓶内介质压力。

高压液化气体气瓶的充装系数，不应大于所装气体在 60℃ 及气瓶许用压力下的气相密度。这样可确保在60℃时瓶内压力不超过气瓶许用压力。

低压液化气体气瓶的充装系数为保证气瓶在最高工作温度60℃时不致满液（液相满瓶）超压。低压液化气体气瓶满液后的压力升高实际充装低压液化气体时，必须确保单位气瓶容积中的充装量不超过规定的充装系数，否则即为超装。超装气瓶在介质温度达到60℃之前即出现满液。

由于低压液化气体的体积膨胀系数较大，满液后如继续升温，介质膨胀的体积已无气瓶空余容积容纳，将造成大幅度的瓶内压力升高。自满液温度算起，温度每升高1℃，瓶内压力大约增加1MPa，从而会很快导致气瓶破裂。比如液氯气瓶因过量充装，在10℃时满液，此时瓶内介质压力为0.5MPa，继续升温至20℃时，瓶内压力增加至10.2MPa，远远超过了气瓶的许用压力2MPa，而已接近气瓶的爆破压力。

第四节 气瓶颜色标志

公称工作压力不大于30MPa、公称容积不大于1000L、移动式可重复使用的气瓶充装常用气体颜色标志见表4-1。

气瓶颜色标志一览表　　　　　　　　　　　　　　　表4-1

序号	充装气体名称	化学式	瓶色	字样	字色	色环
1	乙炔	$CH{\equiv}CH$	白	乙炔不可近火	大红	
2	氢	H_2	淡绿	氢	大红	P=20，淡黄色单环 P=30，淡黄色双环
3	氧	O_2	淡（酞）兰	氧	黑	P=20，白色单环 P=30，白色双环
4	氮	N_2	黑	氮	淡黄	
5	空气		黑	空气	白	
6	二氧化碳	CO_2	铝白	液化二氧化碳	黑	P=20，黑色单环
7	氨	NH_3	淡黄	液化氨	黑	
8	氯	Cl_2	深绿	液化氯	白	
9	氟	F_2	白	氟	黑	
10	一氧化氮	NO	白	一氧化氮	黑	
11	二氧化氮	NO_2	白	液化二氧化氮	黑	
12	碳酰氯	$COCl_2$	白	液化光气	黑	
13	砷化氢	AsH_3	白	液化砷化氢	大红	
14	磷化氢	PH_3	白	液化磷化氢	大红	
15	乙硼烷	B_2H_6	白	液化乙硼烷	大红	
16	四氟甲烷	CF_4	铝白	氟氯烷14	黑	
17	二氟二氯甲烷	CCl_2F_2	铝白	液化氟氯烷12	黑	
18	二氟溴氯甲烷	$CBrClF_2$	铝白	液化氟氯烷12B1	黑	

序号	充装气体名称		化学式	瓶色	字　样	字色	色　环
19	三氟氯甲烷		$CClF_3$	铝白	液化氟氯烷 13	黑	
20	三氟溴甲烷		$CBrF_3$	铝白	液化氟氯烷 B1	黑	P=12.5，深绿色单环
21	六氟乙烷		CF_3CF_3	铝白	液化氟氯烷 116	黑	
22	一氟二氯甲烷		$CHCl_2F$	铝白	液化氟氯烷 21	黑	
23	二氟氯甲烷		$CHClF_2$	铝白	液化氟氯烷 22	黑	
24	三氟甲烷		CHF_3	铝白	液化氟氯烷 23	黑	
25	四氟二氯乙烷		$CClF_2{-}CClF_2$	铝白	液化氟氯烷 114	黑	
26	五氟氯乙烷		$CF_3{-}CClF_2$	铝白	液化氟氯烷 115	黑	
27	三氟氯乙烷		$CH_2Cl{-}CF_3$	铝白	液化氟氯烷 133a	黑	
28	八氟环丁烷		$\overline{CF_2CF_2CF_2CF_2}$	铝白	液化氟氯烷 C318	黑	
29	二氟氯乙烷		CH_3CClF_2	铝白	液化氟氯烷 142b	大红	
30	1，1，1三氟乙烷		CH_3CF_3	铝白	液化氟氯烷 143a	大红	
31	1，1二氟乙烷		CH_3CHF_2	铝白	液化氟氯烷 152a	大红	
32	甲烷		CH_4	棕	甲烷	白	P=20，淡黄色单环 P=30，淡黄色双环
33	天然气			棕	天然气	白	
34	乙烷		CH_3CH_3	棕	液化乙烷	白	P=15，淡黄色单环 P=20，淡黄色双环
35	丙烷		$CH_3CH_2CH_3$	棕	液化丙烷	白	
36	环丙烷		$\overline{CH_2CH_2CH_2}$	棕	液化环丙烷	白	
37	丁烷		$CH_3CH_2CH_2CH_3$	棕	液化丁烷	白	
38	异丁烷		$(CH_3)_3CH$	棕	液化异丁烷	白	
39	液化石油气	工业用		棕	液化石油气	白	
		民用		银灰	液化石油气	大红	
40	乙烯		$CH_2{=}CH_2$	棕	液化乙烯	淡黄	P=15，白色单环 P=20，白色双环
41	丙烯		$CH_3CH{=}CH_2$	棕	液化丙烯	淡黄	
42	丁烯-1		$CH_3CH_2CH{=}CH_2$	棕	液化丁烯	淡黄	
43	顺丁烯-2		$\begin{array}{c}H_3C{-}\\ \parallel \\ H_3C{-}CH\end{array}$	棕	液化顺丁烯	淡黄	
44	反丁烯-2		$\begin{array}{c}H_3C{-}CH\\ \parallel \\ HC{-}CH_3\end{array}$	棕	液化反丁烯	淡黄	
45	异丁烯		$(CH_3)_2C{=}CH_2$	棕	液化异丁烯	淡黄	
46	丁二烯-1，3		$CH_2{=}(CH)_2{=}CH_2$	棕	液化丁二烯	淡黄	

序号	充装气体名称	化学式	瓶色	字样	字色	色环
47	氩	Ar	银灰	氩	深绿	
48	氦	He	银灰	氦	深绿	P=20，白色单环
49	氖	Ne	银灰	氖	深绿	P=30，白色双环
50	氪	Kr	银灰	氪	深绿	
51	氙	Xe	银灰	液氙	深绿	
52	三氟化硼	BF_3	银灰	氟化硼	黑	
53	一氧化二氮	N_2O	银灰	液化笑气	黑	P=15，深绿色单环
54	六氟化硫	SF_6	银灰	液化六氟化硫	黑	P=12.5，深绿色单环
55	二氧化硫	SO_2	银灰	液化二氧化硫	黑	
56	三氯化硼	BCl_3	银灰	液化氯化硼	黑	
57	氟化氢	HF	银灰	液化氟化氢	黑	
58	氯化氢	HCl	银灰	液化氯化氢	黑	
59	溴化氢	HBr	银灰	液化溴化氢	黑	
60	六氟丙烯	$CF_3CF{=}CF_2$	银灰	液化全氟丙烯	黑	
61	硫酰氟	SO_2F_2	银灰	液化硫酰氟	黑	
62	氘	D_2	银灰	氘	大红	
63	一氟化碳	CO	银灰	一氟化碳	大红	
64	氟乙烯	$CH_2{=}CHF$	银灰	液化氟乙烯	大红	P=12.5，深黄色单环
65	1，1二氟乙烯	$CH_2{=}CF_2$	银灰	液化偏二氟乙烯	大红	
66	甲硅烷	SiH_4	银灰	液化甲硅烷	大红	
67	氯甲烷	CH_3Cl	银灰	液化氯甲烷	大红	
68	溴甲烷	CH_3Br	银灰	液化溴甲烷	大红	
69	氯乙烷	C_2H_5Cl	银灰	液化氯乙烷	大红	
70	氯乙烯	$CH_2{=}CHCl$	银灰	液化氯乙烯	大红	
71	三氟氯乙烯	$CF_2{=}CClF$	银灰	液化三氟氯乙烯	大红	
72	溴乙烯	$CH_2{=}CHBr$	银灰	液化溴乙烯	大红	
73	甲胺	CH_3NH_2	银灰	液化甲胺	大红	
74	二甲胺	$(CH_3)_2NH$	银灰	液化二甲胺	大红	
75	三甲胺	$(CH_3)_3N$	银灰	液化三甲胺	大红	
76	乙胺	$C_2H_5NH_2$	银灰	液化乙胺	大红	
77	二甲醚	CH_3OCH_3	银灰	液化甲醚	大红	
78	甲基乙烯基醚	$CH_2{=}CHOCH_3$	银灰	液化乙烯基甲醚	大红	
79	环氧乙烷	CH_2OCH_2 (环)	银灰	液化环氧乙烷	大红	
80	甲硫醇	CH_3SH	银灰	液化甲硫醇	大红	
81	硫化氢	H_2S	银灰	液化硫化氢	大红	

注：

1. 色环栏内的 P 是气瓶的公称工作压力，单位为 MPa。

2. 序号39，民用液化石油气瓶上的字样应排成两行，"家用燃料"居中的下方为"（LPG）"。

除表 4-1 以外充装的气体，其气瓶的涂膜配色见表 4-2。

充装气体类别		气瓶涂膜配色类型		
		瓶色	字色	环色
烃类	烷烃	棕	白	浅黄
	烯烃		淡黄	白
稀有气体类		银灰	深绿	
氟氯烷类		铝白	可燃气体：大红 不燃气体：黑	深绿
剧毒类		白		无机气体：深绿
其他气体		银灰		有机气体：淡黄

第五节　气瓶的管理

为了贯彻安全生产的方针，加强气瓶管理，保护员工生命和公司财产的安全，促进公司生产的发展，需制定以下管理制度。

（一）认真贯彻执行国家关于《气瓶安全监察规程》的各项有关规定。气瓶的使用、充装、运输和储存必须符合规定。

（二）气瓶应按规定定期进行技术检验。盛装一般气体的气瓶，每三年检验一次；盛装腐蚀性介质的气瓶，每两年检验一次。气瓶在使用过程中，出现有严重损伤等，应提前进行检验。

（三）使用前，应进行认真检查：

（1）所选用的气瓶漆色、字样与所充装的气体应符合规定。

（2）瓶阀材料必须根据气瓶所装气体的性质选用，各类气瓶的减压器不准互相代用。

（3）气瓶的安全附件要齐全、完好。瓶阀应有保护装置如气瓶配戴瓶帽等。气瓶上应套装两个防震圈。

（4）气瓶的有关技术资料齐全，应符合检验期限。

（5）瓶体经外观检查无缺陷，能够保证安全使用，注意维护保养，防止腐蚀，保持涂色及涂字清晰，附件完好。

（四）使用中应遵守下列规定：

（1）禁止对气瓶敲击、碰撞、火烤。

（2）开启气瓶阀门时应小心缓慢地进行，操作者应在侧面以免气流伤人。

（3）氧气瓶、氯气瓶及其减压器等，禁止与油类接触，操作人员严禁穿戴有油污的工作服和手套。

（4）乙炔气瓶特别要注意以下防爆措施：

1）乙炔气瓶应根据有关规定补足丙酮，同时不能过量；

2）根据丙酮量确定乙炔充装量，严格控制充装速度，严禁过量充装，瓶内气体不能用尽，必须留有 0.05MPa 的剩余压力；

3）乙炔瓶放置地点不得靠近热源和电器设备，与明火距离不小于 10m；

4）使用时直立在绝缘体上，严禁放置在通风不良或放射性射线源场所；

5）严禁暴晒，严禁用 40℃ 以上热源加热瓶体；

6）乙炔气瓶与氧气瓶的安全距离为 5m，乙炔瓶和氧气瓶放置在同一小车上，用非可燃材料隔离；

7）配置专用减压器和回火防止器；严禁手持点燃的焊割工具开闭乙炔气瓶；

8）乙炔瓶使用过程中发现泄漏，及时处理。其处理方法：喷雾状水稀释、溶解。构筑围堤或挖坑收容产生的大量废水。如有可能，将漏出气用排风机送至空旷地方或装设适当喷头烧掉。漏气容器要妥善处理，修复、检验后再用。

（五）运输气瓶应遵守下列规定：

（1）旋紧瓶帽，轻装、轻卸、严禁抛、滑或碰击。

（2）气瓶装在车上应妥善加以固定。夏季要有遮阳设施，防止曝晒。

（3）车上禁止烟火，并应备有灭火器材和防毒用具。

（4）易燃品、油脂或带有油污的物品，不得与氧气瓶或强氧化剂气瓶同车运输。

（5）所装介质相互接触后，能引起燃烧、爆炸的气瓶，不得同车运输。

（六）储存气瓶应符合下列规定：

（1）旋紧瓶帽，放置整齐，留有通道，妥善固定。除乙炔瓶外，其他气瓶卧放应防止滚动，头部朝向一方。

（2）盛装有毒气体的气瓶，或所装介质相互接触后能引起燃烧、爆炸的气体，必须分室储存，并在附近设有防毒用具或灭火器材。

（3）生产使用的气瓶应分别贮放在室外的专用小房内。

（七）气瓶发生爆炸，瓶阀飞出，或因气瓶事故引起着火、中毒事故时，应及时上报主管部门和劳动部门。

第五章　施工机具安全防护

《建筑施工安全检查标准》JGJ 59—2011 中的施工机具检查评分表列出了建筑施工常用的和易发生伤亡事故的 11 种机具，这些机具设备与大型设备相比较其可能造成的危险性虽然较小，但由于它数量多，使用广泛，所以发生事故的概率大；又因其设备体积较小，所以往往在安全管理上容易被忽视，在施工现场存在的安全隐患较多。其危害后果一般有：

（1）临时施工用电不符合规范要求，缺少漏电保护装置或保护失效，造成触电事故。

（2）机械设备在安装、防护装置上存在问题，造成对操作人员的机械伤害。

（3）施工人员违反操作规程，造成对操作人员或他人的机械伤害。

我们选择建筑装饰装修常用的机具和部分设施加以强调。施工机具的使用应执行《建筑机械使用安全技术规程》JGJ 33—2012 的相关规定。

第一节　混凝土及砂浆搅拌机安全技术

一、混凝土（砂浆）搅拌机安全技术

（1）搅拌机在使用前，必须经过验收，确认符合要求方能使用。设备应挂上合格牌。

（2）临时施工用电应做好保护接零，配备漏电保护器，具备三级配电两级保护。

（3）安装场地应平整夯实，确保机械安装平稳牢固。搅拌机应设防雨棚，若机械设置在塔吊运转作业范围内，必须搭设双层安全防坠棚。

（4）传动部位应设置防护罩，操作手柄应有保险装置，料斗应有保险挂钩。

（5）各类搅拌机（除反转出料搅拌机外），均为单向旋转进行搅拌，因此在接电源时应注意搅拌筒转向要符合搅拌筒上的箭头方向。

（6）开机前，先检查电气设备的绝缘和保护接零是否良好，皮带轮保护罩是否完整。

（7）严格执行操作规程，砂浆搅拌机加料时，不准用脚踩或用铁锹、木棒在筒口往下拨、刮拌合料，不能在转动时，把工具伸进料斗里扒料。搅拌机料斗下方不准站人，起斗停机时，必须挂上安全钩。

（8）搅拌机安全操作规程应上墙，明确设备责任人，设备定期进行安全检查、维修和保养。非操作人员，严禁开动机械。

二、混凝土振动器安全技术

（1）振动棒、软轴和导线等机件的外表及连接部分无裂缝，连接紧密，螺栓紧固无松动。

（2）电缆线无接头、无破损，悬空架设不拖地。

（3）插入式振动器电动机电源上应安装漏电保护装置，熔断器选配符合要求，接零保护安全可靠。

（4）操作人员要经安全技术培训，作业时穿好绝缘胶鞋，戴好橡皮绝缘手套。

第二节　焊接设备安全技术

（一）事故隐患

（1）由于外界环境（工况条件）因素，如雨雪气候、潮湿、高温等，电焊机仍在使用，又未采取相应的安全防范措施，造成对人体的伤害（如触电等）。

（2）电焊机及相关设备本身存在安全隐患而造成对操作人员的伤害事故。

（3）因操作人员违章操作或未采取自我安全防护措施（如无证上岗，不戴防护手套、眼镜或面罩等）而造成对人体的伤害。

（二）安全要求

（1）作业环境要求

1）电焊机外壳应完好无损，有防雨、防潮、防晒措施，并备有消防用品。

2）遇恶劣天气（如雷雨、阴雨）应停止露天焊接作业，雨后应先清除操作地点的积水，再进行作业。在潮湿地工作，操作人员应站在绝缘垫或木板上。

3）在焊机四周严禁堆放易燃物品，作业点周围和下方应采取防火措施，应指定专人监护，并备有消防用品。要特别注意焊接火花飞溅易引发火灾，造成人员灼烫伤。

4）焊接预热工件时，应有石棉布或挡板等隔热措施。

5）多台焊机在一起集中施焊时，应分接在三相电源上，使三相负载平衡，多台焊机的接地装置应分别由接地极处引接，不得串联。

进行大量焊接生产时，焊接变压器不得超负荷，变压器温升不得超过 60℃，遵守焊机暂载率规定，以免过分发热而损坏。

焊接过程中，如焊机有不正常响声，变压器绝缘电阻过小、导线破裂、漏电等，应立即停止使用，进行检修。冷却水管保持畅通不得漏水和超过规定温度。

6）严禁在带压力的容器或管道上施焊，焊接带电的设备必须先切断电源。

7）施焊场地周围应清除易燃易爆物品，或进行覆盖、隔离。

8）焊接储存过易燃、易爆、有毒物品的容器或管道，必须清除干净，并将所有孔口打开。

9）在密闭金属容器内施焊时，容器必须可靠接地，通风良好，并有专人监护，严禁向容器内输入氧气。

（2）设备要求

1）电焊机使用前，必须经设备管理部门验收，确认符合要求，方可正式使用，设备挂上合格牌。

2）用电必须符合规范要求，三级配电两级保护，做好保护接零，一次、二次侧接线柱防护罩齐全。

3）电源应使用自动开关。使用电焊机二次侧空载降压保护装置。电焊机应有专用电源控制开关，开关的保险丝容量应为该机额定电流的 1.5 倍，严禁用其他金属丝代替保险丝，完工后立即切断电源。

4）焊钳与把线必须绝缘良好，连接牢固，更换焊条应戴手套，把线长度为 20～30m，如需接长时，接头不准超过两个，以防电阻过大，发热而引起燃烧。

5) 手把线与零线穿越道路时，应穿管埋设或架空，以防碾压和磨损；电焊把线与零线不准搭在氧气瓶和起重机钢丝绳等附件上。

（3）对作业人员的要求

1) 操作人员必须持有效证件方可上岗。

2) 操作者不准穿化纤质服装。推拉开关时，应站在侧面，以防电弧火花灼伤，一手推拉开关，另一手不准放在任何导体上。

3) 高处作业时，焊工不准手持焊把脚蹬梯子焊接。焊条应装入焊条桶或工具袋内，焊条头要妥善处理，不准随意投扔。

4) 清除焊渣、采用电弧气刨清根时，应戴防护眼镜或面罩，防止铁渣飞溅伤人。

5) 施焊工作结束，应切断焊机电源，并检查操作地点，确认无起火危险后，方可离开。

第三节　木工机械安全技术

一、平刨安全技术

（一）事故隐患

（1）木质不均匀（如节疤），刨削时切削力突然增加，使得两手推压木料原有的平衡突遭破坏，木料弹出或翻倒，而操作人员的两手仍按原来的方式施力，手指伸进刨口被切。

（2）加工的木料过短，木料长度小于 250mm。操作人员违章操作或操作方法不正确，手指被切。

（3）临时用电不符规范要求，如三级配电二级保护不完善，缺漏电保护器或失效，导致触电。

（4）传动部位无防护罩，导致机械伤害。

（二）安全要求

（1）平刨使用前，必须经设备管理部门验收，确认符合要求，方可正式使用。设备挂上合格牌。

（2）用电必须符合规范要求，三级配电两级保护，有保护接零（TN-S 系统）和漏电保护器。

（3）必须使用圆柱形刀轴，禁止使用方轴。刨口开口量不得超过规定值。刨刀刃口伸出量不能超过外径 1.1mm。

（4）每台木工平刨上必须装有安全防护装置（护手安全装置及传动部位防护罩），并配有刨小薄料的压板或压棍。

（5）平刨在施工现场应置于木工作业区内，若位于塔吊作业范围内时，应搭设防护棚，并落实消防措施。

（6）操作人员衣袖要扎紧，不准戴手套，应严格执行安全操作规程。机械运转时，不得进行维修、保养，不得移动或拆除护手装置进行刨削。

二、圆盘锯安全技术

（一）事故隐患

（1）圆锯片安装不正确，锯齿因受力较大而变钝后，锯切时引起木材飞掷伤人。

（2）圆锯片有裂缝、凹凸、歪斜等缺陷，锯齿折断使得圆锯片在工作时发生撞击，引起木材飞掷或圆锯本身破裂伤人等危险。

（3）安全防护缺陷，如传动皮带防护缺陷、护手安全装置残损、未作保护接零和漏电保护或其装置失效等，引发安全事故。

（二）安全要求

（1）圆盘锯在进入施工现场，必须经过验收，安装三级配电二级保护，电器开关良好（必须采用单向按钮开关），熔丝规格符合规定，确认符合要求方能使用，设备应挂上合格牌。

（2）锯片上方必须安装保险挡板和滴水装置，在锯片后面，离齿 10～15mm 处，必须安装弧形楔刀。锯片的安装，应保持与轴同心。皮带传动处应有防护罩。

（3）锯片必须平整，锯口要适当，锯片要与主动轴匹配、紧固。锯片必须锯齿尖锐，不得连续缺齿两个，裂纹长度不得超过 20mm，裂缝末端应冲止裂孔。

（4）操作前应检查机械是否完好，锯片是否有断、裂现象，并装好防护罩，运转正常后方能投入使用。

（5）操作人员应戴安全防护眼镜；操作人员不得站在锯片旋转离心力面上操作，手不得跨越锯片。

（6）木料锯到接近端头时，应由下手拉料进锯，上手不得用手直接送料，应用木板推送。锯料时，不准将木料左右搬动或高抬；送料不宜用力过猛，遇木节要减慢进锯速度，以防木节弹出伤人。

（7）锯短料时，应使用推棍，不准直接用手推，进料速度不得过快，下手接料必须使用刨钩。短料时，料长不得小于锯片直径的 1.5 倍，料高不得大于锯片直径的 1/3。截料时，截面高度不准大于锯片直径的 1/3。

（8）锯线走偏，应逐渐纠正，不准猛扳。锯片运转时间过长，温度过高时，应用水冷却，直径 60cm 以上的锯片在操作中，应喷水冷却。

（9）木料若卡住锯片时，应立即停车后处理。

第四节　其他机械设备安全技术

一、卷扬机安全技术

（一）事故隐患

（1）卷扬机固定不坚固，地锚设置不牢固，导致卷扬机移位和倾覆。

（2）卷筒上无防止钢丝绳滑脱的防护装置或防护装置设置不合理、不可靠，致使钢丝绳脱离卷筒。

（3）钢丝绳末端未固定或固定不符合要求，致使钢丝绳脱落。

（4）卷扬机制动器失灵，无法定位。

（5）绳筒轴端定位不准确引起轴疲劳断裂。

（二）安全要求

（1）安装位置

1）搭设操作棚，并保证操作人员能看清指挥人员和拖动或吊起的物件。施工过程中的建筑物、脚手架以及现场堆放材料、构件等，都不应影响司机对操作范围内全过程的监视。处于危险作业区域内的操作棚，顶部应符合防护棚的要求。

2）地基坚固。卷扬机应尽量远离危险作业区域，选择地势较高、土质坚固的地方，埋设地锚用钢丝绳与卷扬机座锁牢，前方应打桩，防止卷扬机移动和倾覆。

3）卷筒方向。卷筒与导向滑轮中心对正，从卷筒到第一个导向滑轮的距离，按规定是：带槽卷筒应大于卷筒宽度的 15 倍，无槽卷筒应大于 20 倍，以防止卷筒运转时钢丝绳相互错叠和导向轮翼缘与钢丝绳磨损。

（2）作业人员要求

1）卷扬机司机应经专业培训持证上岗，作业时要精神集中，发现视线内有障碍物时，要及时清除，信号不清时不得操作。

2）作业前应先空转，确认电气、制动以及环境情况良好才能操作，操作人员应详细了解当班作业的主要内容和工作量。

3）当被吊物没有完全落在地面时，司机不得离岗。休息或暂停作业时，必须将物件或吊笼降至地面。下班后，应切断电源，锁好电闸箱。

4）司机应随时注意操作条件及钢丝绳的磨损情况。当荷载变化第一次提升时，应先离地 0.5m 稍停，检查无问题时再继续上升。

5）使用单筒卷扬机，必须用刹车控制下降速度，不能过快和猛急刹车，要缓缓落下。

6）禁止使用扳把型开关，防止发生碰撞误操作。

7）钢丝绳要定期涂抹黄油并要放在专用的槽道里，以防碾压倾轧，破坏钢丝绳的强度。

8）卷扬机的额定拉力大于 125kN 时应设置排绳器，留在卷筒上的钢丝绳最少应保留 3～5 圈，钢丝绳的末端应固定可靠。

9）卷筒外边至最外层钢丝绳的距离应不小于钢丝绳直径的 1.5 倍。

10）作业中，任何人不得跨越正在作业的卷扬钢丝绳。

二、潜水泵安全技术

（一）事故隐患

潜水泵保护装置不灵敏、使用不合理，造成漏电伤人事故。

（二）安全要求

潜水泵是指将泵直接放入水中使用的水泵，操作时应注意做到以下几点：

（1）水泵外壳必须做保护接零（接地），开关箱中装设漏电保护器（漏电动作值：15mA；动作时间：0.1s）。

（2）水泵应放在坚固的网篮里置入水中，以防乱草杂物轧住叶轮，泵应直立放置，叶轮中心至水面距离应在 3～5m 之间，泵体不得陷入污泥或露出水面。放入水中或提出水面时，应先切断电源，须拉住扣在电泵耳环上的绳子，严禁提拉电缆。

（3）接通电源应在水外先行试运转（试运转时间不超过 5min），确认旋转方向正确，无泄漏现象。

(4) 停转后不得立即再启动。每小时启动不得超过十次。停机后再间隔 5min 以上才能开机。在运转中如发现声音不正常，应立即切断电源进行检查。

三、空压机安全技术

（一）事故隐患

（1）安全装置失灵、违章操作，压缩机的气缸、贮气桶、排气管等均可能发生爆裂。其主要原因是：

1）压缩机受压部分的机械强度不符合国家有关标准；

2）压缩空气压力超过规定限度，超负荷运行；

3）压缩空气、润滑油以及它的分解产物组成爆炸性混合物；

4）灰尘、油质沉淀在压缩机气缸、贮气桶、空气导管等的内壁；

5）压缩机气缸壁内形成能够自燃的积炭；

6）在维修时，将擦拭材料、火油及汽油落入气缸、贮气桶及空气导管内；

7）压缩机气缸内受水力冲击；

8）活塞、连杆、曲柄机构破裂；

9）气缸壁温度过高时，突然将冷却水注入气缸水套内。

（2）高压气流直接打击人的身体。

（3）由于缺少防护设备，致使压缩机转动部分以及传动皮带卷住或伤害工人。

（二）设备安全要求

为保证空气压缩机的运行安全，在工作中应注意以下几点：

（1）空气压缩机安装地点应符合以下要求：

1）适当避开有安静、防振要求的场所；

2）避开有爆炸性、腐蚀性及其他有害气体和粉尘的场所；

3）供水、供电方便，场地清洁；

4）冬季环境温度不宜低于5℃；

5）夏季环境气温宜保持在35℃以下；

6）露天使用必须有防雨雪、防暴晒措施。

（2）为方便操作、修理和运输，通道应满足以下要求：

1）空气压缩机与墙、柱的距离应≥0.8m；

2）空气压缩机与其他辅助设备之间的距离应≥1m。

（3）空气压缩机若固定式安装应按随机基础图要求施工；若移动式安装则要求与空气压缩机机座连接的钢结构必须有足够的刚性，且安置平稳，运转时不致出现异常振动，或应用楔木将轮子固定。

（4）设备的布置应有利于自然通风和采光。自然采光不足时，应设置人工照明，其照度应不低于30lx。

（5）气路系统

1）气体管路系统应畅通、无泄漏现象。

2）要安装安全阀。安全阀应启闭灵敏、可靠。当排气压力超过额定值的10％～15％时，应能自动开启；下降到额定值的95％时，应能自动关闭。安全阀应严密，若有泄漏，应及时停车、卸压修复。安全阀应按说明书的规定定期进行检测。

3）装置压力表。一、二级气缸排气管路上均应设压力表；压力表应避免受高温和振动的影响；压力表应完好、灵敏、准确，一般选用精度为 2.5 级。压力表应半年校验一次，经校验合格的压力表应有铅封和校验合格证。压力表的量程应为额定工作压力的 1.5～3 倍，表盘直径不应小于 100mm，刻度应清晰可见。如指针失灵、刻度不清、表盘玻璃破裂、泄压后指针不回零位、铅封损坏等，均应立即更换。

4）空气过滤器。空气过滤器应结构完整，并保证进入空气压缩机的空气清洁。每工作 100 小时，应检查清洗一次，晾干后再用。

5）吸气、排气管道的布置应尽量避免或减少对建筑物的影响。排气管道应有热补偿装置。

6）压缩空气管道应用法兰与设备和阀门连接，其他部位宜用焊接。接头部位应严密。严禁在管路系统有压力时拧紧连接件。

7）根据环境的不同要求，空气压缩机的吸气系统应采取相应的降低噪声的措施。

（6）润滑系统

1）润滑油质应符合要求，保持清洁。油路无内泄外漏现象。

2）曲轴箱的润滑油量应保持在油标线内。

（7）传动机构

1）联轴器、曲轴、连杆、活塞等应传动平稳，无异常振动和声响。

2）飞轮、联轴器等外露旋转体应安装防护罩，设备周围应有防护栏杆。

（8）操纵机构

1）"起动"与"停车"按钮应操作方便、灵敏可靠。

2）卸荷阀手柄应齐全，转动灵活。开车前，应将卸荷阀手柄转到"起动"位置，使空气压缩机卸荷起动。

（9）电气系统应符合国家有关机械设备电气安全要求。

（10）其他要求

1）机身、曲轴箱等主要受力件严禁有影响强度和刚性的缺陷，且不应有棱角、毛口及其他影响安全的缺陷。

2）紧固件必须完整、可靠，并有防松措施。

3）空气压缩机应有清晰的铭牌和安全标志牌。

（三）试车与运行安全要求

（1）新安装的空气压缩机，必须是经有关部门批准的正规厂家的产品，并有相应的合格证和技术资料。用户按设备说明书进行验收，经试车合格后，方准使用。

（2）凡经过大修或中修的空气压缩机，其主要零部件必须达到原设计规定的技术指标。主要受力件、转动部件均应有详细的检修记录，要按设备说明书和企业设备管理规章进行验收，经试车合格后，方可使用。

（3）空气压缩机的修理必须在卸压后进行。

（4）工作时，如发生断水、缺油，必须立即停车。

（5）不符合要求的润滑油不得使用，一般应采用压缩机油。气缸和曲轴箱内的润滑油应油量适当，润滑系统油压应稳定，油质清洁。

（6）在炎热地区，应采取降温措施。

（7）空气压缩机气缸、气缸盖、活塞及冷却器的气体管路等，应定期进行水压试验；管路应以 $3×105Pa$ 的表压进行水压试验，稳压时间不应少于 5min，不允许有渗漏现象。

（8）受压容器的气压试验和气密性试验必须遵守工艺规程及《压力容器安全技术监察规程》。

（9）进行气压试验时，如容器内有残留的易燃、易爆气体，禁止用空气作为试验介质。

（10）气压试验过程中，如发现试压件有异常声响、压力下降及油漆剥落等不正常现象，应立即停止试验，查明原因，必要时卸压检查。

（11）空气压缩机一般每运行 8000h 后，应分解气缸，清除油垢焦渣等。若使用硬水，则每运行 4000h 后即应进行清洗。组装后应进行试压。试验压力为工作压力的 1.25 倍。

（12）冷却器等受压容器的紧固件，每年应进行一次安全鉴定，并做好相应的记录。

四、磨石机安全技术

（一）事故隐患

保养不当，违章操作，未装漏电保护器，导致触电事故。

（二）安全要求

（1）工作前，应详细检查各机件的情况：

1）导线开关等应绝缘良好，熔断丝粗细适当，禁止过粗。

2）导线应用绳子悬空吊起，不应任其放在地上，以免拖拉磨损，造成漏电。

3）工作前，应进行试运转，运转正常时，方可开始工作。

（2）电动机如发热时，须停止工作，使其冷却后再用。

（3）搬运磨石子机时，应用结实的绳子缚住后搬运，放下时不要碰坏机器或伤人。

（4）休息或停止工作时，应将开关打开，并取出熔断丝插头。

（5）工作中，如发现零件脱落或不正常音响时，应立即停车，进行检查和修理。

（6）任何检查修理工作，必须在电动机停止转动后，才能进行。

（7）操作人员在工作中，必须戴手套和穿胶靴。

（8）电气部分如有损坏，应由电工修理，所有接线工作也应由电工担任，室内导线应采用橡皮护套的软线。

（9）停车后，应按规定进行保养，并检查各部分的机件状况，如有损坏应进行修理和更换。

（10）机械用完后，应予擦拭，保持清洁，磨石机要放置干燥地方，用木头垫放稳，并用油布覆盖，以防灰尘和水分侵入。

（11）磨石机应由专人负责操作和保养，不准他人开动。

五、套丝切管机安全技术

（1）套丝切管机械上的电源电动机、液压装置的使用应执行《建筑机械使用安全技术规程》JGJ 33—2012 的规定。

（2）套丝切管机械上的刀具、模具等强度和精度应符合要求，刃磨锋利，安装稳固，紧固可靠。

（3）套丝切管机械上的传动部分应设有防护罩，作业时，严禁拆卸。机械均应安装在机棚内。

（4）套丝切管机应安放在稳固的基础上。

（5）应先空载运转，进行检查、调整，确认运转正常，方可作业。

（6）应按加工管径选用板牙头和板牙，板牙应按顺序放入，作业时应采用润滑油润滑板牙。

（7）当工件伸出卡盘端面的长度过长时，后部应加装辅助托架，并调整好高度。

（8）切断作业时，不得在旋转手柄上加长力臂；切平管端时，不得进刀过快。

（9）当加工件的管径或椭圆度较大时，应两次进刀。

（10）作业中应采用刷子清除切屑，不得敲打振落。

（11）作业时，非操作和辅助人员不得在机械四周停留观看。

（12）作业后，应切断电源，锁好电闸箱，并做好日常保养工作。

六、弯管机安全技术

（1）检查工作场地周围，清除一切妨碍工作和交通的杂物。地面上不得有油污以免滑倒。工件堆放要整齐牢固，以防倒塌伤人。

（2）检查弯管机上的防护装置是否完好，如没有装好，就不准开车。中频弯管机应有良好接地和电气绝缘，电压应稳定。

（3）检查弯管机的润滑部位，缺油和无油时应将油加足。

（4）在空车试运转时，检查机械运转是否正常，电器开关是否灵敏好用。一切正常后，再进行工作。

（5）两人同时工作时要密切配合，协调一致。应指定专人操作开关。操作时不准与旁人谈笑，以防误动作。

（6）在机床开动时，操作者不得离开机床。

（7）弯管机工作时，在管子弯度行程范围附近不准有人，并设立防护警示标志。撬管子时要站稳，防止被撬棒打滑击伤。操作人员只能站在外侧。

（8）校正管子要注意四周安全，使用榔头要先浸入水中数分钟，防止脱柄伤人。敲管时禁止戴手套。

（9）热弯、校正管子时，脸部要避开管口，防止因管子振动时热砂喷出伤人。灌黄砂时，要将管子吊牢，防止倾倒。管内不得有油污，应选用干燥的黄砂。

（10）使用煤气时要先打开炉门，吹掉积余煤气后再点火。

（11）捆扎管子放入料架及解开捆扎钢丝时，要拦好垫牢，防止滚滑压伤。搬运管子应注意行人，防止碰伤人。

七、手持电动工具

（一）手持电动工具触电保护分类

施工作业使用手持式电动工具，必须遵守《手持电动工具管理，使用检查和维修安全技术规程》GB/T 3787—2006标准。电动工具按其触电保护分为Ⅰ、Ⅱ、Ⅲ类：

（1）Ⅰ类工具在防止触电的保护方面不能仅依靠其本身的基本绝缘，还要有一个附加的安全防护措施（必须做保护接零）。由于安全性差，现已停止生产，但仍有以前生产的Ⅰ类工具在使用中。在电动工具造成触电死亡事故的统计中，几乎都是Ⅰ类工具引起的。

（2）Ⅱ类工具在防止触电的保护方面不仅依靠基本绝缘，而且它还提供双重绝缘或加强绝缘的附加安全预防措施，或者说是将个人防护用品以可靠、有效的方式设计制作在工具上，具有双重独立的保护系统，可不做保护接零。

（3）Ⅲ类工具在防止触电保护方面依靠由安全特低电压供电和在工具内部不会产生比安全特低电压高的高压，其电压一般为36V。使用时必须用安全隔离变压器供电。可不做保护接零。

（二）事故隐患

手持电动工具的安全隐患主要存在于电器方面，易发生触电事故：

（1）未设置保护接零和两级漏电保护器，或保护失效。

（2）电动工具绝缘层破损漏电。

（3）电源线和随机开关箱不符合要求。

（4）工人违反操作规定或未按规定穿戴绝缘用品。

（三）安全要求及预防措施

（1）手持电动工具在使用前，外壳、手柄、负荷线、插头、开关等必须完好无损，使用前必须做空载试验，经过设备、安全管理部门验收，确定符合要求，发给准用证或有验收手续方能使用。设备挂上合格牌。

（2）使用Ⅰ类工具必须按规定穿戴绝缘用品或站在绝缘垫上。并确保有良好的接零或接地措施，保护零线与工作零线分开，保护零线采用 1.5mm² 以上多股软铜线。安装漏电保护器，漏电电流不大于 15mA，动作时间不大于 0.1s。

（3）在一般的场所为保证安全，应当用Ⅱ类工具，并装设额定漏电电流不大于 15mA，动作时间不大于 0.1s 的漏电保护器。Ⅱ类工具绝缘电阻不得低于 7MΩ（兆欧）。

（4）露天、潮湿场所或在金属构架上作业必须使用Ⅱ类或Ⅲ类工具，并装设防溅的漏电保护器。严禁使用Ⅰ类手持电动工具。

（5）狭窄场所（锅炉、金属容器、地沟、管道内等），宜选用带隔离变压器的Ⅲ类手持电动工具。隔离变压器、漏电保护器装设在狭窄场所外面，工作时应有人监护。

（6）手持电动工具的负荷线必须采用耐气候型的橡皮护套铜芯软电缆，并不得有接头。

（7）电动工具在使用中不得任意调换插头，更不能不用插头，而将导线直接插入插座内。当电动工具不用或需调换工作头时，应及时拔下插头。插插头时，开关应在断开位置，以防突然启动。

（8）使用过程中要经常检查，如发现绝缘损坏、电源线或电缆护套破裂、接地线脱落、插头插座开裂、接触不良以及断续运转等故障时，应立即停机修理。移动电动工具时，必须握持工具的手柄，不能用拖拉橡皮软线来搬动工具，并随时注意防止橡皮软线擦破、割断和轧坏现象，以免造成人身事故。

（9）长期搁置未用的电动工具，使用前必须用 500V 兆欧表测定绕组与机壳之间的绝缘电阻值，应不得低于 7MΩ（兆欧），否则须进行干燥处理。

（10）电动工具不适宜在含有易燃、易爆或腐蚀性气体及潮湿等特殊环境中使用，并应存放于干燥、清洁和没有腐蚀性气体的环境中。对于非金属壳体的电机、电器，在存放和使用时应避免与汽油等溶剂接触。

第六章　建筑装饰装修施工专项安全技术

建筑装饰装修施工专项安全技术主要指不特定属于某一分部分项工程，可能贯穿于施工全过程，涉及施工现场的施工组织或技术方面的安全措施，主要有：高处作业、脚手架工程、施工用电以及现场消防等。

第一节　高处作业安全技术

一、高处作业的定义、分级与分类

（一）高处作业的基本定义

《高处作业分级》GB 3608—2008 规定：凡在坠落高度基准面 2m 以上（含 2m）有可能坠落的高处进行作业，都称为高处作业。所谓坠落高度基准面，即最低坠落着落点的水平面，如坠落下去地面、楼面、楼梯平台、相邻较低建筑物的屋面、基坑的底面、脚手架的通道板等。而最低坠落着落点，则是指在坠落中可能落到的最低之处，也可以看作是最大的坠落高度。因此，高处作业高度的衡量，以从各作业位置至相应的坠落基准面之间的垂直距离的最大值为准。

（二）高处作业分级

（1）高处作业高度分为 2m 至 5m、5m 以上至 15m、15m 以上至 30m 及 30m 以上四个区段。

（2）直接引起坠落的客观危险因素分为 11 种：

1）阵风风力五级（风速 8.0m/s）以上；

2）《高温作业分级》GB/T 4200—2008 规定的Ⅱ级或Ⅱ级以上的高温作业；

3）平均气温等于或低于 5℃的作业环境；

4）接触冷水温度等于或低于 12℃的作业；

5）作业场地有冰、雪、霜、水、油等易滑物；

6）作业场所光线不足，能见度差；

7）作业活动范围与危险电压带电体的距离小于表 6-1 的规定；

作业活动范围与危险电压带电体的距离　　　　　　　　　　　　　表 6-1

危险电压带电体的电压等级（kV）	距离（m）	危险电压带电体的电压等级（kV）	距离（m）
≤10	1.7	220	4.0
35	2.0	330	5.0
63～110	2.5	500	6.0

8）摆动，立足处不是平面或只有很小的平面，即任一边小于 500mm 的矩形平面、直径小于 500mm 的圆形平面或具有类似尺寸的其他形状的平面，致使作业者无法维持正

常姿势；

9）《体力劳动强度分级》GB 3869—1997 规定的Ⅲ级或Ⅲ级以上的体力劳动强度；

10）存在有毒气体或空气中含氧量低于 19.5% 的作业环境；

11）可能会引起各种灾害事故的作业环境和抢救突然发生的各种灾害事故。

（3）高处作业分类分级表（表 6-2）

A 类法分级：不存在 2）中所列出的任一种客观危险因素的高处作业；

B 类法分级：存在 2）列出的一种或一种以上客观危险因素的高处作业。

高处作业分类分级表   表 6-2

分类法	高处作业高度（m）			
	$2 \leqslant h_{\mathrm{w}}$	$5 < h_{\mathrm{w}} \leqslant 15$	$15 < h_{\mathrm{w}} \leqslant 30$	$h_{\mathrm{w}} > 30$
A	Ⅰ	Ⅱ	Ⅲ	Ⅳ
B	Ⅱ	Ⅲ	Ⅳ	Ⅳ

二、高处作业基本安全要求

（一）高处作业的基本规定

（1）高处作业的安全技术措施及其所需料具必须列入工程的施工组织设计。

（2）单位工程施工负责人应对工程的高处作业安全技术负责并建立相应的责任制。施工前应逐级进行安全技术教育和交底，落实所有安全技术措施和人身防护用品，未经落实时不得进行施工。

（3）高处作业中的安全标志，工具、仪表、电气设施和各种设备，必须在施工前加以检查，确认其完好后方可投入使用。

（4）攀登和悬空高处作业以及搭设高处作业安全设施的人员，必须经过专业技术培训及专业考试合格，持证上岗，并定期进行体格检查。

（5）施工中对高处作业的安全技术设施，发现有缺陷和隐患时必须及时解决，危及人身安全时必须停止作业。

（6）雨天和雪天进行高处作业时，必须采取可靠的防滑、防寒和防冻措施。

（7）防护棚搭设或拆除时，应设警戒区，并派专人监护，严禁上下同时拆除。

（二）高处作业人员的基本要求

（1）身体健康：从事高处作业人员要定期进行体格检查。凡患有高血压、心脏病、贫血病、癫痫病、四肢有残缺以及其他不适于高处作业的人员，不得从事高处作业。酒后禁止高处作业。

（2）正确佩戴和使用安全带。

（3）戴好安全帽。进入施工区域的所有人员，必须戴好符合《安全帽》GB 2811—2007 标准的安全帽。安全帽应完好、无破损、无变形，有衬垫，并系好帽带。

（4）按规定着装。高处作业人员衣着要灵便，禁止赤脚、穿硬底鞋、拖鞋、高跟鞋以及带钉易滑鞋从事高处作业。

（5）在恶劣气候条件下（大雨、大雪、大雾、强风）禁止从事高处作业。

（6）配带好工具袋。高处作业人员使用的工具，应随手装入工具袋中。

（7）垂直交叉作业，应增设防物体打击的隔离层。

（8）登高的梯子材质必须坚固，不得缺挡，梯子上下端必须采取防滑措施，梯子搭设斜度单面梯与地面夹角以 60°～70° 为宜，不得两人同时在梯上作业。

（9）施工作业现场有坠落可能的物件，应一律拆除或加以固定。

（10）使用直爬梯进行攀登作业时高度以 5m 为宜，超过 7m 时应加设防护笼，超过 8m 时必须设置梯间平台。

（11）作业人员应从规定的通道上下，不得在阳台、脚手架大横杆上等非规定通道进行攀登，也不得任意利用吊车臂架及非载人提升设备进行攀登。

三、临边作业安全防护

施工现场中工作面边沿无围护或围护设施高度低于 80cm 时的高处作业，应加强安全防护。

（一）设置防护栏杆

对于基坑周边，无外脚手架的屋面与楼层周边，未安装栏杆或拦板的阳台、料台与挑平台周边，雨篷与挑檐边，水箱与水塔周边，分层施工的楼梯口和梯段边，井架与施工用电梯和脚手架等与建筑物通道的两侧边，都必须设置防护栏杆。顶层楼梯口应随工程结构进度安装正式防护栏杆。

（二）架设安全网

首层墙高度超过 3.2m 的二层楼的周边，以及无外脚手架的高度超过 3.2m 的楼层周边，必须在外围架设安全平网一道外，其他情形的建筑物外围，应当立网全封闭，立网应该使用密目式安全网。

安全网必须符合《安全网》GB 5725—2009 国家强制性标准，使用具有阻燃性，其续燃、阴燃时间均不得大于 4s 的阻燃安全网。

（三）设置安全门或活动防护栏杆

各种垂直运输接料平台，在平台口应设置安全门或活动防护栏杆。

（四）防护栏杆的构造、设置及材质要求

（1）防护栏杆由上下两道横杆及栏杆柱组成，上杆离地高度为 1.0～1.2m，下杆离地高度为 0.5～0.6m；坡度大于 1：2.2（即坡度大于 25° 时）的屋面，防护栏杆高度为 1.5m，下杆高为 0.75m，并加挂安全网。如果横杆长度大于 2m 时，必须设置栏杆柱。

（2）防护栏杆的钢管为 ϕ48mm×3.5mm，以扣件或电焊固定；采用钢筋时，上杆直径不应小于 16mm，下杆直径不应小于 14mm，栏杆柱直径不应小于 18mm，用电焊固定；采用角钢等型材作防护栏杆杆件时，应选用强度相当的规格，用电焊固定。

（3）防护栏杆必须自上而下用密目式安全网封闭，必要时亦可在底部横杆下沿，设置严密固定的高度不低于 180mm 的踢脚板。

（4）防护栏杆任何处，应能经受任何方向的 1000N 外力。

（5）防护栏杆制成后须用黑黄或红白油漆予以标识。

（6）沿街马路居民密集区，除防护栏杆外，敞口立面必须采取满挂安全网全封闭。

四、洞口作业安全防护

洞与孔边口旁的高处作业，包括施工现场及通道旁深度在 2m 及 2m 以上的桩孔、人孔、天窗、地板门、沟槽与管道、孔洞等边沿上的作业称为洞口作业。施工现场因工程和工序需要而产生洞口，常见的有楼梯口、电梯井口、预留洞口、井架通道口，即常称的

"四口"。

（一）楼梯口防护

必须设置防护栏杆进行防护。

（二）电梯井口防护

应设置固定栅门，栅门的高度为 1.8m，安装时离楼层面不得大于 50mm，上下必须固定，门栅网格的间距不应大于 150mm。同时，电梯井内应每隔两层最多隔 10m，设一道网眼不大于 2.5mm 的安全网。

（三）预留洞口防护

（1）边长为 25cm 以下的洞口，用坚实的木板盖设，盖板应能防止挪动移位，并应用黄色或红色油漆予以标识。

（2）边长为 25～50cm 的洞口、安装预制构件时的洞口以及缺件临时形成的洞口，可用竹、木等作盖板，盖住洞口，盖板须能保持四周搁置均衡，并有固定其位置的措施。

（3）边长为 50～150cm 的洞口，必须设置用钢管扣件形成的网格并用夹板或竹笆严密覆盖或用贯穿于混凝土板内的钢筋（间隔不大于 20cm）构成防护网，并予以覆盖。

（4）边长大于 150cm 的洞口，四周设防护栏杆，洞口下张设安全网。洞口四周必须设 1.2m 高的防护栏杆，用密目式安全网围挡，必要时亦可在底部横杆下沿设置严密固定的高度不低于 180mm 的踢脚板。

（5）墙面等处的竖向洞口，凡落地的洞口应加装开关式、工具式或固定式的防护门，门栅网格的距离不应大于 15cm，也可以采用防护栏杆，下设挡脚板（笆）。

（6）位于车辆行驶道旁的洞口、深沟、坑槽，应用钢板或钢筋制成的盖板加以防护，并能承受额定卡车后轮有效承载力 2 倍的荷载。

（7）下边沿至楼板或底面低于 80cm 的窗台等竖向洞口，如侧边落差大于 2m 时，应加设 1.2m 高的防护栏杆。

（8）垃圾井道和烟道，可参照预留洞口的防护进行设置。

（9）现场通道附近的各类洞口与坑槽等处，除设置防护设施与安全标志外，夜间还应设红灯示警。

（四）通道口防护

（1）结构施工自二层起，凡人员进出建筑物的通道口，井架、施工电梯底层的进出通道口，均应搭设安全防护棚；高度超过 24m 的层次，应搭设双层防护棚。另外，井架、施工电梯底层除通道出入口外，其余三面应采用型钢、钢丝网制成的可拼装的防护网片，并能经受水平方向的 1000N 冲击力。防护网片应做到定型化、工具化。

（2）施工电梯楼层运料平台通道口应设安全防护门，并做到定型化、工具化。

（3）位于上方施工可能坠落物件或处于起重机拔杆回转范围之内的主通道，必须设置双层防护棚。防护棚的宽度与长度，根据建筑物与围墙的距离、建筑物高度及其可能坠落范围半径而定。

五、悬空作业安全防护

在无立足点或无牢靠立足点的条件下，进行的高处作业，统称为悬空作业。即在施工现场，高度在 2m 及其以上，周边临空状态下进行作业，属于悬空作业。因为无立足点，因此必须适当地建立牢靠的立足点，方可进行施工。

（一）攀登作业安全防护措施

（1）现场登高应借助建筑结构或脚手架上的登高设施，也可采用载人的垂直运输设备。进行攀登作业时可使用梯子或采用其他攀登设施。

（2）攀登的用具，结构构造上必须牢固可靠。供人上下的踏板其使用荷载不应大于1100N。当梯面上有特殊作业，重量超过上述荷载时，应按实际情况加以验算。

（3）移动式梯子，均应按现行的国家标准《便携式木梯安全要求》GB 7059—2007、《便携式金属梯安全要求》GB 12142—2007验收其质量。

（4）梯脚底部应坚实，不得垫高使用。梯子的上端应有固定措施。立梯工作角度以75°±5°为宜，踏板上下间距以30cm为宜，不得有缺挡。

（5）梯子如需接长使用，必须有可靠的连接措施，且接头不得超过1处。连接后的梯梁强度，不应低于单梯梁的强度。

（6）折梯使用时上部夹角以35°～45°为宜，铰链必须牢固，并应有可靠的拉撑措施。上下梯子时，必须面向梯子，且不得手持器物。

（7）作业人员应从规定的通道上下，不得在阳台之间等非规定通道进行攀登，也不得任意利用吊车臂架等施工设备进行攀登。

（二）悬空作业

（1）悬空作业处应有牢靠的立足处，并必须视具体情况，配置防护栏网、栏杆或其他安全设施。

（2）悬空作业所用的索具、脚手板、吊篮、吊笼、平台等设备，均需经过技术部门验收合格后方可使用。

（3）构件吊装时的悬空作业，必须遵守下列规定：悬空安装大型构件必须站在操作平台上；吊装中的大型构件上，严禁站人。

（4）油漆和安装作业的安全注意事项：

1）油漆和安装的高处作业不允许一个人单独作业，应有两人或两人以上进行作业；

2）要注意站立位置，不得站在窗框樘子、阳台扶栏等不可靠地方；

3）活动部位如移动或平开门、窗的拉手和樘子不要随意攀拉，避免失稳坠落；

4）门、窗、空调、幕墙等外墙作业时，必须在操作人员的上方，建筑物的牢固物体上系挂好安全带，并有专人监护，以防脱钩酿成事故。

（5）钢筋绑扎时的悬空作业，必须遵守下列规定：

1）绑扎钢筋和安装钢筋骨架时，必须搭设脚手架和马道。

2）绑扎圈梁、挑梁、挑檐、外墙和边柱等钢筋时，应搭设操作台架并张挂安全网。

3）悬空大梁钢筋的绑扎，必须在满铺脚手板的支架或操作平台上操作。

4）绑扎立柱和板墙钢筋时，不得站在钢筋骨架上或攀登骨架上下。绑扎3m以上的柱钢筋，必须搭设操作平台。

（6）混凝土浇筑时的悬空作业，必须遵守下列规定：浇筑离地2m以上框架、过梁、雨篷和小平台时，应设操作平台，不得直接站在模板或支撑件上操作。

（7）特殊情况下如无可靠的安全设施，必须系好安全带并扣好保险钩，或架设安全网。

（三）门窗工程中的悬空作业

（1）安装油漆门窗及安装玻璃，严禁操作人员站在樘子或阳台拦板上操作。门窗临时固定、封填材料未达强度以及电焊时，严禁手拉门窗或进行攀登。

（2）高处外墙安装门窗，在外脚手架时，应张挂安全平网。无安全平网时，操作人员应系好安全带，其保险钩应挂在操作人员上方可靠物体上。

（3）进行各项窗口作业，操作人员的重心应位于室内，不准在窗台上站立，必要时应系好安全带操作。

（四）高处作业吊篮

高处作业吊篮是通过悬挂机构架设于建筑物或构筑物上，提升机驱动悬吊平台通过钢丝绳沿立面上下运动的一种非常设悬挂设备，如图 6-1。其技术要求应符合《高处作业吊篮》GB 19155—2003 国家标准。

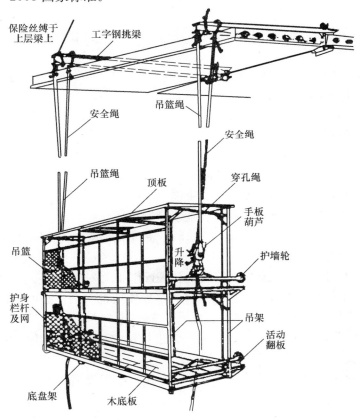

图 6-1 高处作业吊篮

（1）高处作业吊篮的形式

按整体结构设置分为常设式和非常设式两种。

按驱动方式可分为有手动、气动和电动三种。

按提升形式分爬升式和卷扬式两种。

其中在建筑装修施工中应用最广的为非常设爬升式电动高处作业吊篮。

（2）高处作业吊篮的特点

1）高处作业吊篮悬吊平台由柔性的钢丝绳吊挂，与墙体或地面没有固定的连接。它不同于桥式脚手架靠附墙的立柱支撑，也不同于升降平台靠固定于地面的下部臂杆支撑。对建筑物墙面无承载要求，且拆除后无需再对墙面进行修补。

2) 高处作业吊篮是由吊架演变发展而来的。适用于施工人员就位和暂时堆放必要的工具和少量材料，它不同于施工升降机或施工用卷扬机，施工组织时不能把高处作业吊篮作为运送建筑材料等的垂直运输设备。

3) 高处作业吊篮配有上下升降的提升机构，驱动悬吊平台上下运动达到所需的工作高度。其架设比较方便，省时省力。且作业高度较大，可降低施工成本，提高效率。

4) 高处作业吊篮是由钢丝绳悬挂牵引，因此采取措施后也能用于倾斜的立面或者是曲面，如冷却塔等构筑物。

5) 由于高处作业吊篮是由钢丝绳悬挂牵引，施工过程中悬吊平台的稳定性差。

（3）高处作业吊篮适用范围

用于建筑外墙装饰，如：抹灰、贴面砖、安装幕墙、粉刷涂料、构筑物外壁的维修、清洗等。

（4）高处作业吊篮的安全操作规程

执行《高处作业吊篮》GB 19155—2003 标准，特别强调：

1) 对操作人员的要求

操作人员必须满足以下条件：

A. 年满 18 周岁，初中以上文化程度。

B. 无不适应高处作业的疾病和生理缺陷。

C. 酒后、过度疲劳、情绪异常者不得上岗。

D. 作业时应佩带附本人照片的特种作业安全操作证。

E. 作业时应佩戴安全帽，使用安全带。安全带上的自锁钩应扣在单独悬挂于建筑物顶部牢固部位的保险绳上。

F. 操作人员不得穿拖鞋或塑料底等易滑鞋进行作业。

G. 操作人员上机操作前，必须认真学习和掌握使用说明书，必须按检验项目检验合格后，方可上机操作，使用中严格执行安全操作规程。

H. 操作人员必须有两人，不允许单独一人进行作业，以便突然停电时，可两人分别操作手动下降装置安全落地。

I. 操作人员必须在地面进出悬吊平台，不得在空中攀缘窗口出入，并且不允许作业人员从一悬吊平台跨入另一悬吊平台。

J. 作业人员发现事故隐患或者不安全因素，有权要求单位领导采取相应劳动保护措施。

K. 对管理人员违章指挥，强令冒险作业。有权拒绝执行。

2) 对作业环境的要求

A. 正常环境温度：（−20～+40）℃。

B. 严禁在大雾、暴雨、大雪等恶劣气候条件下进行作业。

C. 不宜在酸碱等腐蚀环境中工作，相对湿度不大于 90%（25℃）。

D. 工作处阵风风速大于 8.3m/s（相当于 5 级风力）时，操作人员不准上篮操作。

E. 正常工作电压应保持在（380±0.05）V 范围内。当现场电源电压低于 342V 时，不得进行作业。

F. 施工范围下方如有道路、通道时，必须设置警示线或安全护栏，并且在附近设置醒目的警示标志或设置安全监督员。

G. 夜间施工时现场应有充足的照明设备，其照度应大于150Lx。

H. 使用现场高处作业吊篮与高压线及高压装置之间应有足够的安全距离。

3）悬挂机构

A. 操作前，应全面检查焊缝是否脱焊和漏焊，连接销轴、螺栓等是否齐全、可靠。

B. 旋转丝杠使前轮离地，但丝杠顶端不得低于螺母上端，支脚垫木不小于4cm×20cm×20cm。

C. 配重铁。符合使用说明书中的要求不得短缺，并有固定措施，防止滑落。

D. 悬挂机构两吊点间距应与悬吊平台两吊点间距相等，其误差≤5cm。

4）悬吊平台和提升机

A. 悬吊平台上应尽量使载荷分布均匀，并不得超载。

B. 悬吊平台按使用所需长度（不能超过厂方使用说明书上规定的长度）拼装连接成一体（包括两端端头挂架）。

C. 各部连接螺栓应紧固。焊接点的焊缝不脱焊和漏焊。

D. 禁止在悬吊平台内用梯子或其他装置取得较高工作高度。

E. 不准将电动吊篮作为垂直运输和载人设备使用。

F. 悬吊平台倾斜应及时调平。否则将影响钢丝绳、提升机、安全锁的使用。

G. 悬吊平台在运行时，操作人员应密切注意上下有无障碍物，以免引起碰撞或其他事故，向上运行时要注意上限位。

H. 在悬吊平台内进行电焊作业时，不能把悬吊平台及钢丝绳当接地线用，并采取适当的防护措施。

I. 必须经常检查电机、提升机是否过热，如有过热现象，应停止使用。吊篮外露传动部分，应装有防护装置。

J. 悬吊平台内无杂物。

K. 发生故障时，请专业人员修理。

L. 严禁对悬吊平台猛烈晃动、"荡秋千"等。

M. 吊篮主要结构件腐蚀、磨损深度达到原结构件10%时，应予报废。

N. 主要结构件焊缝发现裂纹时，应分析原因，进行修复或报废。

5）安全锁

A. 安全锁在工作时应该是开启的，处于自动工作状态，无需人工操作。

B. 安全锁无损坏、卡死，动作灵活，锁绳可靠。

C. 重新打开安全锁时，首先应点动高处作业吊篮上升，使安全钢丝绳稍松后，方可扳动开启手柄，打开安全锁。

D. 安全锁必须持有出厂检验合格证书，并必须在有效期限内使用，如果出现故障或超期，必须重新检定，合格后方可使用。

E. 严禁事项：

a. 人为固定安全锁开启手柄。

b. 安全钢丝绳绷紧情况下：硬性扳动开启手柄，以免损坏安全锁。

c. 安全锁锁闭后开动机器下降。

d. 用户自行拆卸修理。

6）限位

上限位、超载限位装置应保证齐全、可靠。

7）安全带及保险绳的各项检测指标均应符合国家标准 GB 6095—2009，规范使用。

8）电气系统

A. 电气系统中的元件均应排列整齐，连接牢固，安装在电器箱内绝缘板上，必须保证与电器箱外壳绝缘。其绝缘电阻值不得小于 2MΩ。

B. 高处作业吊篮的电源电缆线应有保护措施，固定在设备上，防止插头接线受力，引起断路、短路。

C. 电器箱的防水、防振、防尘措施要可靠。电器箱门应锁上。

D. 电气系统的接地装置可靠，其接地电阻应小于 4Ω，并有明显标志。

E. 电气元件必须灵敏可靠。

F. 高处作业吊篮上 220V 电源插座，接零装置要牢固。

G. 电动机外壳温升超过 65K 时（加环境温度即为外壳温度℃），应暂停使用提升机。

H. 电动机起动频率不得大于 6 次/min，连续不间断工作时间小于 30min。

I. 电缆线悬吊长度超过 100m 时，应采取电缆抗拉保护措施。

J. 使用结束，关闭电源开关，锁好电器箱。

9）钢丝绳

A. 必须使用说明书中规定的钢丝绳。

B. 钢丝绳穿绳正确，符合使用说明书中要求。

C. 绳坠铁悬挂齐全。

D. 钢丝绳报废应符合《起重机械用钢丝绳检验和报废实用规范》GB 5972—2006 的规定。如出现下列情况之一者，必须立即报废：

a. 对于高处作业吊篮用钢丝绳，在 6d（d—钢丝绳直径）长度范围内出现 5 根以上及在 30d 长度范围内出现 10 根以上断丝时。

b. 断丝局部聚集。当断丝聚集在小于 6d 的绳长范围内，或集中在任一绳股内，即使断丝数小于上述断丝数值，也应报废。

c. 出现严重扭结、严重弯折、压扁、钢丝外飞、绳芯挤出以及断股等现象。

d. 钢丝绳直径减少 7%。

e. 表面钢丝磨损或腐蚀程度达到表面钢丝直径的 40% 以上，钢丝绳明显变硬。

f. 由于过热或电弧造成的损伤。

六、交叉作业安全防护

施工现场常会有上下立体交叉的作业。凡在不同层次中，处于空间贯通状态下同时进行高处作业，属于交叉作业。

交叉作业的安全防护：

（1）对于上方施工可能坠落物件或处于起重机扒杆回转范围之内的通道，在其影响的范围内，必须搭设双层防护棚。防护棚的宽度，根据建筑物与围墙的距离而定，如果超过

6m 的搭设宽度为 6m，不满 6m 的应搭满。

（2）施工自二层起，凡人员进出的通道口（包括井架、施工电梯的进出通道口以及施工人员的进出建筑物的通道口）均应搭设安全防护棚，高度超过 24m 的层次，应搭设双层防护棚。

（3）支模、粉刷、砌墙等各工种进行立体交叉作业时，不得在同一垂直方向上操作。可采取时间交叉、位置交叉，如时间交叉、位置交叉不能满足施工要求，必须采取隔离封闭措施后，方可施工。

（4）拆除脚手架或模板时，下方不得有其他操作人员。拆下来的模板、脚手架等部件，临时堆放处离楼层边沿应不小于 1m，堆放高度不得超过 1m。楼梯边口、通道口、脚手架边沿等处，严禁堆放拆下来的物件。

七、建筑施工安全"三宝"

建筑施工安全"三宝"，是指建筑施工防护使用的安全网、个人防护用的安全帽和安全带。安全网是用来防止人、物坠落，安全帽是用来保护使用者的头部，减轻撞击伤害，安全带是高处作业人员预防坠落的防护用品。因此，坚持正确使用、佩戴建筑施工安全"三宝"，是降低施工伤亡事故的有效措施。

（一）安全帽

在发生物体打击的事故分析中，由于不戴安全帽而造成伤害者占事故总数的 90%。安全帽质量应符合《安全帽》GB 2811—2007 国家标准的要求。正确使用安全帽的方法是：

（1）选用与自己头型合适的安全帽，帽衬顶端与帽壳内顶必须保持 20～50mm 的空间，有了这个空间，才能形成一个能量吸收系统，才能使冲击力分布在头盖骨的整个面积上，减轻对头部的伤害。

（2）必须戴正安全帽，如果戴歪了，一旦头部受到物体打击，就不能减轻对头部的伤害。

（3）必须扣好下颏带。如果不扣好下颏带，一旦发生坠落或物体打击，安全帽会离开头部，这样起不到保护作用，或达不到最佳效果。

（4）安全在使用过程中会逐渐损坏，要经常进行外观检查。如果发现帽壳帽衬有异常损伤、裂痕等现象，或水平垂直间距达不到标准要求的，就不能再使用，而应当更换新的安全帽。

（5）安全帽如果较长时间不用，则需存放在干燥通风的地方，远离热源，不受日光的直射。

（6）安全帽的使用期限：塑料的不超过两年半；玻璃钢的不超过三年。到期的安全帽要进行检验测试，符合要求方能继续使用。

（二）安全网

工程施工过程中，为防止落物和减少污染，必须采用密目式安全网对建筑物进行全封闭。

安全网质量应符合《安全网》GB 5725—2009 国家标准。

安全网的防护部位：

（1）外脚手架施工时，在落地式单排或双排脚手架的外排杆，随脚手架的升高用密目网封闭。

（2）里脚手架施工时，在建筑物外侧距离10cm搭设单排脚手架，随建筑物升高（高出作业面1.5m）用密目网封闭。当防护架距离建筑物尺寸较大时，应同时做好脚手架与建筑物每层之间的水平防护。

（3）当采用升降脚手架或悬挑脚手架施工时，除用密目网将升降脚手架或悬挑脚手架进行封闭外，还应对下部暴露出的建筑物的门窗等孔洞及框架柱之间的临边，按临边防护的标准进行防护。

（三）安全带

安全带主要用于防止人体坠落的防护用品，它同安全帽一样是适用于个人的防护用品。思想上必须重视安全带的作用。无数事例证明，安全带是"救命带"。可是有少数人觉得系安全带麻烦，上下行走不方便，特别是一些小活、临时活，认为"有扎安全带的时间活都干完了"。殊不知，事故发生就在一瞬间，所以高处作业必须按规定要求系好安全带。

（1）安全带质量应符合《安全带》GB 6095—2009国家标准。

（2）安全带使用前应检查绳带有无变质、卡环是否有裂纹，卡簧弹跳性是否良好。

（3）高处作业如安全带无固定挂处，应采用适当强度的钢丝绳或采取其他方法。禁止把安全带挂在移动或带尖锐棱角或不牢固的物件上。

（4）高挂低用。将安全带挂在高处，人在下面工作就叫高挂低用。这是一种比较安全合理的科学系挂方法。它可以使有坠落发生时的实际冲击距离减小。与之相反的是低挂高用。就是安全带拴挂在低处，而人在上面作业。这是一种很不安全的系挂方法，因为当坠落发生时，实际冲击的距离会加大，人和绳都要受到较大的冲击负荷。所以安全带必须高挂低用，杜绝低挂高用。

（5）安全带要拴挂在牢固的构件或物体上，要防止摆动或碰撞，绳子不能打结使用，钩子要挂在连接环上。

（6）安全带绳保护套要保持完好，以防绳被磨损。若发现保护套损坏或脱落，必须加上新套后再使用。

（7）安全绳（包括未展开的缓冲器）有效长度不应大于2m，有两根安全绳（包括未展开的缓冲器）的安全带，其单根有效长度不应大于1.2m。严禁擅自接长使用。如果使用3m及以上的长绳时必须要加缓冲器，各部件不得任意拆除。

（8）安全带在使用前要检查各部位是否完好无损。安全带在使用后，要注意维护和保管。要经常检查安全带缝制部分和挂钩部分，必须详细检查捻线是否发生裂断和残损等。

（9）安全带不使用时要妥善保管，不可接触高温、明火、强酸、强碱或尖锐物体，不要存放在潮湿的仓库中保管。

（10）安全带在使用两年后应抽验一次，频繁使用应经常进行外观检查，发现异常必须立即更换。定期或抽样试验用过的安全带，不准再继续使用。

第二节　脚手架安全技术

脚手架作为建筑施工用的临时设施，贯穿于施工全过程。建筑装饰装修施工一般交由专业公司搭设，个别局部也有项目部自行搭设，其设计和搭设的质量，直接影响操作人员的人身安全，应特别重视。

一、脚手架的设计与构造基本安全要求

（一）脚手架技术规范

（1）《建筑施工门式钢管脚手架安全技术规范》JGJ 128—2010；

（2）《建筑施工附着升降脚手架管理暂行规定》（建建〔2000〕230 号）；

（3）《建筑施工扣件式钢管脚手架安全技术规范》JGJ 130—2011；

（4）《建筑施工安全检查标准》JGJ 59—2011 对脚手架提出了有关的检查标准。

（二）脚手架的设计计算

各种脚手架应根据建筑施工的要求选择合理的构架形式，并制定搭设、拆除作业的程序和安全措施，当搭设高度超过免计算仅按构造要求搭设的高度时，必须按规定进行设计计算。

（三）脚手架的施工荷载

施工荷载应包括作业层人员、器具、材料的重量：

（1）结构作业架应取 3kN/m²；

（2）装修作业架应取 2kN/m²；

（3）定型工具式脚手架按标准值取用，但不得低于 1kN/m²。

（四）脚手架材料及配件安全要求

（1）钢管脚手架杆件应符合下列规定：

1）钢管材质应符合 Q235 普通碳素结构钢 A 级标准，不得使用有明显变形、裂纹、严重锈蚀材料。钢管规格宜采用 48×3.5，亦可采用 51×3.0。

2）同一脚手架中，不得混用两种材质，也不得将两种规格钢管用于同一脚手架中。

3）扣件应与钢管管径相配合，并符合国家现行标准的规定。

（2）脚手架上脚手板应符合下列规定：

1）木脚手板厚度不得小于 50mm，板宽宜为 200～300mm，两端应用镀锌钢丝扎紧。材质不得低于国家标准Ⅱ级材质的杉木和松木，且不得使用腐朽、劈裂的木板。

2）竹串片脚手板应使用宽度不小于 50mm 的竹片，拼接螺栓间距不得大于 600mm，螺栓孔径与螺栓应紧密配合。

3）各种形式金属脚手板，单块重量不宜超过 30kg，性能应符合设计使用要求，表面应有防滑构造。

（五）脚手架搭设高度应符合下列规定：

（1）钢管脚手架中扣件式单排架不宜超过 24m。

（2）扣件式双排架不宜超过 50m。

（3）门式架不宜超过 60m。

（六）脚手架构造要求应符合下列规定：

（1）单、双排脚手架的立杆纵距不应大于 2.0m；水平杆步距：对结构架为 1.2～1.4m，对装修架最大为 1.6～1.8m；立杆横距对双排架不应大于 1.6m，单排架不应大于 1.4m。

（2）应按规定的间隔采用连墙件（或连墙杆）与建筑结构进行连接，在脚手架使用期间不得拆除。

（3）沿脚手架外侧应设置剪刀撑，并随脚手架同步搭设和拆除。

（4）双排扣件式钢管脚手架高度超过24m时，应设置横向斜撑。

（5）门式钢管脚手架的顶层门架上部、连墙件设置层、防护棚设置处必须设置水平架。

（6）架高超过40m且有风涡流作用时，应设置抗风涡流上翻作用的连墙措施。

（7）脚手板必须按脚手架宽度铺满、铺稳，脚手板与墙面的间隙不应大于200mm，作业层脚手板的下方必须设置防护层。

（8）作业层外侧，应按规定设置防护栏杆和挡脚板。

（9）脚手架应按规定采用密目式安全立网封闭，安全网必须是阻燃的。

二、脚手架安全作业的基本要求

（一）搭设人员

（1）从事架体搭设人员必须是按照《特种作业人员安全技术培训考核管理规定》（国家安监总局第30号令）、现行国家标准《特种设备作业人员考核规则》TSGZ 6001—2005、《特种作业人员安全技术考核管理规则》GB 5036—85经过考核合格的专业架子工，且取得政府有关监督管理部门核发的特殊工种操作证。当参与附着式升降脚手架安装、升降、拆卸操作时，还必须持建设行政管理部门核发的升降脚手架上岗证。

（2）上岗人员应定期体检，合格后方可持证上岗，凡患有不适合高处作业病症的不准参加高空作业。

（3）架子工作业时必须戴好安全帽、安全带和穿防滑鞋。

（二）斜道和挂梯

（1）为保证施工人员安全上下脚手架，在施工组织时要安排好上下通道并做好标识，以免工人违章翻爬脚手架。

（2）一般情况下落地式脚手架应按规定搭设斜道、挂梯；斜道坡度（水平长度与垂直高度之比）走人时取不大于1：3，运料时取不大于1：4；一般取1：6。

（3）斜道铺板厚度不小于50mm，宽度不宜小于200mm。铺板上设20mm×30mm防滑木条，间距250～300mm。铺板反面钉40mm×60mm方木，方木位于横向水平杆的上方，不能使用无防滑作用的竹条等材料。在构造上，当架体高度小于6m时可采用"一"字形斜道，当架体高度大于6m时应采用"之"字形斜道，斜道的杆件应单独设置。

（4）挂梯可用钢筋预制，其位置不应在脚手通道的中间，也不应垂直贯通。

（三）检查验收

（1）脚手架构配件进场后应按规定进行质量和数量方面的检查和验收，并及时收集相关证明资料如产品质量合格证，法定检测单位的质量检验、测试报告、生产许可证等。

（2）脚手架搭设安装前，应先对基础等架体承重部位进行验收；搭设安装后应进行分段验收以及总体验收。

（3）遇有6级大风与大雨、停用超过1个月，由结构转向装饰施工阶段时，对脚手架应重新验收，并办好相关手续。

（4）特殊脚手架须由企业技术部门会同安全施工管理部门验收合格后才能使用。

（5）验收要定量与定性相结合，验收合格后应在架体上悬挂合格牌、限载牌、操作规程牌，并应写明使用单位、监护管理单位和责任人。

（6）脚手架通常应每月进行一次专项检查，内容包括杆件的设置和连接、地基、扣件、架体的垂直度、安全防护措施等是否符合相关规定要求。

（四）脚手架的使用

（1）作业层上的施工荷载应符合设计要求，不得超载。

（2）不得将模板支架、缆风绳、泵送混凝土和砂浆的输送管等固定在脚手架上；脚手架不得与其他设施如施工升降机运料平台、落地操作平台、防护棚等相连；严禁悬挂起重设备。

（3）在脚手架使用期间，严禁拆除主节点处的纵横向水平杆和扫地杆、连墙件。其他各种杆件及安全防护设施也不能随意拆除。如因施工确需拆除，应事先办理拆除申请手续，有关拆除加固方案应经工程技术负责人和原脚手架工程安全技术措施审批人书面同意后，方可实施。

（4）在脚手架上进行电、气焊作业时，必须有防火措施和专人监护。

（5）工地临时用电线路的架设及脚手架接地、避雷措施等，应按《施工现场临时用电安全技术规范》JGJ 46—2005 的有关规定执行。

（6）遇 6 级以上大风或大雾、雨雪等恶劣天气时应暂停脚手架作业。

（五）脚手架的拆除

（1）脚手架拆除应在统一指挥下作业，拆除必须自上而下按先搭后拆，后搭先拆的顺序逐层进行，严禁上下同时作业。

（2）地面应设围栏和警戒标志，严禁非操作人员入内，并派专人监护和做好监控记录。

（3）拆除连墙件、剪刀撑等，必须在脚手架拆到相关部位方可拆除，严禁先将连墙件整层或数层拆除后再拆脚手架。

（4）分段拆除高差不应大于两步。

（5）工人必须站在固定牢靠的脚手板上进行拆除作业，并按规定使用安全防护用品。

（6）拆除时，各构配件严禁抛掷至地面。

（六）脚手架安全使用的"十二道关"

（1）人员关：有高血压心脏病、癫痫病、晕病、视力差等不适合进行高处作业人员，未取得架子工特种作业上岗操作证人员，均不得从事脚手架搭设和拆除作业。

（2）材质关：脚手架所用的材料、扣件等必须符合国家规定，经验收合格后才能使用，杜绝使用假冒伪劣和不合格产品。

（3）尺寸关：必须按规定的立杆、横杆、剪刀撑、护身栏等间距尺寸搭设，各杆件接头要错开。

（4）地基关：土必须填平夯实，立杆插在底座上，下铺 5cm 厚的通板，并加绑扫地杆，地基排水良好，防止积水，高层脚手架的基础要经过计算，并采取加固措施。

（5）防护关：作业层内侧脚手架板的距离不得大于 20cm，外侧必须搭设两道护身栏杆和一道挡脚板，或设一道护身栏，挂立安全网，下口封严。

（6）铺板关：脚手板必须满铺、铺牢、不得有探头板和飞跳板，要经常清除板上杂物，保持清洁平整，脚手板防止滑移必须和小横杆用钢丝绑牢。

（7）稳定关：必须按规定设剪刀撑，20m 以上的脚手架其剪刀撑宽度不得超过 7 根立柱，水平面夹角应为 45°~60°脚手架必须按楼层与墙体拉结牢固，每层拉结点的垂直距离不得超过 4m，水平距离不得超过 6m，超过 24m 的架子不得采用柔性拉结。

（8）承重关：荷载不得超过规定。

（9）上下关：必须有供工人安全行走而搭设的合格斜道和阶梯。严禁人员沿脚手架上下攀登。

（10）雷电关：脚手架高于周围避雷设施的，必须安装避雷针，其接地电阻不得大于 4Ω。

（11）挑别关：对特殊架子的挑梁、别杆是否符合规定，必须认真检查和把关。

（12）检验关：架子搭好后，必须经有关人员检查验收合格后才能上架作业，并加大使用过程中的检查。高大架子应分阶段搭设，分段验收，分段使用，发现问题应及时加固处理。大风、大雨、大雪、大雾后要认真检查确认无隐患后，方可使用。

第七章　建筑装饰装修施工用电安全技术

建筑装饰装修施工中用电事故的发生，多与项目部安全管理不力或疏忽大意有关。因此，加强和完善施工项目的安全用电管理是我们需要高度重视、常抓不懈的问题。

第一节　建筑装饰装修工程中施工临时用电安全问题

施工临时用电是建筑装修工程施工现场安全生产的一个重要的组成部分。我国从1988年就颁布了行业标准《施工现场临时用电安全技术规范》作为规范施工临时用电的指南，2005年又重新修订，但在建筑装修工程施工中还存在很多用电安全隐患和问题，导致触电事故频频发生。据统计，目前触电事故占各类建筑安全事故发生总数的16.6%，仅次于高处坠落事故（占44.8%），在五大伤害事故（高处坠落、触电、物体打击、机械伤害、坍塌事故）中位居第二位。因此，搞好建筑装修工程的用电安全，不论对保障企业员工生命安全还是对企业的安全生产来说都十分重要。

一、建筑装饰装修工程中临时用电存在的主要安全隐患和问题

（1）施工临时用电设计及管理不到位。装修工程在施工前往往没有进行临时用电施工专项设计，对装修工程现场用电设施的布置，使用的设施型号规格、负荷分配情况、施工维护以及相关的用电安全管理措施等，没有按规范系统地进行设计。有的项目即使有这方面的设计，内容也是零散的、不系统的，离标准要求相差太远，起不到应有的指导作用。

（2）现场管理人员未对施工作业人员进行用电安全技术交底，有的虽有交底但没有针对性，使得施工操作人员缺乏安全用电知识，自我保护意识薄弱。

（3）现场没有配备专职电工，临时用电仅仅依靠用电人员自己操作，安全管理人员对此较少进行检查督促。

（4）墙体装修时，在建工程（含脚手架）外侧与外高压线路小于规范规定的安全距离，又无防护措施。

（5）装修施工现场未采用三相五线制保护系统，经常出现整个工程用电采用三相五线制（TN-S）接零保护系统，而装修工程的配电箱却采用三相四线制的接地保护系统，形成接零及接地保护混用的情况，严重违反了《建筑施工现场临时用电安全技术规范》JGJ 46—2005。

（6）接地及接零保护用材和重复接地电阻值测试不符合要求，如保护零线应采用黄绿双色线，而装修施工现场的保护零线接线非常随意，找到什么线就用什么线，不论其大小及颜色，保护零线应采用不小于 2.5mm² 的多股铜线，而有的现场用单股铝线甚至1.5mm² 的花线也被作为保护零线。重复接地电阻值应小于等于 10Ω 且每季度要测试一次，但很多装修工程都做不到甚至根本没测试过。

（7）照明专用回路无设置漏电保护装置。大部分照明回路只有闸刀开关，没有设置漏电保护器，有的甚至闸刀开关内都使用铜丝作为保险丝。

（8）一闸多机，一插座多机的现象十分普遍，违反"一机一闸一漏一箱"的规定，有的甚至使用无任何防护装置的插座板进行供电，甚至破损的插座板用电工胶布包扎后继续使用，存在严重的安全隐患。

（9）电线使用不合理较常见，如在室外使用塑料护套线，室内使用花线（塑料胶质线）。

（10）电线拉设不规范，随地拖拉，不架空或沿墙设置，电线老化、破皮及电线接头未用绝缘布包扎或包扎不合格。配电箱电线乱拉乱搭，有的电线直接挂在闸刀开关的保险丝上，甚至不经过漏电保护器。

（11）个别工程使用假冒伪劣的电器产品。如使用假冒伪劣漏电保护器，使用不符合要求的插座，采用伪劣闸刀开关及断路器等等。

二、影响建筑装修工程施工临时用电安全隐患的因素分析图

根据上述建筑装修工程的施工临时用电安全技术存在的主要安全隐患，用鱼刺图进行分析，如图 7-1 所示。如下：

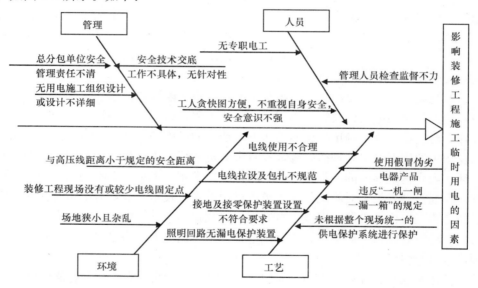

图 7-1　影响建筑装修工程施工临时用电安全隐患的因素分析图

第二节　施工现场临时用电安全技术要求

施工现场临时用电应符合《建筑施工现场临时用电安全技术规范》JGJ 46—2005 要求。临时用电设备在 5 台及其以上或用电设备总容量在 50kW 及其以上者，必须编制临时用电施工组织设计。

一、临时用电电气产品管理和电工测试仪器、工具的配备技术要求

（一）施工现场临时用电工程所使用的电气设备、装置、元器件和电线、电缆等电气产品必须按照国家有关规定经国家"3C"认证和建设行政主管部门建设工业产品登记备案。使用单位相关人员应当对购买的电气设备、装置、元器件和电线、电缆质量进行核查，不合格产品不得用于临时用电工程。

（二）施工单位必须按照有关规定为电工配备劳动防护用品和电工工具，并应配齐万用表、兆欧表、接地电阻测试仪、漏电保护器检测仪。

二、施工现场临时用电的供配电技术要求

（一）施工现场临时用电工程的电源中性点直接接地 220/380V 三相四线制低压电力系统，必须符合 TN-S 接零保护、三级配电、两级漏电保护和动照分设、压缩配电间距和环境安全的原则。同一台变压器或发电机的各用电系统中，接地保护的形式必须保持一致。

（二）施工现场临时用电工程配电方式：从一级总配电箱（配电柜）向二级分配电箱配电可以分路。即：当采用电缆配线时，总配电箱（配电柜）可以分若干分路向若干分配电箱配电；当采用绝缘导线架空配线时，每一架空分路也可支接若干分配电箱。从二级分配电箱向三级开关箱配电，当采用电缆配线时，一个分配电箱可以分若干分路向若干开关箱配电。

（三）施工现场供配电线路宜选用电缆，电缆的类型、电缆芯线及截面、电缆的敷设等应符合规范要求。

（1）总配电箱（配电柜）至分配电箱必须使用五芯电缆。

（2）分配电箱至开关箱与开关箱至用电设备的相数和线数应保持一致。动力与照明分别设置时，三相设备线路可采用四芯电缆，单相设备和一般照明线路可采用三芯电缆。

（3）塔式起重机、施工电梯、物料提升机、混凝土搅拌站等大型施工机械设备的供电开关箱必须使用五芯电缆向设备配电。

（4）电缆必须包含全部工作芯线和保护零线（PE 线），五芯电缆芯线绝缘色标分别为绿/黄双色、淡蓝色、黄色、绿色、红色，其中黄色、绿色、红色为相线色标，相线 L1（A）、L2（B）、L3（C）相序的绝缘颜色依次为黄、绿、红；淡蓝色芯线必须用作工作零线（N 线），绿/黄双色芯线必须用作保护零线（PE 线），N 线、PE 线绝缘色标同样适用于四芯、三芯电缆。

三、临时用电配电装置技术要求

施工现场临时用电配电装置是指总配电箱（配电柜）、分配电箱、开关箱。总配电箱、分配电箱、开关箱箱体材质、规格、安装板、电器安装尺寸、电气配线等应符合《施工现场临时用电安全技术规范》JGJ 46—2005 规范有关规定要求。

（一）总配电箱、分配电箱、开关箱类型应选择和配置相应电器。总配电箱还应装设电压表、电流表、电度表等仪器，电流表与计费电度表不得共用一组电流互感器。另外，总配电箱、分配电箱应配置紧急停电按钮和应急照明电源。

总开关电器的额定值、动作整定值，应与分路开关电器的额定值、动作整定值匹配。

（二）可见分断点的断路器，为规范所明确的 DZ20 系列透明的塑料外壳式断路器，该断路器可以兼作隔离开关。

漏电保护器的结构选型，优先选用无辅助电源型（电磁式）产品，或选用辅助电源故障时能自动断开的辅助电源型（电子式）产品。若选用辅助电源故障时不能断开的辅助电源型（电子式）产品，必须同时设置与其相配套的缺相保护装置。

四、配电箱、开关箱安全技术

施工现场的配电箱是电源与用电设备之间的中间环节，开关箱是配电系统的末端，是用电设备的直接控制装置，它们的设置和运用直接影响着施工现场的用电安全。

（一）配电原则

（1）"三级配电、两级保护"原则

"三级配电"是指配电系统应设置总配电箱、分配电箱、开关箱，形成三级配电，这样配电层次清楚，既便于管理又便于查找故障。总配电箱以下可设若干分配电箱，分配电箱以下可设若干开关箱，开关箱下就是用电设备。

"两级保护"主要指采用漏电保护措施，除在末级开关箱内加装漏电保护器外，还要在上一级分配电箱或总配电箱中再加装一级漏电保护器，总体上形成两级保护。

（2）开关箱"一机、一闸、一漏、一箱、一锁"原则

《建筑施工安全检查标准》JGJ 59—2011 规定，施工现场用电设备应当实行"一机、一闸、一漏、一箱"。其含义是：每台用电设备必须有各自专用的开关箱，严禁用同一个开关箱直接控制 2 台及以上用电设备（含插座）。开关箱内必须加装漏电保护器，该漏电保护器只能保护一台设备，不能保护多台设备。另外还应避免发生直接用漏电保护器兼作电器控制开关的现象。"一闸"是指一个开关箱内设一个刀闸（开关），也只能控制一台设备。"一锁"是要求配电箱、开关箱箱门应配锁，并应由专人负责。施工现场停止作业 1h 以上时，应将动力开关箱断电上锁。

（3）动力、照明配电分设原则

动力配电箱与照明配电箱宜分别设置，当合并设置为同一配电箱时动力和照明应分路配电；动力开关箱与照明开关箱必须分设。

（二）配电箱及开关箱的设置

（1）总配电箱应设在靠近电源的区域，分配电箱应设在用电设备或负荷相对集中的区域。分配电箱与开关箱的距离不得超过 30m。开关箱与其控制的固定式用电设备的水平距离不宜超过 3m。

（2）配电箱、开关箱应装设在干燥、通风及常温场所；不得装设在有严重损伤作用的瓦斯、烟气、潮气及其他有害介质中，亦不得装设在易受外来固体物撞击、强烈振动，液体浸溅及热源烘烤场所。否则，应予清除或做防护处理。

（3）配电箱、开关箱周围应有足够 2 人同时工作的空间和通道。不得堆放任何妨碍操作、维修的物品，不得有灌木、杂草。

（4）配电箱、开关箱应采用冷轧钢板或阻燃绝缘材料制作，钢板厚度应为 1.2～2.0mm，其中开关箱箱体钢板厚度不得小于 1.2mm，配电箱箱体钢板厚度不得小于 1.5mm，箱体表面应做防腐处理。

（5）配电箱、开关箱应装设端正、牢固。固定式配电箱、开关箱的中心点与地面的垂直距离应为 1.4～1.6m。移动式配电箱、开关箱应装设在坚固的支架上。其中心点与地面的垂直距离宜为 0.8～1.6m。

（6）配电箱、开关箱内的电器（含插座）应先安装在金属或非木质阻燃绝缘电器安装板上，然后方可整体紧固在配电箱、开关箱箱体内。

（7）金属电器安装板与金属箱体应做电气连接。

（8）配电箱、开关箱内的电器（含插座）应按其规定的位置紧固在电器安装板上，不得歪斜和松动。

（9）配电箱的电器安装板上必须设 N 线端子和 PE 线端子板。N 线端子板必须与金属电器安装板绝缘；PE 线端子板必须与金属电器安装板做电器连接。

（10）进出线中的 N 线必须通过 N 线端子板连接；PE 线必须通过 PE 线端子板连接。

（11）配电箱、开关箱内的连接线必须采用铜芯绝缘导线。按颜色标志排列整齐；导线分支接头不得采用螺栓压接，应采用焊接并做好绝缘包扎，不得有外露带电部分。

（12）配电箱和开关箱的金属箱体、金属电器安装板以及电器正常不带电的金属底座、外壳等必须通过 PE 线端子板与 PE 线做电气连接，金属箱门与金属箱体必须通过采用编织软铜线做电气连接。

（13）配电箱、开关箱中导线的进线口和出线口应设在箱体的下底面。

（14）配电箱、开关箱的进、出线口应配置固定线卡，进出线应加绝缘护套并成束卡固在箱体上，不得与箱体直接接触。移动式配电箱、开关箱的进、出线应采用橡皮护套绝缘电缆，不得有接头。

（15）配电箱、开关箱外形结构应能防雨、防尘。

（三）隔离开关

（1）总配电箱、分配电箱、开关箱中，都要装设隔离开关，满足在任何情况下都可以使用电设备实行电源隔离。隔离开关应采用分断时具有可见分断点，能同时断开电源所有极的隔离电器，并应设置于电源进线端。

（2）开关箱中的隔离开关只可直接控制照明电路和容量不大于 3.0kW 的动力电路，但不应频繁操作。容量大于 3.0kW 的动力电路应采用断路器控制，操作频繁时还应附设接触器或其他启动控制装置。

（四）漏电保护器

（1）漏电保护器应装设在配电箱、开关箱靠近负荷的一侧，且不得用于启动电气设备的操作。

（2）开关箱中漏电保护器的额定漏电动作电流不应大于 30mA，额定漏电动作时间不应大于 0.1s。

（3）使用于潮湿和有腐蚀介质场所的漏电保护器应采用防溅型产品，其额定漏电动作电流不应大于 15mA，额定漏电动作时间不应大于 0.1s。

（4）总配电箱中漏电保护器的额定漏电动作电流应大于 30mA，额定漏电动作时间应大于 0.1s，但其额定漏电动作电流与额定漏电动作时间的乘积不应大于 30mAs。

（5）总配电箱和开关箱中漏电保护器的极数和线数必须与其负荷侧负荷的相数和线数一致。

（6）配电箱、开关箱中的漏电保护器宜选用无辅助电源型（电磁式）产品，或选用辅助电源故障时能自动断开的辅助电源型（电子式）产品。当选用辅助电源故障时不能自动断开的辅助电源型（电子式）产品，应同时设置缺相保护。

（五）使用与维护

（1）配电箱、开关箱应有名称、用途、分路标记及系统接线图。

（2）配电箱、开关箱箱门应配锁，并应由专人负责。

（3）配电箱、开关箱应定期检查、维修。检查、维修人员必须是专业电工。检查、维修时必须按规定穿绝缘鞋、戴绝缘手套，必须使用电工绝缘工具，并应做检查、维修工作记录。

（4）对配电箱、开关箱进行定期检查、维修时，必须将其前一级相应的电源隔离开关分闸断电，并悬挂"禁止合闸、有人工作"停电标志牌，严禁带电作业。

（5）配电箱、开关箱的操作，除了在电气故障的紧急情况外，必须按照下述顺序：

1）送电操作顺序为：总配电箱→分配电箱→开关箱；

2）停电操作顺序为：开关箱→分配电箱→总配电箱。

（6）配电箱、开关箱内的电器配置和接线严禁随意改动。熔断器的熔体更换时，严禁采用不符合原规格的熔体代替。漏电保护器每天使用前应启动漏电试验按钮试跳一次，试跳不正常时严禁继续使用。

（7）配电箱、开关箱的进线和出线严禁承受外力。严禁与金属尖锐断口、强腐蚀介质和易燃易爆物接触。

五、接地接零安全技术

（一）基本概念

（1）接触电压

人体的两个部位同时接触具有不同电位的两处，则人体内就会有电流加在人体两个部位之间出现的电位差。

（2）跨步电压

跨步电压系指人的两脚分别站在地面上具有不同对地电位两点时，在人的两脚之间的电位差。跨步电压主要与人体和接地体之间距离，跨步的大小和方向及接地电流大小等因素有关，一般离接地体越近，跨步电压越大，反之越小，离开接地体 20m 以外，可以不考虑跨步电压的作用。

（3）高压与低压：正弦交流电 1000V 以上（含 1000V）为高压，1000V 以下为低压。

（4）安全电压：目前国际上公认，流经人体电流与电流在人体持续时间的乘积等于 $30mA \cdot s$ 为安全界限值。安全电压额定值应按照国家标准《特低电压（ELV）限值》GB/T 3805—2008 规定。

（二）接地

将电气设备的某一可导电部分与大地通过接地装置用导体作电气连接。

（1）工作接地：在正常或故障情况下，为了保证电气设备能安全工作，必须把电力系统（电网上）某一点，通常为变压器的中性点接地，称为工作接地。接地方式可以直接接地，或经电阻接地、经电抗接地、经消弧线圈接地。

（2）保护接地：在正常情况下把不带电，而在故障情况下可能呈现危险的对地电压的金属外壳和机械设备的金属构件，用导线和接地体连接起来，称为保护接地。保护接地的接地电阻一般不大于 4Ω。

（3）重复接地：在中性点直接接地的系统中，除在中性点直接接地以外，为了保证接地的作用和效果，还须在中性线上的一处或多处再作接地，称为重复接地。重复接地电阻应小于 10Ω。

（4）防雷接地：防雷装置（避雷针、避雷器、避雷线等）的接地，称为防雷接地。

（三）接零

电气设备与零线连接，称为接零，是把电气设备在正常情况下不带电的金属部分与电网的零线紧密连接，有效地起到保护人身和设备安全的作用。

（1）工作接零：电气设备因运行需要而与工作零线连接，称为工作接零。

（2）保护接零：电气设备正常情况不带电的金属外壳和机械设备的金属构架与保护线连接，称为保护接零。城防、人防、隧道等潮湿或条件特别恶劣的施工现场电气设备须采用保护接零。

（3）要注意的是，当施工现场与外电线路共用同一供电系统时，不得一部分设备作保护接零，另一部分作保护接地。

（四）施工临时用电接零（接地）保护系统

中性点直接接地的低压供电系统中，其电气设备的保护方式分为两种：接地保护系统与接零保护系统。

（1）接地保护（TT 系统）

TT 系统是指将电气设备的金属外壳直接接地的保护系统，称为接地保护系统。第一个符号 T 表示电力系统的中性点直接接地；第二个符号 T 表示负载设备外露不与带电体相接的金属导电部分与大地直接连接，而与系统如何接地无关。在 TT 系统中负载的所有接地均称为保护接地，如图 7-2 所示。这种供电系统的特点如下：

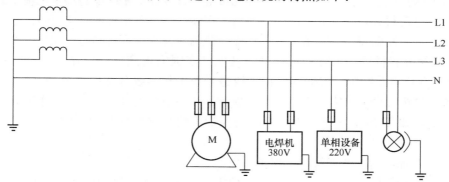

图 7-2　接地保护系统（TT 系统）图

1）当电气设备的金属外壳带电（相线碰壳或设备绝缘损坏而漏电）时，由于有接地保护，可以大大减少触电的危险性。但是，低压断路器（自动开关）不一定能跳闸，造成漏电设备的外壳对地电压高于安全电压，属于危险电压。

2）当漏电电流比较小时，即使有熔断器也不一定能熔断，还需要漏电保护器作保护。

3）TT 系统接地装置耗用钢材多，而且难以回收、费工、费料，因此，TT 系统难以推广。

当建设单位的供电是采用电力系统中性点直接接地的 TT 系统，施工单位需借用其电源作临时用电时，可采用一条专用保护线，以减少接地装置所需的钢材用量。如图 7-3 所示。

上图中点画线框内是施工用电总配电箱，把新增加的专用保护线（PE）和工作零线（N）分开，其特点是：

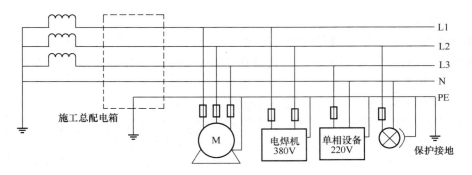

图 7-3　TT 系统供电设备专线接地保护图

1）共用接地线与工作零线没有电的联系；

2）正常运行时，工作零线可以有电流，而专用保护线没有电流；

3）适用于接地保护很分散的工地。

（2）接零保护（TN）系统

接零保护系统是将电气设备的金属外壳与工作零线相接的保护系统，用 TN 表示。第一个字母 T 表示电力系统中性点直接接地；第二个字母 N 表示用电装置外露的可导电部分采用接零保护。

在接零保护系统中，一旦出现设备外壳带电，接零保护系统能将漏电电流上升为短路电流，这个电流很大，是 TT 系统的 5.3 倍，实际上就是单相对地短路故障，熔断器的熔丝会熔断，低压断路器的脱扣器会立即动作而跳闸，使故障设备断电，比较安全。

TN 系统节省材料、工时，在我国和其他许多国家得到广泛应用，比 TT 系统优点多。TN 方式供电系统中，根据其保护零线是否与工作零线分开而划分为 TN-C 和 TN-S 两种系统。这第三个字母表示工作零线与保护零线的组合关系。C 表示工作零线与保护零线是合一的，即 TN-C；S 表示工作零线与保护零线是严格分开的，即 TN-S。专用保护零线又称为 PE 线。

1）TN-C 系统（三相四线接零保护）

TN-C 供电系统是用工作零线兼作保护零线，可以称作保护中性线，用 NPE 表示，如图 7-4 所示。

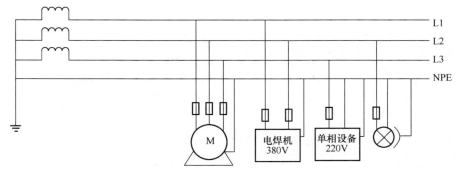

图 7-4　TN-C 系统（三相四线接零保护）图

TN-C 方式供电系统只适用于三相负载基本平衡情况。这种供电系统的特点如下：

A. 由于三相负载不平衡，工作零线上有不平衡电流，对地有电压，所以与保护线所连接的电气设备金属外壳有一定的电压；

B. 如果工作零线断线，则保护接零的漏电设备外壳带电；

C. 如果电源的相线碰地，则设备的外壳电位升高，使中性线上的危险电位蔓延；

D. TN-C 系统干线上使用漏电保护器时，工作零线后面的所有重复接地必须拆除，否则漏电开关合不上，而且，工作零线在任何情况下都不得断线，所以，使用中工作零线只能在漏电保护器的上侧有重复接地。

2）TN-S 系统（三相五线接零保护）

为避免 TN-C 系统的缺陷，TN-S 供电系统把工作零线Ⅳ和专用保护线 PE 严格分开设置。其特点是：系统正常工作时，专用保护线上没有电流，只是工作零线上有不平衡电流。PE 线对地没有电压，而电气设备金属外壳接零保护是接在专用保护线 PE 上的，所以安全可靠。当在干线上使用漏电保护器时，工作零线不得重复接地，而 PE 线可以重复接地，但是不经过漏电保护器，所以 TN-S 系统供电干线上也可以安装漏电保护器。TN-S系统如图 7-5 所示。

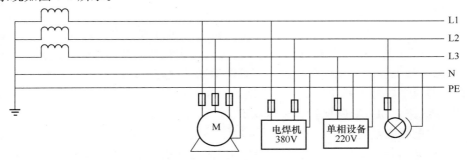

图 7-5　TN-S 系统（三相五线接零保护）图

六、电缆线路的安全要求

电缆线路的电缆必须包含全部工作芯线和用作保护零线或保护线的芯线。需要三相四线制配电的电缆线路必须采用五芯电缆。

五芯电缆必须包含淡蓝、绿/黄两种颜色绝缘芯线。淡蓝色芯线必须用作 N 线；绿/黄双色芯线必须用作 PE 线，严禁混用。

电缆线路应采用埋地或架空敷设，严禁沿地面明设，并应避免机械损伤和介质腐蚀。埋地电缆路径应设方位标志。

（1）埋地敷设

1）埋地敷设宜选用铠装电缆。当选用无铠装电缆时，应能防水、防腐。架空敷设宜选用无铠装电缆。

2）电缆直接埋地敷设的深度不应小于 0.7m，并应在电缆紧邻上、下、左、右侧均匀敷设不小于 50mm 厚的细砂，然后覆盖砖或混凝土板等硬质保护层。

3）在建工程内的电缆线路必须采用电缆埋地引入，严禁穿越脚手架引入。埋地电缆在穿越建筑物、构筑物、道路、易受机械损伤、介质腐蚀场所及引出地面从 2.0m 高到地下 0.2m 处，必须加设防护套管，防护套管内径不应小于电缆外径的 1.5 倍。

4）埋地电缆与其附近外电电缆和管沟的平行间距不得小于 2m，交叉间距不得小于 1m。

5）埋地电缆的接头应设在地面上的接线盒内，接线盒应能防水、防尘、防机械损伤，并应远离易燃、易爆、易腐蚀场所。

（2）架空线路安全要求

1）架空线必须设在专用电杆上，严禁架设在树木、脚手架上。架空线路所使用的横担、角钢及杆上的其他配件应视导线截面、杆的类型具体选用。杆的埋设、拉线的设置均应符合有关施工规范。

2）架空线应沿电杆、支架或墙壁敷设并采用绝缘子固定，绑扎线必须采用绝缘线，固定点间距应保证电缆能承受自重所带来的荷载，其挡距一般为30m，不得大于35m，线间距不小于0.3m，靠近电杆的两导线的间距不得小于0.5m。

3）电缆垂直敷设应充分利用在建工程的竖井、垂直孔洞等，并宜靠近用电负荷中心，固定点每楼层不得少于一处。电缆水平敷设宜沿墙或门口固定，最大弧垂处距地不得小于2.0m。架空线的最大弧垂处与地面的最小垂直距离：施工现场4m，跨越机动车道6m，铁路轨道7.5m。

4）架空线的最小截面，应通过负荷计算确定。但铝线不得小于 $16mm^2$，铜线不得小于 $10mm^2$。

5）架空线在一个挡距内，每层导线的接头数不得超过该层导线条数的50%，且一条导线应只有一个接头。在跨越铁路、公路、河流、电力线路挡距内，架空线不得有接头。

6）装饰装修工程或其他特殊阶段，应补充编制单项施工用电方案。电源线可沿墙角、地面敷设，但应采取防机械损伤和电火措施。

7）电缆线路必须有短路保护和过载保护。

七、室内配线安全要求

室内配线分明装和暗装。不论哪种配线均应满足使用和安全可靠，一般要求如下：

（1）室内配线必须采用绝缘导线或电缆。

（2）室内配线应根据配线类型采用瓷瓶、瓷（塑料）夹、嵌绝缘槽、穿管或钢索敷设。

（3）潮湿场所或埋地非电缆配线必须穿管敷设，管口和管接头应密封；当采用金属管敷设时，金属管必须做等电位连接，且必须与 PE 线相连接。

（4）室内非埋地明敷主干线距地面高度不得小于2.5m。

（5）架空进户线的室外端应采用绝缘子固定，过墙处应穿管保护，距地面高度不得小于2.5m，并应采取防雨措施。

（6）室内配线所用导线或电缆的截面应根据用电设备或线路的计算负荷确定，但铜线截面不应小于 $1.5mm^2$，铝线截面不应小于 $2.5mm^2$。

（7）钢索配线的吊架间距不宜大于12m。采用瓷夹固定导线时，导线间距应不应小于35mm，瓷夹间距不应大于800mm；采用瓷瓶固定导线时，导线间距不应小于100mm，瓷瓶间距不应大于1.5m；采用护套绝缘导线或电缆时，可直接敷设于钢索上。

（8）室内配线必须有短路保护和过载保护，对穿管敷设的绝缘导线线路，其短路保护熔断器的熔体额定电流不应大于穿管绝缘导线长期连续负荷允许载流量的2.5倍。

八、现场照明安全技术

（一）一般规定

（1）在坑、洞、井内作业、夜间施工或厂房、道路、仓库、办公室、食堂、宿舍、料具堆放场及自然采光差的场所，应设一般照明、局部照明或混合照明。在一个工作场所内，不得只装设局部照明。停电后，操作人员需及时撤离施工现场，必须装设自备电源的应急照明。

（2）照明器的选择必须按下列环境条件确定：

1）正常湿度的一般场所，选用密闭型防水照明器；

2）潮湿或特别潮湿的场所，选用密闭型防水照明器或配有防水灯头的开启式照明器；

3）含有大量尘埃但无爆炸和火灾危险的场所，选用防尘型照明器；

4）有爆炸和火灾危险的场所，按危险场所等级选用防爆型照明器；

5）存在较强振动的场所，选用防振型照明器；

6）有酸碱等强腐蚀介质的场所，采用耐酸碱型照明器。

（3）照明器具和器材的质量应符合国家现行有关强制性标准的规定，不得使用绝缘老化或破损的器具和器材。

（4）无自然采光的地下大空间施工场所，应编制单项照明用电方案。

（二）照明供电

（1）一般场所宜选用额定电压为 220V 的照明器。

（2）下列特殊场所应使用安全特低电压照明器：

1）隧道、人防工程、高温、有导电灰尘、比较潮湿或灯具离地面高度低于 2.5m 等场所的照明，电源电压不应大于 36V；

2）潮湿和易触及带电体场所的照明，电源电压不得大于 24V；

3）特别潮湿的场所、导电良好的地面、锅炉或金属容器内的照明，电源电压不得大于 12V。

（3）使用行灯应符合下列要求：

1）电源电压不大于 36V；

2）灯体与手柄应坚固、绝缘良好并耐热耐潮湿；

3）灯头与灯体结合牢固，灯头无开关；

4）灯泡外部有金属保护网；

5）金属网、反光罩、悬吊挂钩固定在灯具的绝缘部位上。

（4）照明变压器必须使用双绕组型安全隔离变压器，严禁使用自耦变压器。

（5）照明系统宜使三相负荷平衡，其中每一个单相回路上，灯具和插座数量不宜超过 25 个，负荷电流不宜超过 15A。

（6）携带式变压器的一次侧电源线应采用橡皮护套或塑料护套软电缆，中间不得有接头，长度不宜超过 3m，其中绿/黄双色线只可作 PE 线使用，电源插销应有保护触头。

（7）工作零线截面应按下列规定选择：

1）单相二线及二相二线制线路中，零线截面与相线截面相同；

2）三相四线制线路中，当照明器为白炽灯时，零线截面不小于相线截面的 50%，当照明器为气体放电灯时，零线截面按最大负载的电流选择；

3）在逐相切断的三相照明电路中，零线截面与最大负载相线截面相同。施工现场的一般场所宜选用额定电压为 220V 的照明器。为便于作业和活动，在一个工作场所内不得装设局部照明器。停电时，应有自备电源的应急照明器。

（三）照明装置

（1）照明灯具的金属外壳必须与 PE 线连接，照明开关箱内必须装设隔离开关、短路与过载保护器和漏电保护器。

（2）室外 220V 灯具距地面不得低于 3m，室内 220V 灯具距地面不得低于 2.5m。普通灯具与易燃物距离不宜小于 300mm；聚光灯、碘钨灯等高热灯具与易燃物距离不宜小于 500mm，且不得直接照射易燃物。达不到规定安全距离时，应采取隔热措施。

（3）路灯的每个灯具应单独装设熔断器保护，灯头线应做防水弯。

（4）荧光灯管应采用管座固定或用吊链悬挂。荧光灯的镇流器不得安装在易燃的结构物上。

（5）碘钨灯及钠、铊、铟等金属卤化物灯具的安装高度宜在 3m 以上，灯线应固定在杆线上，不得靠近灯具表面。

（6）螺口灯头及其接线应符合下列要求：

1）灯头的绝缘外壳无损伤、无漏电。

2）相线接在与中心触头相连的一端，零线接在与螺纹口相连的一端。

（7）灯具内的接线必须牢固。灯具外的接线必须做可靠的防水绝缘包扎。

（8）暂设工程的照明灯具宜采用拉线开关控制。开关安装位置宜符合下列要求：

1）拉线开关距地面高度为 2～3m，与出、入口的水平距离为 0.15～0.2m。拉线的出口应向下。

2）其他开关距地面高度为 1.3m，与出、入口的水平距离为 0.15～0.2m。

（9）灯具的相线必须经开关控制，不得将相线直接引入灯具。

（10）对于夜间影响飞机或车辆通行的在建工程及机械设备，必须安装设置醒目的红色信号灯。其电源应设在施工现场电源总开关的前侧，并应设置外电线路停电应急自备电源。

九、触电危险

（一）触电

人体是导电体，当人体接触到具有不同电位的两点时，产生的电位差在人体内形成电流，电流通过人体就是触电。

触电会给触电者带来不同程度的伤害。当交流电电流在 0.1A 以上时，通过脑干可引起严重呼吸抑制；当电流通过心脏时，造成心室纤维颤动以致心脏停止跳动。严重者会很快死亡。

（二）与触电伤害有关的因素

1）通过人体电流的大小

电流越大，对人体危害越重。1mA 的工频（50～60 周）交流电流通过人体时有麻或痛的感觉，自身能摆脱电源；超过 20～25mA 时，会使人感觉麻痹或剧痛，且呼吸困难，自身无法摆脱电源；若 100mA 工频交流电流通过人体，很短时间就会使触电者窒息、心跳停止、失去知觉而死亡。

一般把工频交流 10mA、直流 50mA 看作安全电流。但即使是安全电流，长时间通过人体也是有危险的。

2）外加电压的高低

在危险工作场所，允许使用的电压不得超过规定的安全电压。安全电压是根据作业环境对人体的电阻影响确定的。我国根据工作场合不同的危险程度，规定 12、24、36V 为安全电压。安全电压可使通过人体的电流控制在较小的范围内。

3）人体电阻的大小

一般情况下人体电阻值在 2 千欧 ~ 20 兆欧范围内。皮肤干燥时，当接触电压在 100 ~ 300V 时人体的电阻值大约为 100 ~ 1500Ω。对于电阻值较小的人甚至几十伏电压也会有生命危险。某些电阻值较低的人不慎触电碰及破损皮肤也可能致命，其危险电压为 40 ~ 50V。对大多数人来说，触及 100 ~ 300V 的电压，将具有生命危险。统计分析表明，6、7、8、9 月是建筑业触电事故的多发季节。

4）电流通过人体的持续时间长短

电流通过人体的时间越长，对生命危害越重。所以一旦发生触电事故，要使触电者迅速脱离电源。

5）电流通过人体的部位与途径

触电时，若电流首先通过人体重要部位，如穿过左胸心脏区域、呼吸系统和中枢神经等则危险性增大。所以从手到脚的触电电流途径是最危险的，极易造成呼吸停止、心脏麻痹致死。从脚到脚的触电电流途径，虽伤害程度较轻，但常可因剧烈痉挛而摔倒，以致造成电流通过全身的严重情况。

此外，还与触电者的健康状况有关，年老、体弱者，受电击后反应比较严重，患有心脏病、结核病等病症的人，受电击引起的伤害程度要比健康人严重。

（三）触电种类

1）双线触电

双线触电，是指触电者的身体同时接触到两条不同相带电的电线，电线上的电就会通过人体从一条电线流至另一条电线。形成回路的触电，后果往往很严重。这类触电常见于电工违章作业中。

2）单线触电

当人未穿绝缘鞋站在地面上，接触到一条带电导线时，电流通过人体与大地形成通路，称为单线触电。如电气设备的金属外壳非正常带电时，人体碰到金属外壳就会发生单线触电。这类触电是最常见的触电事故。

3）跨步电压触电

当高压输电线路因某种原因发生断线，导线落下直接接触地面时，导线与大地构成回路。电流经导线入地时，会在导线周围地面形成一个很强的电场，其电位分布呈圆周状，以接地点为圆心，半径越小，圆周上的电位越高，半径越大，圆周上的电位越低。人员进入此区域，当两脚分别站在地面上具有不同电位的两点时，在人的两脚间形成电位差，即所谓跨步电压。跨步电压达到相当强度时，电流流经人体，导致触电事故。一般的，离开接地点 20m 以外，可不考虑跨步电压。

第八章 施工现场消防管理

我国消防工作的方针是"以防为主，防消结合"，"以防为主"就是要把预防火灾的工作放在首要的地位，要开展防火安全教育，提高人民群众对火灾的警惕性；健全防火组织，严密防火制度，进行防火检查，消除火灾隐患，贯彻建筑防火措施等。只有抓好消防防火，才能把可能引起火灾的因素消灭在起火之前，减少火灾事故的发生。

第一节 消 防 常 识

（一）火灾

凡失去控制并对财物和人身造成损害的燃烧现象，都称为火灾。

（二）火灾分类

（1）按发生地点分类，火灾通常分为森林火灾、建筑火灾、工业火灾、城市火灾等。

（2）按物质燃烧的特征分类：

1）A类：固体物质火灾。这类物质往往具有有机物的性质，一般在燃烧时能产生灼热的余烬，如木材、纸、麻火灾等。

2）B类：液体火灾和可熔化的固体物质火灾。如汽油、沥青、石蜡火灾等。

3）C类：气体火灾。如煤气、氢气火灾等。

4）D类：金属火灾。如钾、钠、铝、镁火灾等。

5）E类：带电物质火灾。如家电、变压器火灾等。

（三）火灾等级

（1）具有下列情形之一的火灾，为特大火灾：

1）死亡10人以上（含本数，下同）；

2）重伤20人以上；

3）死亡、重伤20人以上；

4）受灾50户以上；

5）直接财产损失100万元以上。

（2）具有下列情形之一的火灾，为重大火灾：

1）死亡3人以上；

2）重伤10人以上；

3）死亡、重伤10人以上；

4）受灾30户以上；

5）直接财产损失30万元以上。

（3）不具有前列两项情形的火灾，为一般火灾。

（四）火灾发生的必要条件

助燃剂、可燃物和引火源，简称火三角，是火灾发生的三个必要条件，缺少任何一个，火灾燃烧都不能发生和维持，所以又称火灾三要素。

火灾的发生具有自然属性（雷击、可燃物自燃）和人为属性（烟头、炉子、喷灯等），多数火灾都是人为因素引起的。

（五）燃烧的类型

（1）闪燃：可燃液体受热蒸发为蒸汽，液体温度越高，蒸汽浓度越高，当温度不高时，液面上少量可燃蒸汽与空气混合，遇火源会闪出火花引起短暂的燃烧过程（一闪即灭，不超过 5s），称闪燃。发生闪燃的最低温度叫闪点，闪点越低，发生火灾和爆炸的危险性越大。如：车用汽油的闪点为 -39℃，煤油的闪点为 28～35℃ 等。

（2）着火：可燃物质在火源的作用下能被点燃，并且火源移去后仍能保持继续燃烧的现象。能发生着火的最低温度叫着火点（燃点）。如：纸的燃点为 130℃，木材的燃点为 295℃ 等。

（3）自燃：可燃物质受热升温而无需明火作用就能自行燃烧的现象。能引起自燃的最低温度称自燃点，自燃点越低，发生火灾的危险性越大。如：黄磷的自燃点为 30℃，煤的自燃点为 320℃。

（六）火灾发生的原因

（1）建筑结构不合理；

（2）火源或热源靠近可燃物；

（3）电气设备绝缘不良、接触不牢、超负荷运行、缺少安全装置，电气设备的类型与使用场所不相适应；

（4）化学易燃品生产、储存、运输、包装方法不符合要求与性质相反的物品混存一起的；

（5）应有避雷设备的场所而没有或避雷设备失效、失灵；

（6）易燃物品堆积过密，缺少防火间距；

（7）动火时易燃物品未清除干净；

（8）从事火灾危险性较大的操作，没有防火制度，操作人员不懂防火和灭火知识；

（9）潮湿易燃物品的库房地面比周围环境地面低；

（10）车辆进入易燃场所没有防火的措施。

（七）消防方针

预防为主，防消结合。

（八）灭火

火灾一旦发生，只要消除燃烧的 3 个基本条件中的任何一个，火即熄灭。灭火的基本技术措施：

（1）窒息法：消除助燃物，阻止空气流入燃烧区，断绝氧气对燃烧物的助燃，最后使火焰窒息。如用沙土、水泥、湿麻袋、湿棉被等不燃或难燃物质覆盖燃烧物。

（2）隔离法：消除、隔绝可燃物。如水墙、破拆、关闭燃料的阀门等。

（3）冷却法：降低燃烧物质的温度使火熄灭。如用水直接喷洒在燃烧物上，吸收能量，使温度降低到燃点以下，使火熄灭。但对忌水的物品，如油类着火，则不可以用水灭。

（4）抑制法：用有抑制作用的灭火剂射到燃烧物上，使燃烧停止。如使用干粉灭火器等。

（九）灭火器类型的选择

应符合下列规定：

（1）扑救 A 类火灾应选用水型、泡沫、磷酸铵盐干粉、卤代烷型灭火器；

（2）扑救 B 类火灾应选用干粉、泡沫、卤代烷、二氧化碳型灭火器，扑救极性溶剂 B 类火灾应选用抗溶泡沫灭火器；

（3）扑救 C 类火灾应选用干粉、卤代烷、二氧化碳型灭火器；

（4）扑救带电火灾应选用卤代烷、二氧化碳型灭火器、干粉型灭火器；

（5）扑救 A、B、C 类火灾和带电（E 类）火灾，应选用磷酸铵盐干粉、卤代烷型灭火器；

（6）扑救 D 类火灾的灭火器材，应由设计单位和当地公安消防监督部门协商解决。

（7）2002 年 7 月 1 日国家明令淘汰落后产品：

"87. 二氟一氯一溴甲烷灭火剂（简称 1211 灭火剂）

88. 三氟一溴甲烷灭火剂（简称 1301 灭火剂）

89. 简易式 1211 灭火器

90. 手提式 1211 灭火器

91. 推车式 1211 灭火器

92. 手提式化学泡沫灭火器

93. 手提式酸碱灭火器"

第二节 施工现场防火

（一）一般规定

建筑装饰装修施工现场应严格执行各地建设行政部门关于建设工程施工现场防火安全管理的规定及贯彻《建设工程施工现场消防安全技术规范》GB 50720—2011 国家强制性标准。

（1）施工单位的负责人应全面负责施工现场的防火安全工作。

（2）施工现场都要建立健全防火检查制度，发现火险隐患必须立即消除。一时难以消除的隐患，要定人员、定项目、定措施限期整改。

（3）施工现场发生火警或火灾，应立即报告公安消防部门，并组织力量扑救。

（4）根据"四不放过"的原则，在火灾事故发生后，施工单位和建设单位应共同做好现场保护并会同消防部门进行现场勘察工作。对火灾事故的处理提出建议，并积极落实防范措施。

（5）施工单位在承建工程项目签订的"工程合同"或安全协议中，必须有防火安全的内容，会同建设单位搞好防火工作。

（6）施工单位在编制施工组织设计时，施工总平面图、施工方法和施工技术均要符合消防安全要求。

（7）施工现场应明确划分用火作业区，易燃可燃材料堆场、仓库、易燃废品集中站和生活区等区域不得用火作业。

（8）施工现场夜间应有照明设备，保持消防车通道畅通无阻，并要安排力量加强值班巡逻。

（9）施工现场应配备足够的消防器材（有条件的，应敷设好室外消防水管和消防栓），指定专人维护、管理、定期更新，保证完整好用。

（10）施工现场用电应严格执行《施工现场临时用电安全技术规范》JGJ 46—2005，加强用电管理，防止发生电气火灾。

（11）施工现场的动火作业，必须根据不同等级动火作业执行审批制度。古建筑和重要文物单位等场所动火作业，按一级动火手续上报审批。

1）凡属下列情况之一的为一级动火作业：

A. 禁火区域内；

B. 油罐、油箱、油槽车和储存过可燃气体、易燃液体的容器以及连接在一起的辅助设备；

C. 各种受压设备；

D. 危险性较大的登高焊、割；

E. 比较密封的室内、容器内、地下室等场所；

F. 现场堆有大量可燃和易燃物质的场所。

2）凡属下列情况之一的为二级动火作业：

A. 在具有一定危险因素的非禁火区域进行临时焊、割等用火作业；

B. 小型油箱等容器；

C. 登高焊、割等用火作业。

3）在非固定的，无明显危险因素的场所进行用火作业，均属三级动火作业。

（二）重点部位重点工种防火

（1）电焊、气割的防火要求

1）严格执行动火审批程序和制度。

2）进行电焊、气割前，应由施工员或班组长向操作、看火人员进行消防安全技术措施交底。电焊工、气焊工必须严格执行防火操作规程。

3）装过或有易燃、可燃液体、气体及化学危险物品的容器、管道和设备，在未彻底清洗干净前，不得进行焊割。

4）严禁在有可燃蒸汽、气体、粉尘或禁止明火的危险性场所焊割。在这些场所附近进行焊割时，应按有关规定，保持一定的防火距离。

5）合理安排工艺和编排施工进度程序，在有可燃材料保温的部位，不准进行焊割作业，必要时，应在工艺安排和施工方法上采取严格的防火措施。

6）焊割作业不准与油漆、喷漆、脱漆、木工等易燃操作同时间、同部位上下交叉作业。

7）在装饰装修施工过程进行电焊、气割应特别注意，因为不少装饰材料都易燃，并释放出有毒气体。

8）焊割结束或离开操作现场时，必须切断电源、气源。炽热的焊嘴、焊钳以及焊条头等，禁止放在易燃、易爆物品和可燃物上。

9）禁止使用不合格的焊割工具和设备。电焊的导线不能与装有气体的气瓶接触，也不能与气焊的软管或气体的导管放在一起。焊把线和气焊的软管不得从生产、使用、储存易燃、易爆物品的场所或部位穿过。

10）焊、割现场应配备灭火器材，危险性较大的应有专人现场监护。

（2）看火（监护）人员职责

1）清理焊割部位附近的易燃、可燃物品；对不能清除的易燃、可燃物品要用水浇湿或盖上石棉布等非燃材料，以隔绝火星。

2）坚守岗位，不能兼顾其他工作，备好适用的灭火器材和防火设备（石棉布、装盛焊渣的接火盘、风挡等），随时注视焊割周围的情况，一旦起火及时扑救。

3）高空焊割时，要用非燃材料做成接火盘和风挡，以接住和控制火花的溅落。

4）在焊割过程中，要随时进行检查，操作结束后，要对焊割地点进行仔细检查，确认无危险后方可离开。在隐蔽场所或部位（如闷顶、隔墙、电梯井、通风道、电缆沟和管道井等）焊、割操作完毕后，0.5～4h 内要反复检查，以防起火。

5）发现电、气焊操作人员违反防火管理规定、违反操作规程或动火部位有火灾、爆炸危险时，有权责令停止操作，收回动火许可证及操作证并及时向领导或保卫部门汇报。

（3）涂漆、喷漆和油漆工的防火要求

1）喷漆、涂漆的场所应有良好的通风，防止形成爆炸极限浓度，引起火灾或爆炸。

2）喷漆、涂漆的场所内禁止一切火源，应采用防爆的电气设备。

3）禁止与焊工同时间、同部位的上下交叉作业。

4）油漆工不能穿易产生静电的工作服。浸有涂料、稀释剂的破布、纱团、手套和工作服等，应及时清理，不能随意堆放，防止因化学反应而生热，发生自燃。

5）在维修工程施工中，使用脱漆剂时，应采用不燃性脱漆剂。若因工艺或技术上的要求，使用易燃性脱漆剂时，一次涂刷脱漆剂量不宜过多，控制在能使漆膜起皱膨胀为宜，清除掉的漆膜要及时妥善处理。

（4）木工操作间及木工的防火要求

1）操作间建筑应采用阻燃材料搭建。

2）电气设备的安装要符合要求。抛光、电锯等部位的电气设备应采用密封式或防爆式。刨花、锯末较多部位的电动机，应安装防尘罩。

3）操作间内严禁吸烟和用明火作业。

4）操作间只能存放当班的用料，成品及半成品要及时运走。木工应做到工完场地清，刨花、锯末每班都打扫干净，倒在指定地点。

5）严格遵守操作规程，对旧木料一定要经过检查，起出铁钉等金属后，方可上锯锯料。

6）配电盘、刀闸下方不能堆放成品、半成品及废料。

7）操作完毕应拉闸断电，并经检查确定无火险后方可离开。

（5）电工的防火要求

1）各种电气设备或线路，不应超过安全负荷，并有牢靠、绝缘良好和安装合格的保险设备，严禁用铜丝、铁丝等代替保险丝。

2）放置及使用易燃液体、气体的场所，应采用防爆型电气设备及照明灯具。

3）定期检查电气设备的绝缘电阻。常用电气设备和配电线路的绝缘电阻（对地220V）要求为：

A. 一般低压电力线路和照明线路，要求绝缘电地不低于0.5MΩ。

B. 电动机及其他低压电气设备（包括家用电器），在常温下的绝缘电阻不应小于0.5MΩ。

C. 手持电动工具（如手电钻）的带电零件与外壳之间的绝缘电阻不小于2MΩ。

发现可能引起火花、短路、发热和绝缘损坏等情况时，必须及时排除。

4）不可用纸、布或其他可燃材料做无骨架的灯罩，灯泡距可燃物应保持一定距离。

5）变（配）电室应保持清洁、干燥。变电室要有良好的通风。配电室内禁止吸烟、生火。

6）施工现场严禁私自使用电炉、电热器具。

7）当电线穿过墙壁、竹席或与其他物体接触时，应当在电线上套有非燃材料的套管加以隔绝。

8）每年雨季前要检查避雷装置，避雷针节点要牢固，接地电阻不应大于规定值。

（6）仓库保管员的防火要求

1）严格执行《仓库防火安全管理规则》（公安部令〔1994〕第22号）。熟悉存放物品的性质、储存中的防火要求及灭火方法，要严格按照其性质、包装、灭火方法、储存防火要求和密封条件等分别存放。性质相抵触的物品不得混存在一起。

2）库存物品应分类、分垛储存，主要通道的宽度不小于2m。库房内照明灯具不准超过60W，并做到人走断电、锁门。

3）露天存放物品应当分类、分堆、分组和分垛，并留出必要的防火间距。甲类、乙类桶装液体，不宜露天存放。

4）物品入库前应当进行检查，确定无火种等隐患后，方准入库。

5）库房内严禁吸烟和使用明火。

6）库房管理人员在每日下班前，应对经营的库房巡查一遍，确认无火灾隐患后，关好门窗；切断电源后方准离开。

7）严禁在仓库内兼设办公室、休息室或更衣室、值班室以及各种加工作业等。

（三）高层建筑施工防火

高层建筑施工具有人员多、建筑材料多、电气设备多且用电量大、交叉作业动火点多，以及通信设备差、不易及时救火等特点，因此，应加强火灾防范。

（1）编制施工组织设计时，必须考虑防火安全技术措施。

（2）建立多层次的防火管理体系，制定《消防管理制度》、《施工材料和化学危险品仓库管理制度》，建立各工种的安全操作责任制。

（3）明确工程各部位的动火等级，严格动火申请和审批手续。

（4）对参加高层建筑施工的外包队伍，要同每支队伍领队签订防火安全协议书，并对其进行安全技术措施的交底。

（5）严格控制火源，施工现场应严格禁止流动吸烟，应设置固定的吸烟点。

（6）按规定配置消防器材，并有醒目防火标志。一般高层建筑施工现场，应按面积配置消防器材，每层应成组（2个或4个为一组）配置；并设置临时消防给水（可与施工用水合用）；20层（含20层）以上的高层建筑应设置专用的高压水泵，每个楼层应安装消防栓和消防水龙带，大楼底层设蓄水池（不小于20m³）。当因层次高而水压不足时，在楼层中间应设接力泵，同时备有通讯报警装置，便于及时报告险情。

（四）季节性防火

（1）秋冬季防火要求

秋冬季节，风干物燥，是火灾高发季节，建筑装饰装修工地要特别加强管理做好防火工作。在油漆、喷漆、油漆调料间、木工房、料库、使用高分子装修材料的装修阶段，禁止使用明火或割、焊作业。

（2）雨期施工的防火要求

1）雨期施工中电气设备、防雷设施的防火要求

A. 雨期施工到来之前，应对每个配电箱、用电设备进行一次检查，都必须采取相应的防雨措施，防止因短路造成起火事故；

B. 在雨期要随时检查有树木地方电线的情况，及时改变线路的方向或砍掉离电线过近的树枝；

C. 防雷装置的组成部分必须符合规定，每年雨期之前，应对防雷装置进行一次全面检查，发现问题及时解决，使防雷装置处于良好状态。

2）雨期施工中对易燃、易爆物品的防火要求

A. 乙炔气瓶、氧气瓶、易燃液体等应在库内或棚内存放，禁止露天存放，防止因受雷雨、日晒发生起火事故；

B. 生石灰、石灰粉的堆放应远离可燃材料，防止因受潮或雨淋产生高热引起周围可燃材料起火。

第三节 防 火 检 查

防火检查是施工现场防火安全管理的一个重要组成部分，防火检查的目的在于发现和消除火险隐患。因此，防火管理中，相当时间是在检查中做好各项工作的。

（一）防火检查的内容

（1）检查用火、用电和易燃易爆物品及其他重点部位生产、储存、运输过程中的防火安全情况和建筑结构、平面布局、水源、道路是否符合防火要求；

（2）检查火险隐患整改情况；

（3）检查义务和专职消防队组织及活动情况；

（4）检查各级防火责任制、岗位责任制、工种责任书和各项防火安全制度执行情况；

（5）检查三级动火审批及动火证、操作证、消防设施、器材管理及使用情况；

（6）检查防火安全宣传教育，外包工管理等情况；

（7）检查消防基础管理是否健全，防火档案资料是否齐全，发生事故是否按"四不放过"原则进行处理。

（二）防火检查的形式和方法

（1）班组检查

以班组长为主，按照防火安全责任制和操作规程的要求，通过班组的安全员、义务消

防员对班组所在的施工场所或是仓库等重点部位的防火安全进行检查。特别是班前、班后和交接班的检查。

（2）夜间检查

依靠值班的管理人员、警卫人员和担任夜间施工、生产的工人，检查电源、火源和施工、生活场所有无异常情况。

（3）定期检查

由项目经理组织，除了对所有部位进行普遍检查外，还应对防火重点部位进行重点检查。通过检查，解决一些平时难以解决的问题，这对及时堵塞漏洞，消除火险隐患有很重要的作用。

第九章　建筑职业病预防

中国的职业病危害已经成为突出问题，据有关部门统计，全国现有约 1600 万家企业存在着有毒有害作业场所，受不同程度职业病危害的职工总数约 2 亿人。建筑与装饰装修等行业已成为职业病危害的重点行业。加强劳动保护，预防职业病，是安全生产管理的重要内容。

第一节　劳动保护与职业卫生

一、劳动保护与职业卫生的法律法规

（一）劳动保护概念

劳动保护，是在生产过程中为保护劳动者的安全与健康，改善劳动条件，预防工伤事故和职业危害，实现劳逸结合，加强女工保护等所进行的一系列技术措施和组织管理措施。概括地说，劳动保护就是对劳动者在生产过程中的安全与健康所实行的保护。

劳动保护在国际劳工组织和某些国家也称为"职业安全卫生"。但是，准确地说，职业卫生不能等同于劳动保护，它仅仅是劳动保护的重要内容之一。

"劳动保护"和"安全生产"两个概念在一般情况下可以通用，严格讲是有区别的。"劳动保护"不仅包括人身安全的内容，同时还包括劳动卫生等方面的内容。"安全生产"不仅指劳动者的人身安全，同时还包含有设备、财产安全等方面的内容。

劳动保护是安全技术、劳动卫生、个人保护工作的总称。

（二）劳动保护与职业卫生法律法规

新中国成立以来，党和政府一贯重视安全生产工作，颁布了一系列有关安全生产和劳动保护的法律、法规和规章。把关心和保护劳动者的安全和健康定为我国的一项基本政策。国务院在 1956 年 5 月制定并发布了"三大规程"——《工厂安全卫生规程》、《建筑安装工程安全技术规程》和《工人职员伤亡事故报告规程》。1963 年 3 月，国务院又发布了《关于加强企业生产中安全工作的几项规定》，明确了安全生产责任制、编制劳动保护措施计划、安全生产教育、安全生产定期检查、伤亡事故的调查和处理的相关规定，即所谓"五项规定"。

（1）法律

《中华人民共和国宪法》第四十二条规定："国家通过各种途径，创造劳动就业条件，加强劳动保护，改善劳动条件。"

《中华人民共和国职业病防治法》规定："劳动者依法享有职业卫生保护的权利；用人单位应当为劳动者创造符合国家职业卫生标准和卫生要求的工作环境和条件，并采取措施保障劳动者获得职业卫生保护；用人单位应当建立健全职业病防治责任制，加强对职业病防治的管理，提高职业病防治水平，对本单位产生的职业病危害承担责任；用人单位必须

依法参加工伤社会保险。"

《中华人民共和国妇女权益保障法》规定："任何单位均应根据妇女的特点，依法保护妇女在工作和劳动时的安全和健康，不得安排不适合妇女从事的工作和劳动。妇女在经期、孕期、产期、哺乳期受特殊保护。"

2002 年 6 月《中华人民共和国安全生产法》中第六条、第三十六条、第三十七条、第三十九条、第四十四条、第四十五条、第四十六条、第四十七条、第四十八条、第四十九条等有关条文再一次重申了保障从业人员劳动安全、防止职业危害的各项要求。

(2) 行政法规

《国务院关于进一步加强安全生产工作的决定》（国发〔2004〕2 号）、《生产安全事故报告和调查处理条例》（2007 年 3 月 28 日国务院第 493 号令）都对劳动保护做了相应的规定。

2012 年 6 月 29 日，国家安全生产监督管理总局、卫生部、人力资源和社会保障部、中华全国总工会以安监总安健〔2012〕89 号印发《防暑降温措施管理办法》。该《办法》共 25 条，自发布之日起施行。1960 年 7 月 1 日卫生部、劳动部、全国总工会联合公布的《防暑降温措施暂行办法》予以废止。

2002 年 4 月 18 日卫生部、劳动保障部联合发布《关于印发＜职业病目录＞的通知》（卫法监发〔2002〕108 号）文中规定了职业病的范围。

2012 年 4 月 18 日国务院第 200 次常务会议通过《女职工劳动保护特别规定》（国务院令第 619 号）。《女职工禁忌从事的劳动范围》作为附录，对女职工禁忌从事的劳动范围、女职工在月经期间禁忌从事的劳动范围、已婚待孕女职工禁忌从事的劳动范围、怀孕女职工禁忌从事的劳动范围以及乳母禁忌从事的劳动范围都做了详细的规定。

二、《中华人民共和国职业病防治法》修改概述

职业病防治法是一部预防、控制和消除职业病危害，防治职业病，保护劳动者健康及其相关权益，促进经济发展的重要法律。修改前的职业病防治法施行九年来，对遏制职业病高发势头起到了积极作用。但是，目前我国职业病防治的形势总体上还比较严峻，与职业病相关侵害劳动者权益的事件时有发生。尤其是近年发生的张海超"开胸验肺"事件，曾引起社会各界的广泛关注，这些事件暴露出法律在职业病诊断、职业病待遇等方面还存在漏洞，也暴露出现行职业病防治法的一些漏洞。

有鉴于此，2011 年 12 月 31 日上午，全国人大常委会表决通过了《中华人民共和国职业病防治法》修正案，此举意味着职业病防治进入新的法律调整规范时期。

新职业病防治法，修改主要涉及以下方面：

（一）消除职业病诊断的受理门槛。新职业病防治法一方面明确了职业病诊断机构应当具备的条件，使符合条件的医疗卫生机构都可以取得职业病诊断机构资质，增加劳动者自主选择诊断机构的机会；另一方面规定了职业病诊断机构不得拒绝劳动者进行职业病诊断的要求。

（二）简化劳动仲裁程序，使制度设置向保护劳动者权益倾斜。依照劳动争议调解仲裁法，解决涉及劳动关系等事项的争议须进行劳动仲裁。实践中，职业病诊断也已经引入劳动仲裁机制。但是，根据该法规定，劳动争议仲裁委员会可以决定是否受理仲裁申请；法定的审理期限为 45 日，案情复杂的还可以延长 15 日；当事人对仲裁裁决不服的，可以在 15 日内提起诉讼。为保证职业病诊断工作顺利开展，切实保护劳动者权益，新职业病防治法对职业病诊断中提出的劳动仲裁规定了特殊的程序要求：①在确认劳动者职业史、职业病危害接触史时，当事人对劳动关系、工种、工作岗位或者在岗时间有争议的，可以向当地的劳动人事争议仲裁委员会申请仲裁；接到申请的劳动仲裁机构应当受理。②劳动仲裁机构应当在 30 日内作出裁决。③仲裁过程中，劳动者无法提供由用人单位掌握管理的与仲裁主张有关的证据，仲裁庭应当要求用人单位在指定期限内提供；用人单位在指定期限内不提供的，应当承担不利后果。④用人单位对仲裁裁决不服、拟向人民法院提起诉讼的，应当在职业病诊断、鉴定程序结束之日起 15 日内提起诉讼；诉讼期间，劳动者的治疗费用按照职业病待遇规定的途径支付。

（三）规定监管部门在特定情况下对有争议资料作出判定的职责。新职业病防治法规定：劳动者对用人单位提供的工作场所职业病危害因素检测资料等有异议，或者因劳动者的用人单位解散、破产，无用人单位提供上述资料的，诊断机构应当提请负责工作场所职业卫生监督管理的部门进行调查，由该部门对存在异议的资料或者工作场所职业病危害因素状况作出判定；有关部门应当配合。

（四）明确诊断机构在法定情形下应当参考劳动者的自述作出职业病诊断结论。新职业病防治法一方面规定，用人单位应当如实提供劳动者职业史、职业病危害接触史等资料，并对用人单位隐瞒、损毁与职业病诊断相关资料或者不依法提供上述资料的行为设定了严格的法律责任；另一方面规定，在职业病诊断过程中，用人单位不提供工作场所职业病危害因素检测资料的，诊断机构应当结合劳动者的临床表现、辅助检查结果和劳动者的职业史、职业病危害接触史，并参考劳动者的自述等，作出职业病诊断结论。

此外，为完善职业病防治法律制度，新职业病防治法规定职业病防治工作要建立用人单位负责、行政机关监管、行业协会规范、职工群众和社会监督的机制；为进一步发挥工会组织作用，新职业病防治法规定了工会组织依法对职业病防治工作进行监督，维护劳动者的合法权益等。

三、职业危害因素与职业病

（一）职业危害因素

职业危害因素是指与生产有关的劳动条件包括生产过程、劳动过程和生产环境，对劳动者健康和劳动能力产生有害作用的职业因素，称为职业危害因素。职业危害因素按其性质可分为以下几种：

（1）物理性有害因素

1）异常气候条件包括高温、高湿、低温、高气压、低气压等；

2）电磁辐射，如红外线、紫外线、激光、微波、高频电磁场等；

3）电离辐射，如 x 射线、γ 射线等；

4）噪声和振动。

（2）化学性有害因素

1）有毒物质，如铅、汞、苯、一氧化碳等；

2）生产性粉尘，如矽尘、石棉尘、煤尘等；

（3）生物性有害因素。

如皮毛上的炭疽杆菌及森林脑炎病毒、布氏杆菌等。

（4）其他有害因素

1）劳动组织和制度不合理；

2）劳动强度过大或生产定额不当；

3）个体个别器官或系统过度紧张；

4）生产场所建筑设施不符合设计卫生标准要求；

5）缺乏适当的机械通风、人工照明等安全技术措施；

6）缺乏防尘、防毒、防暑降温、防寒保暖等设施，或设施不完善；

7）安全防护或防护器具有缺陷。

（二）职业病的范围

职业病通常是指由于国家规定的在劳动过程中接触职业危害因素而引起的疾病。职业病与生活中的常见病不同，一般认为应具备下列 3 个条件：

（1）致病的职业性，疾病与其工作场所的生产性有害因素密切相关；

（2）致病的程度性，接触有害因素的剂量，已足以导致疾病的发生；

（3）发病的普遍性，在受同样生产性有害因素作用的人群中有一定的发病率，一般不会只出现个别病人。

职业病具有一定的范围，即国家规定的法定职业病，病人在治疗和休息期间，均应按劳动保险条例有关规定给予劳保待遇。

应当注意，职业性多发病（又称与工作有关的疾病）与职业病是有区别的。职业性多发病系指职业因素影响了健康，从而促使潜在的常见疾病暴露和加重，而职业危害因素仅是该病发生或发展的原因之一，但不是唯一的直接原因。例如在潮湿的地下和坑道施工，工人易患消化性溃疡和风湿疾病，建筑工人易患肌肉骨骼疾病（如腰酸背疼）等，这些都属于职业性多发病。

（三）《关于印发〈职业病目录〉的通知》（卫法监发〔2002〕108 号）文中规定了职业病的范围：

"一、尘肺：

1. 矽肺；2. 煤工尘肺；3. 石墨尘肺；4. 炭黑尘肺；5. 石棉肺；6. 滑石尘肺；7. 水泥尘肺；8. 云母尘肺；9. 陶工尘肺；10. 铝尘肺；11. 电焊工尘肺；12. 铸工尘肺；13. 根据《尘肺病诊断标准》和《尘肺病理诊断标准》可以诊断的其他尘肺。

二、职业性放射性疾病：

1. 外照射急性放射病；2. 外照射亚急性放射病；3. 外照射慢性放射病；4. 内照射放射病；5. 放射性皮肤疾病；6. 放射性肿瘤；7. 放射性骨损伤；8. 放射性甲状腺疾病；9. 放射性性腺疾病；10. 放射复合伤；11. 根据《职业性放射性疾病诊断标准（总则）》可以诊断的其他放射性损伤。

三、职业中毒：

1. 铅及其化合物中毒（不包括四乙基铅）；2. 汞及其化合物中毒；3. 锰及其化合物中毒；4. 镉及其化合物中毒；5. 铍病；6. 铊及其化合物中毒；7. 钡及其化合物中毒；8. 钒及其化合物中毒；9. 磷及其化合物中毒；10. 砷及其化合物中毒；11. 铀中毒；12. 砷化氢中毒；13. 氯气中毒；14. 二氧化硫中毒；15. 光气中毒；16. 氨中毒；17. 偏二甲基肼中毒；18. 氮氧化合物中毒；19. 一氧化碳中毒；20. 二硫化碳中毒；21. 硫化氢

中毒；22. 磷化氢、磷化锌、磷化铝中毒；23. 工业性氟病；24. 氰及腈类化合物中毒；25. 四乙基铅中毒；26. 有机锡中毒；27. 羰基镍中毒；28. 苯中毒；29. 甲苯中毒；30. 二甲苯中毒；31. 正己烷中毒；32. 汽油中毒；33. 一甲胺中毒；34. 有机氟聚合物单体及其热裂解物中毒；35. 二氯乙烷中毒；36. 四氯化碳中毒；37. 氯乙烯中毒；38. 三氯乙烯中毒；39. 氯丙烯中毒；40. 氯丁二烯中毒；41. 苯的氨基及硝基化合物（不包括三硝基甲苯）中毒；42. 三硝基甲苯中毒；43. 甲醇中毒；44. 酚中毒；45. 五氯酚（钠）中毒；46. 甲醛中毒；47. 硫酸二甲酯中毒；48. 丙烯酰胺中毒；49. 二甲基甲酰胺中毒；50. 有机磷农药中毒；51. 氨基甲酸酯类农药中毒；52. 杀虫脒中毒；53. 溴甲烷中毒；54. 拟除虫菊酯类农药中毒；55. 根据《职业性中毒性肝病诊断标准》可以诊断的职业性中毒性肝病；56. 根据《职业性急性化学物中毒诊断标准（总则）》可以诊断的其他职业性急性中毒。

四、物理因素所致职业病：

1. 中暑；2. 减压病；3. 高原病；4. 航空病；5. 手臂振动病。

五、生物因素所致职业病：

1. 炭疽；2. 森林脑炎；3. 布氏杆菌病。

六、职业性皮肤病：

1. 接触性皮炎；2. 光敏性皮炎；3. 电光性皮炎；4. 黑变病；5. 痤疮；6. 溃疡；7. 化学性皮肤灼伤；8. 根据《职业性皮肤病诊断标准（总则）》可以诊断的其他职业性皮肤病。

七、职业性眼病：

1. 化学性眼部灼伤；2. 电光性眼炎；3. 职业性白内障（含放射性白内障、三硝基甲苯白内障）。

八、职业性耳鼻喉口腔疾病：

1. 噪声聋；2. 铬鼻病；3. 牙酸蚀病。

九、职业性肿瘤：

1. 石棉所致肺癌、间皮瘤；2. 联苯胺所致膀胱癌；3. 苯所致白血病；4. 氯甲醚所致肺癌；5. 砷所致肺癌、皮肤癌；6. 氯乙烯所致肝血管肉瘤；7. 焦炉工人肺癌；8. 铬酸盐制造业工人肺癌。

十、其他职业病：

1. 金属烟热；2. 职业性哮喘；3. 职业性变态反应性肺泡炎；4. 棉尘病；5. 煤矿井下工人滑囊炎。"

第二节　建筑业职业病及其防治

一、建筑职业病

建筑职业病的种类及其主要危害工种见表 9-1。

二、建筑职业病的防治

（一）尘肺及其防治

尘肺是因为作业人员在劳动生产过程中，长期吸入较高浓度的某些生产性粉尘引起的以肺组织纤维化为主的全身疾病。尘肺是生产性粉尘危害人体健康的最重要的病变。目前，医学界对尘肺尚无特别有效的治疗手段。因此，防护工作极为重要。

有害因素分类	主要危害	次要危害	危害的主要工作
粉尘	砂尘	岩石尘、黄泥沙尘、噪声、振动、三硝基甲苯	石工、碎石机工、碎砖工、掘进工、风钻工、炮工、出渣工
		高温	筑炉工
		高温、锰、磷、铅、三氧化硫等	型砂工、喷砂工、清砂工、浇铸工、玻璃打磨工等
	水泥尘	振动、噪声、苯、甲苯、二甲苯、环氧树脂	混凝土搅拌司机、砂浆搅拌司机、水泥上料工、搬运工、料库工、建材（建筑）科研所试验工，各公司材料试验工
	石棉尘	矿渣棉、玻纤尘	安装保温工、石棉瓦拆除工
	金属尘	噪声、金刚砂尘	砂轮磨锯工、金属打磨工、钢窗校直工、金属除锈工、钢模板校平工
	木屑尘	噪声及其他粉尘	制材工、平刨机工、压刨机工、平光机工、开榫机工、凿眼机工
	其他粉尘	噪声	生石灰过筛工、河砂运料、上料工
铅	铅尘、铅烟、铅蒸汽	硫酸、环氧树脂、乙二胺甲苯	充电工、铅焊工、熔铅、制铝板、除铝锈、锅炉管端退火工、白铁工、通风工、电缆头制作工、印刷工、铸字工、管道灌铅工、油漆工、喷漆工
四乙铅	四乙铅	汽油	驾驶员、汽车修理工、油库工
苯、甲苯、二甲苯		环氧树脂、乙二胺、铅	油漆工、喷漆工、环氧树脂涂刷工、油库工、冷沥青涂刷工、浸漆工、烤漆工、塑料件制作和焊接工
高分子化合物	聚氯乙烯	铅及化合物、环氧树脂、乙二胺	黏结、塑料、制管、焊接、玻璃瓦、热补胎
锰	锰尘、锰烟	红外线、紫外线	电焊工、点焊工、对焊工、气焊工、自动保护焊、惰性气体保护焊、冶炼
金属氧化合物	六价铬、锌、酸、碱、铅	六价铬、锌、酸、碱、铅	电镀工、镀锌工
氨			制冷安装、冷冻法施工、晒图
汞	汞及其化合物		仪表安装工、仪表监测工
氮氧化合物	二氧化碳	硝酸	密闭管道、球罐、气柜内电焊烟雾、放炮、硝酸试验工
二氧化硫	SO_2		硫酸酸洗工、电镀工、充电工、钢筋等除锈工、冶炼工
一氧化碳	CO	CO_2	烟气管道修理工、冬季施工暖棚、冶炼、铸造

有害因素分类	主要危害	次要危害	危害的主要工作
辐射	非电离辐射	紫外线、红外线、可见光、激光、射频辐射	电焊工、气焊工、不锈钢焊接工、电焊配合工、木材烘干工、医院同位素工作人员
	电离辐射	x射线、γ射线、α射线、超声波	金属和非金属探伤试验工、氩弧焊工、放射科工作人员
噪声	噪声	振动、粉尘	离心制管机、混凝土振动棒、混凝土平板振动机、电锤、汽锤、铆枪、打桩机、打夯机、风钻、发电机、空压机、碎石机、砂轮机、推土机、剪板机、带锯、圆锯、平刨、压刨、模板校平工、钢窗校平工
振动	全身振动	噪声	电、气锻工、桩工、打桩机（推土机、汽车、小翻斗车、吊车、打夯机、挖掘机、铲运机）司机、离心制管工
	局部振动	噪声	风钻工、风铲工、电钻工、混凝土振动棒、混凝土平板振动机、手提式砂轮机、钢模校平工、钢窗校平工、铆枪

（1）建筑业尘肺分类

1）矽肺

吸入含有游离二氧化硅（原称"矽"）粉尘而引起的尘肺称为矽肺。建筑业接触矽尘的作业如隧道施工、凿岩、放炮、出渣、水泥制品厂的碎石、施工现场的砂石、石料加工、玻璃打磨等。矽肺发病比较缓慢，大多在接触矽尘5～10年后，有的要长达15～20年。矽肺患者在脱离矽尘作业后还可继续发展，有的甚至在离开矽尘作业后才发病。

2）硅酸盐肺

吸入含有硅酸盐粉尘而引起的尘肺称为硅酸盐肺。建筑行业发病较多的是水泥尘肺和石棉尘肺。水泥尘肺的发病的时间较长，一般在10～20年，临床表现为胸痛、气急、咳嗽、咳痰，无特殊体征。

3）混合性尘肺

吸收含有游离二氧化硅粉尘和其他粉尘而引起的尘肺，称为混合性尘肺。

4）焊工尘肺

焊工尘肺是电焊工人长期吸入焊尘所致。焊工尘肺发病缓慢，一般在5～20年不等，发病时间长短与接触焊尘的浓度有关，在通风不良的场所电焊时，发病工龄显著缩短，而在露天敞开式场所焊接，则大大延长发病工龄，一般在40年以上。焊工尘肺临床症状多数轻微，表现为鼻干、咽干、轻度咳嗽、头晕、乏力、胸闷、气短。

5）其他尘肺

吸入其他粉尘而引起的尘肺称为其他尘肺。如：金属尘肺、木屑尘肺等。

（2）建筑业尘肺防治

1）综合防尘

改革和革新生产工艺、生产设备，尽量做到机械化、密闭化、自动化、遥控化，用无矽物质替代石英，尽可能采用湿式作业等。如对水泥、木屑、金属粉尘场所采取除尘措施。

2）建立经常监测生产环境空气中粉尘浓度的制度。

3）对职工进行就业前的体格检查。定期对从事粉尘作业的职工进行职业性健康检查，发现有不宜从事粉尘作业的疾患者，应及时调离。

4）对已确诊为尘肺的病人，应立即调离原作业岗位，给予合理的休养、营养、治疗，并对病人的劳动能力进行鉴定和处理。

（二）职业中毒及其防护

（1）职业中毒的类型

职业中毒按其发病过程，可分为急性、慢性和亚急性中毒3个类型：

1）急性中毒，是因为短时间内（如几秒乃至几小时内），有大量毒物侵入人体后，突然发生的病变。这种病变具有发病急、变化快和病情重的特点，多数是由于未采取预防措施或工人违反安全操作规程所致。

2）慢性中毒，长期接触低浓度的毒物逐渐引起的病变，称为慢性中毒。绝大部分是由于蓄积性毒物引起的，如铅、汞、锰等。

3）亚急性中毒，介于急性与慢性中毒之间，病情发展较急性长，发病症状较急性缓和，如二硫化碳、汞中毒等。

（2）建筑业职业中毒及其防护

1）铅及四乙铅中毒

建筑业可能产生铅中毒的主要是油漆和铅管作业。防止铅中毒的具体措施有：

A. 消除或减少铅毒的发生源，如油漆中的颜料可以用锌钡白代替铅白，以铁红代替铅丹做防锈漆，用塑料管代替铅管等。

B. 改进工艺，使生产过程机械化、密闭化，减少对铅尘或铅烟接触机会，采取密闭抽风装置，抽出的烟尘采取沉淀净化处理，防止污染大气。

C. 控制熔铅炉的温度，以减少铅蒸汽的大量产生，采取湿式法作业，坚持湿式清扫，防止铅尘飞扬。

D. 加强个人防护和个人卫生，接触铅作业工人应戴过滤式防铅尘、铅烟口罩，并定期更换和经常清洗滤料，一般8层纱布口罩只能用于分散度较低的粉状或雾状毒物。

2）锰中毒

在建筑施工中，锰中毒主要危及各类焊工及其辅助工。主要是发生在高锰焊条和高锰钢焊接中，预防锰中毒主要应采取以下防护措施：

A. 加强机械通风或安装锰烟抽风装置，以降低现场锰烟浓度。

B. 尽量采用低尘低毒的焊条或无锰焊条，用自动焊代替手工焊等。

C. 工作时戴手套、口罩；饭前洗手漱口；下班后全身淋浴；不在工作场所吸烟、喝水、进食；在密闭的狭窄环境下，电焊工人应戴送风式头盔或利用移动式抽风机，抽出密闭场所的烟尘；流动电焊作业应在通风良好的场所，选择上风方向进行操作。

3）苯中毒

在建筑工地上接触苯的工种很多，如油漆、喷漆、粘结、塑料以及机电的浸洗等。预防苯中毒应采取下列主要措施：

A. 喷漆可采用密闭喷漆间，个人在车间外操纵微机控制，用机械手自动作业。

B. 通风不良的车间、地下室、防水池内等场所涂刷各种防水涂料或环氧树脂玻璃钢等作业，必须根据场地大小，采用多台抽风机把苯等有害气体抽出室外，防止急性苯中毒。

C. 施工现场的油漆配料房，应改善自然通风条件，减少连续配制时间，防止苯中毒和铅中毒。

D. 在较小的室内进行小件喷漆，可以采用水幕隔离防护措施。即工人在水幕外操纵喷枪，喷嘴在水幕内喷漆，这样既可看清喷漆情况，又可隔离苯蒸气外溢的危害。

E. 涂刷冷沥青，凡在通风不良的场所或容器内作业时，必须采取机械通风、送氧及抽风措施，不断稀释空气中的毒物浓度。如果只送风不抽风，就会形成毒气"满溢"而无法排出，造成中毒。

（三）噪声及其治理

作业场所的工作地点的噪声标准为85dB。

（1）建筑工地的噪声种类

1）机械性的噪声。如风钻凿岩、混凝土搅拌、木材加工、电锯断料等声音。

2）空气动力性噪声。如通风机、鼓风机、空气压缩机等声音。

3）电磁性噪声。如发电机、变压器发出的声音。

（2）噪声的治理

1）消除和减弱生产中的噪声源。从改革工艺着手，以无声的工具代替有声的工具，如用焊接代替铆接。

2）控制噪声的传播。将高噪声作业场所进行隔离。

3）采取消声、吸声、隔声等措施。

4）加强个人防护。如及时戴耳塞、耳罩、头盔等防噪声用品。

（四）局部振动病及其预防

局部振动病是长期使用振动工具，因受强烈振动，而引起的神经末梢循环障碍而出现肢端血管痉挛造成局部缺血，导致血管营养障碍。初期为功能性改变是可以恢复；长期作用下小动脉血管内膜下纤维组织增生，管腔狭窄，遇冷出现白指。我国现定名为"局部振动病"，分为轻度和重度两种。

（1）接触振动作业和振动源的有：

1）使用振动工具的作业，如电钻、振动棒等。

2）建筑工地上的推土机、挖土机等。

（2）预防局部振动病主要应采取以下措施：

1）改革工艺或设备或采取隔振措施。

2）对振动工具的重量、频率和振幅等做必要的限制，或间歇地使用振动工具。

3）保证作业场所的温度。因为低温能促使振动病的发生。一般室温在18℃以上时不易发生局部振动病。

4）做好个人防护。操作时应使用防振手套（多层手套、泡沫塑料手套），振动工具外加防振垫，以减少振动。

（五）中暑及防暑降温措施

中暑可分为热射病、热痉挛和日射病，统称为中暑。

（1）中暑表现

1）先兆中暑。在高温作业一定时间后，如大量出汗、口渴、头昏、耳鸣、胸闷、心悸、恶心、软弱无力等症状，体温正常或略有升高（不超过 37.5℃），有发生中暑的可能性。此时如能及时离开高温环境，经短时间的休息后，症状可以消失。

2）轻度中暑。除先兆中暑症状外，如有下列症状之一，而被迫停止劳动者称为轻度中暑：

A. 体温在 38℃以上；

B. 有面色潮红、皮肤灼热等现象；

C. 有呼吸、循环衰竭的症状，如面色苍白、恶心、呕吐、大量出汗、皮肤湿冷、血压下降、脉搏快而微弱等。轻度中暑经治疗 4～5h 内可恢复。

3）重度中暑。除有轻度中暑症状外，还出现昏倒或痉挛、皮肤干燥无汗，体温 40℃以上。

（2）防暑降温应采取综合性措施：

1）组织措施。合理安排工作时间，实行工间休息制度，早晚干活，中午延长休息时间等。

2）技术措施。改革工艺，减少工人与热源接触的机会。

3）通风降温。自然通风或机械通风，露天作业采取挡阳措施。

4）卫生保健措施。最好的办法是供给含盐饮料、防暑茶水。

三、女工保护

（一）职业危害因素对女工的影响

职业危害因素对女性体格和生理功能方面的影响，可以分为以下几种类型：

（1）对妇女某些生理功能的影响。主要是妇女负重作业、长时间定位作业和从事有毒作业。

（2）对月经功能的影响。主要是化学物质（苯、二甲苯、铅、无机汞、三氯乙烯等）对女性生殖系统的影响。

（3）对生育功能的影响。主要指化学物的诱变、致畸、致癌作用而影响胚胎。

（4）对新生儿和哺乳儿的影响。通过母乳而进入乳儿体内，已获得证明的有铅、汞、砷、二硫化碳和其他有机溶剂。

（二）女工职业危害的预防措施

（1）坚决贯彻执行党和国家妇女劳动保护政策，合理安排女工的劳动和休息，切实维护妇女的合法权益。

（2）做好妇女经期、已婚待孕期、孕期、哺乳期的保护。

1）经期禁止安排冷水、低温作业，《体力劳动强度分级》标准中第Ⅲ级体力劳动强度的作业，《高处作业分级》标准中第Ⅱ级（含Ⅱ级）以上的作业。

2）已婚待孕期禁止从事铅、汞、锡等作业场所属于《有毒作业分级》标准中第Ⅲ、Ⅳ级的作业。

3）怀孕期禁止从事作业场所空气中铅及其化合物、汞及其化合物、苯、镉、铍、砷、氰化物、氮氧化物、一氧化碳、二硫化碳、氯、苯胺、甲醛等有毒物质浓度超过国家卫生标准的作业；人力进行的土方和石方作业；《体力劳动强度分级》标准中第Ⅲ级体力劳动强度的作业；伴有全身强烈振动的作业如风钻、捣固机等作业以及拖拉机驾驶等；工作中需要频繁弯腰、攀高、下蹲的作业如焊接作业；《高处作业分级》标准所规定的高处作业等。

4）乳母禁止从事作业场所空气中铅及其化合物、汞及其化合物、苯、镉、铍、砷、氰化物、氮氧化物、一氧化碳、二硫化碳、氯、苯胺、甲醛等有毒物质浓度超过国家卫生标准的作业；《体力劳动强度分级》标准中第Ⅲ级体力劳动强度的作业；作业场所空气中锰、氟、溴、甲醇、有机磷化合物、有机氯化合物的浓度超过国家卫生标准的作业。

第十章　施工现场管理与文明施工

施工现场的管理与文明施工是安全生产的重要组成部分。文明施工是现代化施工的一个重要标志，是施工企业的一项基础性管理工作。修改后颁布的《建筑施工安全检查标准》JGJ 59—2011增加了文明施工检查评分的内容，把文明施工作为考核安全目标的重要内容之一。为贯彻"安全第一、预防为主、综合治理"的安全生产方针，推动建筑施工安全文明标准化建设，提高建筑施工安全生产管理水平，减少建筑生产安全事故，改善建筑工地文明施工形象，努力规范现场作业人员安全生产行为，让标准成为习惯，习惯服从于标准，切实保证推行建筑施工安全文明标准化取得实效。

第一节　文明施工管理内容

一、现场围挡

（1）建设工程工地四周应按规定设置连续、密闭的围栏；建造多层、高层建筑的还应设置安全防护设施。在市区主要路段和市容景观道路及机场、码头、车站广场设置的围栏其高度不得低于2.5m，在其他路段设置的围栏，其高度不得低于1.8m。

（2）围挡使用的材料应保证围栏稳固、整洁、美观。市政工程项目工地，可按工程进度分段设置围栏或按规定使用统一的连续性护栏设施。施工单位不得在工地围栏外堆放建筑材料、垃圾和工程渣土。在经批准临时占用的区域，应严格按批准的占地范围和使用性质存放、堆卸建筑材料或机具设备，临时区域四周应设置高于1m的围栏。

（3）在有条件的工地，四周围墙、宿舍外墙等地方，必须张挂、书写反映企业精神、时代风貌的醒目宣传标语。

二、封闭管理

（1）施工现场进出口应设置大门，门头按规定设置企业标志（施工现场工地的门头、大门、各企业须统一标准，施工企业可根据各自的特色，标明集团、企业的规范简称）。

（2）门口要有门卫并制定门卫制度。来访人员应进行登记，禁止外来人员随意出入，进出材料要有收发手续。

（3）进入施工现场的工作人员按规定佩戴工作标识卡。

三、施工场地

（1）建筑工地的主要道路及场地地面应按规定用道渣或素混凝土等做硬化处理。

（2）道路应保持畅通。

（3）建筑工地应设置排水沟或下水道，排水应保持通畅。

（4）制定防止泥浆、污水、废水外流以及堵塞下水道和排水河道的措施。实行二级沉淀、三级排放。

（5）工地地面应平整不得有积水。

（6）工地应按要求设置吸烟处，有烟灰缸或水盆，禁止流动吸烟。

（7）工地内长期裸露的土质区域，要有绿化布置，绿化实行地栽。

四、材料堆放

（1）建筑材料、构件、料具应按总平面布局堆放。

（2）料堆要堆放整齐并按规定挂置名称、品种、规格、数量、进货日期等标牌以及状态标识，如已检合格、待检或不合格。

（3）工作面每日应做到工完、料尽、场地清。

（4）建筑垃圾应在指定场所堆放整齐并标出名称、品种，做到及时清运。

（5）易燃易爆物品应设置危险品仓库，并做到分类存放。

五、现场住宿

（1）工地宿舍要符合文明施工的要求，在建场地内不得兼做宿舍。

（2）施工作业区域必须有醒目的警示标志且与非施工区域（生活、办公区域）严格分隔。生活区应保持整齐、整洁、有序、文明，并符合安全消防、防台防汛、卫生防疫、环境保护等方面的规定。

（3）宿舍应有防大风、消暑和防蚊虫叮咬措施。

（4）宿舍内应按规定设置床铺，日常生活用品力求统一并放置整齐；室内要保持通风、明亮、清洁；二楼以上的宿舍应设垃圾箱、倒水斗和水源。

（5）宿舍及其周围要保持环境卫生，建立健全卫生保洁、防疫、消防等各项管理制度，并落实到责任人。

（6）宿舍不得留宿外来人员，特殊情况必须经有关领导及行政主管部门批准方可留宿，并报保卫人员备查。

六、现场防火

（1）制定防火安全措施及管理制度，施工区域和生活、办公区域应配备足够数量的灭火器材。

（2）根据消防要求，在不同场所合理配置种类合适的灭火器材。严格管理易燃、易爆物品，设置专门仓库存放。

（3）高层建筑应按规定设置消防水源并能满足消防要求，即：高度24m以上的工程须有水泵、水管且与工程总体相适应，有专人管理，落实防火制度和措施。

（4）施工现场需动用明火作业的，如电焊、气焊、气割、熬炼沥青等，必须严格执行三级动火审批手续并落实动火监护和防火措施。按施工区域、层次划分动火级别，动火必须具有"二证一器一监护"，即焊工证、动火证、灭火器、监护人。

（5）在防火安全工作中，要建立防火安全组织，义务消防队和防火档案，明确项目负责人、管理人员及各操作岗位的防火安全职责。

七、治安综合治理

（1）生活区应按精神文明建设的要求设置学习和娱乐场所，配备电视机、报刊杂志和文体活动用品。

（2）建立健全治安保卫制度，责任分解到人。

（3）落实治安防范措施，杜绝失窃偷盗、斗殴赌博等违法乱纪事件。

（4）要加强治安综合治理，做到目标管理、制度落实、责任到人。施工现场治安防范措施有力、重点要害部位防范设施到位。与施工现场的外包队伍须签订治安综合治理协议书，加强法制教育。

八、施工现场标牌

（1）施工现场人口处的醒目位置，应当公示"五牌两图"（工程概况牌、管理人员名单及监督电话牌、消防保卫牌、安全生产牌、文明施工牌、施工现场总平面图、消防平面布置图）。标牌书写字迹要工整规范，内容要简明实用。标志牌规格：1.2m（宽）×0.9m（高），标牌底边距地高为1.2m。

（2）《建筑施工安全检查标准》对"五牌"的具体内容未作具体规定，应结合本地区、本企业、本工程的特点进行设置。如有的地区又增加了卫生须知牌、卫生包干图、夜间施工的安民告示牌等。

（3）在施工现场的明显处，应有必要的安全内容标语。

（4）施工现场应设置"两栏一报"，即宣传栏、读报栏和黑板报，及时反映工地内外各类动态。按文明施工的要求，宣传教育用字须规范，不使用繁体字和不规范的词句。

九、生活设施

（1）工地厕所应符合环卫部门的卫生要求。做到：设置冲洗水源和冲水箱。厕所、便槽不得有垃圾、积垢、臭味；积粪池符合要求，严禁粪便直接排入河道或下水道；高层作业区每隔二至三层设置便桶（无厕所的生活区也应合理设置便桶），杜绝随地大小便等不文明、不卫生现象；卫生保洁制度和责任人上墙。

（2）食堂必须具备卫生许可证，并应符合卫生防疫部门的要求。食堂工作人员应经过食品卫生培训，并持有健康证，定期进行体检，体检不合格者不得上岗作业；炊事人员必须做到"四勤"，即：勤洗手、勤剪手指甲、勤理发、勤换衣；"三白"，即：白帽子、白衣服、白口罩，保持良好的个人卫生习惯。餐具严格执行消毒制度。

（3）落实卫生责任制及各项卫生管理制度。

（4）饮用水应符合健康卫生的要求。茶水桶要有盖并上锁；高层作业区应有茶水供应点；茶水桶、茶具必须保持清洁，并设专人管理，定期进行消毒。

（5）工地必须按规定设置符合要求的淋浴室。

（6）生活垃圾应有专人管理，及时清理清运，应分类盛放在有盖的容器内，严禁与建筑垃圾混放。

十、保健急救

（1）工地应按规定设置医务室或配备符合要求的急救箱。医务人员对生活卫生要起到监督作用，定期检查食堂饮食等卫生情况。

（2）落实急救措施和急救器材（如担架、绷带、止血带、夹板等）。

（3）培训急救人员，掌握急救知识，进行现场急救演练。

（4）适时开展卫生防病宣传教育，保障施工人员健康。

十一、相邻关系

（1）制定防止粉尘飞扬和降低噪声的方案或措施。

（2）夜间施工除张挂安民告示牌外，还应按当地有关部门的规定，执行许可证制度。

（3）现场严禁焚烧有毒、有害物质及建筑装饰材料。

（4）切实落实各类施工不扰民措施，消除泥浆、噪声、粉尘等影响周边环境的因素。

第二节 环 境 保 护

1991年12月5日建设部令第15号发布实施的《建设工程施工现场管理规定》第三十一条明确规定："施工单位应当遵守国家有关环境保护的法律规定，采取措施控制施工现场的各种粉尘、废气、废水、固体废弃物以及噪声、振动对环境的污染和危害"。

一、防治大气污染

（一）产生大气污染的施工环节

（1）扬尘污染

应当重点控制的施工环节有：

1）搅拌桩、灌注桩施工的水泥扬尘；

2）土方施工过程及土方堆放的扬尘；

3）建筑材料（砂、石、黏土砖、塑料泡沫、膨胀珍珠岩粉等）堆放的扬尘；

4）脚手架清理、拆除过程的扬尘；

5）混凝土、砂浆拌制过程的水泥扬尘；

6）木工机械作业的木屑扬尘；

7）道路清扫扬尘；

8）运输车辆扬尘；

9）砖槽、石切割加工作业扬尘；

10）建筑垃圾清扫扬尘；

11）生活垃圾清扫扬尘。

（2）空气污染

空气污染主要发生在：

1）某些防水涂料施工过程；

2）化学加固施工过程；

3）油漆涂料施工过程；

4）施工现场的机械设备、车辆的尾气排放；

5）工地擅自焚烧对空气有污染的废弃物。

（二）防止大气污染的主要措施

（1）施工现场宜采取硬化措施，其中主要道路、料场、生活办公区域必须进行硬化处理，土方集中堆放，裸露的场地和集中堆放的土方应采取覆盖、固化或绿化等措施；

（2）使用密目式安全网对在建建筑物、构筑物进行封闭，防止施工过程扬尘，拆除旧有建筑物时，应采用隔离、洒水等措施防止扬尘，并应在规定期限内将废弃物清理完毕；

（3）从事土方、渣土和施工垃圾运输应采用密闭式运输车辆或采取覆盖措施，施工现场出入口处应采取保证车辆清洁的措施；

（4）施工现场应根据风力和大气湿度的具体情况，进行土方回填、转运作业；

（5）水泥和其他易飞扬的细颗粒建筑材料应密闭存放，砂石等散料应采取覆盖措施；

（6）施工现场混凝土搅拌场所应采取封闭、降尘措施；

（7）建筑物内施工垃圾的清运，应采用专用封闭式容器吊运或传送，严禁凌空抛撒；

（8）施工现场应设置密闭式垃圾站，施工垃圾、生活垃圾应分类存放，并及时清运出场；

（9）城区、旅游景点、疗养区、重点文物保护地及人口密集区的施工现场应使用清洁能源；

（10）施工现场的机械设备、车辆的尾气排放应符合国家环保排放标准要求；

（11）不得在施工现场熔融沥青，严禁在施工现场焚烧含有毒、有害化学成分的装饰废料、油毡、油漆、垃圾等各类废弃物。

二、防治水污染

（一）产生水污染的施工环节

（1）桩基施工、基坑护壁施工过程的泥浆；

（2）混凝土（砂浆）搅拌机械、模板、工具的清洗产生的水泥浆污水；

（3）现浇水磨石施工的水泥浆；

（4）油料、化学溶剂泄漏；

（5）生活污水。

（二）水污染的防治

（1）施工现场应设置排水沟及沉淀池，现场废水不得直接排入市政污水管网和河流；

（2）现场存放的油料、化学溶剂等应设有专门的库房，地面应进行防渗漏处理；

（3）食堂应设置隔油池，并应及时清理；

（4）厕所的化粪池应进行抗渗处理；

（5）食堂、盥洗室、淋浴间的下水管线应设置隔离网，并应与市政污水管线连接，保证排水通畅。

三、防治施工噪声污染

施工现场应按照现行国家标准《建筑施工场界环境噪声排放标准》GB 12523—2011制定了降噪措施，并应对施工现场的噪声值进行监测和记录；施工现场的强噪声设备宜设置在远离居民区的一侧；对因生产工艺要求或其他特殊需要，确需在 22 时至次日 6 时期间进行强噪声工作的，施工前建设单位和施工单位应到有关部门提出申请，经批准后方可进行夜间施工，并公告附近居民；夜间运输材料的车辆进入施工现场，严禁鸣笛，装卸材料应做到轻拿轻放；对产生噪声和振动的施工机械、机具的使用，应当采取消声、吸声、隔声等有效措施控制和降低噪声。

四、防治施工照明污染

夜间施工严格按照建设行政主管部门和有关部门的规定执行，对施工照明器具的种类、灯光亮度严格控制，特别是在城市市区居民居住区内，减少施工照明对城市居民的危害。

五、防治施工固体废弃物污染

施工车辆运输砂石、土方、渣土和建筑垃圾，采取密封、覆盖措施，避免泄漏、遗撒，并按指定地点倾卸，防止固体废物污染环境。

第三节　创建文明工地

一、确定文明工地管理目标

工程建设项目部创建文明工地，管理目标一般应包括：

（一）安全管理目标

（1）负伤事故频率、死亡事故控制指标；

（2）火灾、设备、管线以及传染病传播、食物中毒等重大事故控制指标；

（3）标准化管理达标情况。

（二）环境管理目标

（1）文明工地达标情况；

（2）重大环境污染事件控制指标；

（3）扬尘污染物控制指标；

（4）废水排放控制指标；

（5）噪声排放控制指标；

（6）固体废弃物处置情况；

（7）社会相关方投诉的处理情况。

（三）制定文明工地管理目标时，应综合考虑的因素

（1）项目自身的危险源与不利环境因素识别、评价和结果；

（2）适用法律法规、标准规范和其他要求识别结果；

（3）可供选择的技术方案；

（4）经营和管理上的要求；

（5）社会相关方（社区、居民、毗邻单位等）的要求和意见。

二、建立创建文明工地的组织机构

工程项目经理部要建立以项目经理为第一责任人的创建文明工地责任体系，健全文明工地管理组织机构。

（1）工程项目部文明工地领导小组，由项目经理、副经理、工程师以及安全、技术、施工等主要部门（岗位）负责人组成。

（2）文明工地工作小组，主要有：

1）综合管理工作小组；

2）安全管理工作小组；

3）质量管理工作小组；

4）环境保护工作小组；

5）卫生防疫工作小组；

6）防台防汛工作小组等。

各地可以根据当地气候、环境等因素建立相关工作小组。

三、制定创建文明工地的规划措施及实施要求

（一）规划措施

文明施工规划措施应与施工组织设计同时申报，按规定进行审批。主要规划措施

包括：

（1）施工现场平面布置与划分；

（2）环境保护方案；

（3）交通组织方案；

（4）卫生防疫措施；

（5）现场防火措施；

（6）综合管理；

（7）社区服务；

（8）应急预案。

（二）实施要求

（1）工程项目部在开工后，应严格按照文明施工方案（措施）进行施工，并对施工现场管理实施控制；

（2）工程项目部应将有关文明施工的承诺张榜公示，向社会作出遵守文明施工规定的承诺，公布并告知开竣工日期，投诉和监督电话，自觉接受社会各界的监督；

（3）工程项目部要强化民工教育，提高民工安全生产和文明施工的素质，利用横幅、标语、黑板报等形式，加强有关文明施工的法律、法规、规程、标准的宣传工作，使得文明施工深入人心；

（4）工程项目部在对施工人员进行安全技术交底时，必须将文明施工的有关要求同时进行交底，并在施工作业时督促其遵守相关规定，高标准、严要求地做好文明工地创建工作。

四、加强创建过程的控制与检查

对创建文明工地的规划措施的执行情况，项目部要严格执行日常巡查和定期检查制度，检查工作要从工程开工做起，直到竣工交验为止。

工程项目部每月检查应不少于 4 次。检查按照国家行业《建筑施工安全检查标准》JGJ 59—2011、地方和企业有关规定，对施工现场的安全防护措施、环境保护措施、文明施工责任制以及各项管理制度、现场防火措施等落实情况进行重点检查。

在检查中发现的一般安全隐患和违反文明施工的现象，要按"三定"（定人、定时、定措施）原则予以整改；对各类重大安全隐患和严重违反文明施工的问题，项目部必须认真地进行原因分析，制定纠正和预防措施，并对实施情况进行跟踪验证。

五、文明工地的评选

施工企业内部的文明工地评选，应按照各地建设行政部门制定的《文明工地检查评分表》等有关文明工地检查评分标准以及本企业有关文明工地评选规定进行。

申报文明工地的工程，其书面推荐资料应包括：

（1）工程中标通知书；

（2）施工现场安全生产保证体系审核认证通过证书；

（3）安全标准化管理工地复验合格审批单；

（4）文明工地推荐表。

参加文明工地评选的工地，不得在工作时间内停工待检，不得违反有关廉洁自律规定。

第四节　建筑装饰装修施工现场文明标化细则

随着建筑装饰工程业务量的不断增加，施工人员逐渐增加，建设单位对工程质量、进度、文明标化施工要求越来越高，从而对工程管理的要求进一步提高，对公司各项目部进一步提升竞争力，提升企业形象提出了更高的要求。为了更好地贯彻落实好"每建必优、精细管理"战略，推动创建文明安全工地活动深入开展，提高施工现场的综合管理水平，实现施工现场管理工作的制度化、科学化、标准化、规范化。结合装饰装修工程，区域分散、周期短、投入回报少的施工特点，这里借鉴中天装修公司编制的《安全文明标化细则》供大家参考，值得推广。

图 10-1　入口处

（一）入口处

1）"××装饰工地欢迎您"喷绘

工地入口显眼处应设置"××装饰工地迎您"的喷绘，以细木工板覆底，四周用铝合金或不锈钢压条压覆（图 10-1）。

2）施工现场入口

在施工现场入口处悬挂"您已进入施工区域，请戴好安全帽"字样的警示牌（图 10-2）。

3）楼层主入口

楼层主入口应设置喷绘宣传栏，应有职工安全须知、安全职责、企业文化等内容（图 10-3）。

图 10-2　施工现场入口

（二）施工进度图

在楼层升降机进出显眼处放置施工进度（八卦）图，进度图需根据工程实际情况分项明确，便于项目部掌控项目实际施工进度。对已完工程用红色字样做标记（图 10-4）。

（三）安全疏散牌

项目部现场设置安全通道图，高度不小于 80cm，蓝底白字，红色标志，内容应包括灭火器、配电箱位置及临时吸烟处、小便处位置及安全疏散导向标识，并说明应急避难场所所处的位置（图 10-5）。

（四）施工现场标牌

标牌以细木工板或九厘板为基层，后在底板上安装上挂钩，直接套挂在墙面钉子上（文明标化牌可以重复使用，节省了开支，而且它的活动性也便于移动使用），标牌悬挂整齐而大方，数量适当，高度统一（图10-6）。

（五）楼层标识与房间标识

为了方便与工人交底及项目部自检，项目部应对所施工楼层的明显部位进行标识，并根据一定的顺序对房间进行编号，在每个房间门口贴上标

图 10-3　楼层主入口

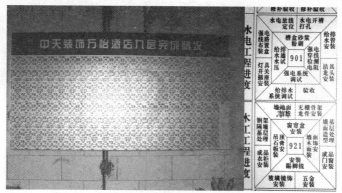

图 10-4　施工进度图

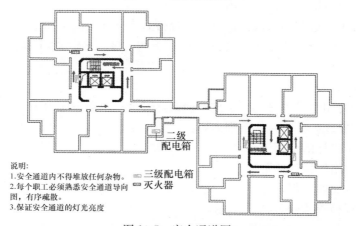

说明：
1. 安全通道内不得堆放任何杂物。
2. 每个职工必须熟悉安全通道导向图，有序疏散。
3. 保证安全通道的灯光亮度

　　二级配电箱
　　三级配电箱
　　灭火器

图 10-5　安全通道图

识牌（图10-7）。

标识牌大小宜为500mm×400mm。

（六）临时用电

施工现场临时用电设备在5台及以上或设备总容量在50kw及以上者，应编制临时用电组织设计。临时用电组织设计应包括以下内容：

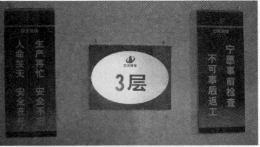

图 10-6　施工现场标牌　　　　　　　　图 10-7　楼层标识与房间标识

（1）临时用电组织设计及变更时，必须履行"编制、审核、批准"程序，由电气工程技术人员组织编制，经相关部门审核及具有法人资格企业的技术负责人批准后实施。变更用电组织设计时应补充有关图纸资料。临时用电工程必须经编制、审核、批准部门和使用单位共同验收，合格后方可投入使用。

（2）电工必须经过按国家现行标准考核合格后，持证上岗工作；其他用电人员必须通过相关安全教育培训和技术交底，考核合格后方可上岗工作。每个项目部必须配置专职电工。

（3）安全技术档案

施工现场临时用电必须建立安全技术档案，安全技术档案应由主管该现场的电气技术人员负责建立与管理，并应包括下列内容：

1）用电组织设计的全部资料；

2）修改用电组织设计的资料；

3）用电技术交底资料；

4）用电工程检查验收表；

5）电气设备的试、检验凭单和调试记录；

6）接地电阻、绝缘电阻和漏电保护器漏电动作参数测定记录表；

7）定期检（复）查表；

8）电工安装、巡检、维修、拆除工作记录。

（4）楼层中临时用电线路

临时用电线路必须使用电缆线，电缆线必须绝缘良好，不得与金属物直接绑扎在一起。临时用电线路必须架空，架空高度为 2.2m，使用三号角铁做直角支架进行支撑，并用黄色防锈漆进行涂刷，其上用瓷瓶悬挂，瓷瓶间用钢绞线连接。电缆线进户内时应使用膨胀钩悬挂进户，膨胀钩需做好绝缘处理，不得随意拖地（图 10-8）。

（5）大堂临时用电支架

要求同（4）（图 10-9）。

（6）配电箱

配电箱、开关箱应装设在干燥、通风及常温场所，不得装设在有严重损伤作用的瓦斯、烟气、潮气及其他有害介质中，亦不得装设在易受外来固体物撞击、强烈振动、液体浸溅及热源烘烤场所。每台用电设备应有各自的专用开关箱，必须实行"一机、一闸、一漏、一箱"制。三级配电箱与其所控制的固定式用电设备的水平距离不宜超过 3m，与二级配电箱的距离不得超过 30m。移动式配电箱应固定在角铁支架上，角铁支

图 10-8　楼层中临时用电线路　　　　　　　图 10-9　大堂临时用电支架

架用三号角铁焊接，其箱底与地面的垂直距离应为 60cm。配电箱周围 2m 以内不得堆放杂物。配电箱内应有专职电工对配电箱的检查记录表。配电箱插头采用三、四插的工业插头，避免乱接乱拉（图 10-10）。

（7）应急照明

在应急疏散通道应设置应急照明灯，标明疏散方向（图 10-11）。

（七）灭火器

仓库、料场内的民工宿舍前，应分组布置干粉灭火器、消防桶、消防钩、消防锹、消防斧等灭火工具，每组灭火器材之间的间距不应大于 30m。

一般临时设施区，每 100m² 配备两个干粉灭火器、大型临时设施总面积超过 1200m² 应具备积水桶（池）和专供消防用的消防桶、黄沙等器材设施（图 10-12）。

临时木工间、油漆间每 25m² 配置一个灭火器，油库、危险品仓库，应配备不少于 4

个干粉灭火器。

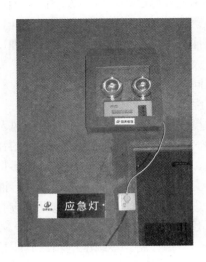

图 10-10　配电箱 　　　　　　　　　图 10-11　应急照明

工地现场禁止使用 1211 灭火器，应用干粉灭火器，灭火器离地 50cm，每 2 个为一组。定期检查药液的有效性。项目部应组织正确使用灭火器的教育演习活动。

图 10-12　灭火器

（八）人字梯

严禁两人同用一个梯或人站在梯上移动梯子。人字梯应设保险链，梯底应有防滑垫。木制楼梯木方不得小于 50mm×60mm 的龙骨，制作牢固（图 10-13）。

（九）放样标准

图 10-13　人字梯

放样时统一采用模版喷字的形式，标高线采用统一的"××装饰"标高线。根据图纸对墙、地面进行1：1放样，在墙地面上标明所用材料及设施所在位置，及时纠正图纸中尺寸偏差，并对施工人员起到告知的作用（图10-14）。

（十）木工加工区

木工加工区位置相对独立，不得让操作人员进入加工区，应单独设置木工加工区，并配备灭火器以及警示牌、加工区操作规程，在加工区门口做好木工加工区标识，加工区内材料分类明确，应设置成品区、半成品区，配电箱、刀闸下方不能堆放成品、半成品及废料（图10-15）。操作间内严禁吸烟和动用明火作业。工作完毕拉闸断电，并经检查确无火险后方可离开。操作间只能存放当班的用料，成品及半成品要及时运走，木工应做到活完场地清，刨花、木屑每班都要打扫干净，倒在指定地点。

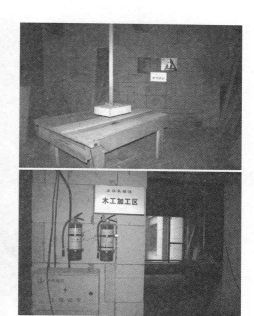

图 10-14　放样标准　　　　　　　　　　图 10-15　木工加工区

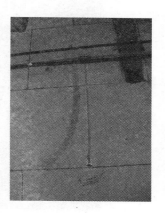

图 10-16　空压机管线

（十一）空气压缩机

施工楼层统一使用大型空气压缩机给气管供气，具体布置根据大型空气压缩机功率与现场空间设置，管线统一悬挂于瓷瓶钢绞线，整齐美观，有效地防止了施工现场的噪声，并改变了以往小型空气压缩机管线多、乱的情况。气管上有接口，可供各房间直接接入使用（图10-16）。

（十二）材料堆放

依据材料性能采取必要的防雨、防潮、防晒、防冻、防火、防爆、防损坏等保护措施。

贵重物品、易燃易爆和有毒物品应及时入库，专库专管，加设明显标识，并建立严格的领退料手续。危险品仓库应单独设立（图10-17～图10-19）。

图 10-17　材料堆放-1

图 10-18　材料堆放-2

库存码放货位与墙距10～30cm，货架要求上轻下重并做好防尘、防锈、防漏、防虫、防霉、防水、防腐、防毒、防冻、防鼠、防盗、防火等12项风险防范工作。

袋装水泥需仔细拆包，包装袋整齐码放打捆，及时回收，落地灰及时使用、清运。砂、石和其他散料随用随清，不留料底。

施工现场使用材料应有计划，实行限额领料。做到钢材、木材等料具使用合理，长材不短用、优材不劣用。施工现场剩余料具、包装容器应及时回收，堆放整齐、随时清退。

施工现场应节约用水、用电，无长流水、长明灯。

（十三）监控系统

工地配置远程视频电子监控系统，监控系统宜设置于升降机出入口及楼层走道，可在办公区域设立视频监控室，即时录像，以实现全过程的跟踪监控管理。不得出现盲点，条件允许与公司工程部联网，即时进行公司对项目部监管（图10-20）。

图10-19　材料堆放-3　　　　　　　　　图10-20　监控系统

（十四）打卡考勤系统（图10-21）

打卡机（建议使用指纹磁卡双用机），磁卡内可输入了个人信息，班组信息以及身份

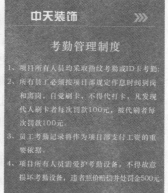

图10-21　打卡考勤系统

证号码，做到了实名制管理。不得代打卡，并使打卡与监控联动控制。

（十五）班组讲评室（图 10-22）

施工现场应建立班前安全活动制度。主要评安全操作规程及操作控制要点。

班组应开展班前"三上岗"（上岗交底、上岗检查、上岗教育）和班后下岗检查活动，并且每月进行考评班组班前安全活动和班后检查，班组讲评活动和班后检查等应有记录，并有考核措施。

（十六）楼层休息区（图 10-23）

图 10-22　班组讲评室　　　　　　　　　　　图 10-23　楼层休息区

应在施工现场选定合适区域设置员工休息区，便于员工在劳累工作的同时有一个休闲小憩的场所，员工临时休息区应配有茶水桶，凳子、小型桌子、风扇、绿化、文件通知、

安全知识等布置，体现人性化管理。

（十七）小便处（图 10-24）

施工楼层内须选定合适区域设置临时小便处，临时小便处门口应有明确标识牌，设置小便处管理制度，须明确卫生负责人，每天负责清理卫生，保持小便处卫生清洁。小便处须设置排风设施，保证空气流通，或在楼层中设置移动厕所。

（十八）临时吸烟处（图 10-25）

项目部应在施工现场指定临时吸烟处，一般设在楼梯口，在临时吸烟处配备灭火器、沙桶以及临时烟蒂放置处。

图 10-24　小便处

图 10-25　临时吸烟区

（十九）临边围护

（1）电梯口围护（图 10-26）

电梯井口采用上翻式门。高度为 1.2m，宽度超出井口两侧 200mm（一边 100mm），所用材料为 Φ12 钢筋焊制，刷 40cm 的黄黑相间的警戒色（油漆）。电梯井内首层设一道双层水平安全网，首层以上每隔 4 层且不超过 10m 设一道水平安全网，安全网四周封闭严密。

（二十一）楼梯口（图 10-27）

施工现场楼梯口、边应设置 1.2m 高的定型化、工具化、标准化的防护栏杆，栏杆设置 18cm 高的踢脚杆，杆件里侧宜挂密目安全网。

（二十）预留洞口（10-28）

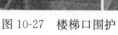

图 10-27　楼梯口围护

图 10-26　电梯围护

图 10-28　预留洞口围护

现场预留洞口用木板全封闭，短边超过50cm的洞口，按规定封闭外四周还应加设防护栏杆，挂警示标志牌，防护栏杆刷黄黑二色防锈漆。

（二十一）临边安全防护（图10-29）

防护栏杆由上、下两道横杆及栏杆柱组成，上杆离地高度为1.0～1.5m，下杆距离地高度为0.5～0.6m。横杆长度大于2m时，必须加设栏杆柱。防护栏杆必须自上而下用密目网封闭，或在栏杆下边设置严密固定的高度不低于18cm的挡脚板。

（二十二）其他（图10-30）

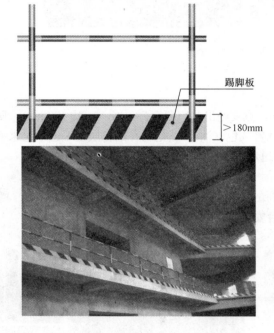

图10-29　临边安全防护　　　　　　　　图10-30　临时防护

对于高出地面，但又不能及时处理的固定物品，应做防护，并刷黄黑二色油漆以作警示。

（二十三）成品保护

我们用最好的材料、最优的工艺、最佳的管理，如果没有科学的成品保护，所有的辛劳最终都将付之东流。

对不同材质、不同部位的成品，要用不同的材料、不同的方法进行保护，而且要专人负责、持之以恒。不但应保护自己的产品，同时要爱惜其他单位的劳动成果。

（1）大理石楼地面的保护（图10-31）。

大理石楼地面做完，房间应临时封闭。如需质量检查时，宜穿软底鞋，轻踏石板中间部位。大理石楼地面做完严禁早期上人走动，防止石板沉陷造成表面不平。允许通行时找平层水泥砂浆抗压强度不得低于1.2MPa。

大理石地面经验收后，表面覆盖毛毡布、三夹板等加以保护，注意所选覆盖物不得褪色而污染大理石。

（2）面砖阳角保护（图10-32～图10-33）

墙面砖（石材）贴好后，应加强保护和养护应对其阳角做保护，墙角、门窗口等阳角处应加以保护，以防碰撞，并严禁在墙上或附近剔凿，以防破坏砖与墙面的粘结。

（3）成品木饰面、家具保护

木饰面，可以用粘度中等、略厚的薄膜进行保护，这样它表面不会粘灰，对一般的擦划有一定的保护作用，并可预防涂料、油漆等交差污染（图10-34）。

图10-32　面砖阳角保护-1

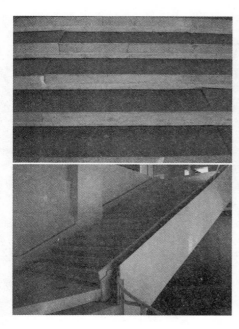

图10-31　大理石楼地面保护

图10-33　面砖阳角保护-2

（4）开关面板、空调等保护（图10-35、图10-36）

图10-34　木饰面家具保护

图10-35　开关面板保护

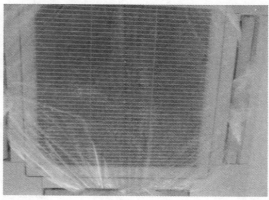

图 10-36　空调保护

第十一章　施工现场安全员业务

施工现场安全员是协助项目经理履行安全生产职责的专职助理，其主要职责是协助项目经理做好安全管理工作，其中除了前几章提到的安全法律法规的宣传、安全教育、指导班组开展安全生产、职业病防护、施工现场管理与文明施工外，其具体业务工作还包括：参与施工安全技术措施的编制和审查，进行施工现场的安全检查、负责事故管理以及安全生产资料的管理等。

第一节　安全技术措施审查

一、常规安全技术措施

（一）单位工程施工组织设计中的安全技术措施

所有单位工程在编制施工组织设计时，应当根据工程特点制定相应的安全技术措施。安全技术措施要针对工程特点、施工工艺、作业条件以及队伍素质等按施工部位列出施工的危险点，对照各危险点制定具体的防护措施和安全作业注意事项，并对各种防护设施的用料计划一并纳入施工组织设计。安全技术措施必须经上级主管领导审批，并经专业部门会签。

（二）分部（分项）工程安全技术交底

（1）安全技术交底主要包括两方面的内容：一是在施工方案的基础上进行的，按照施工方案的要求，对施工方案进行的细化和补充；二是对操作者的安全注意事项的说明，保证操作者的人身安全。交底内容不能过于简单，千篇一律口号化，应按分部（分项）工程和针对作业条件的变化进行。

（2）安全技术交底工作，是施工负责人向施工作业人员进行职责落实的法律要求，要严肃认真地进行，不能流于形式。

（3）安全技术交底工作在正式作业前进行，不但口头讲解，同时应有书面文字材料，并履行签字手续，施工负责人、生产班组、现场安全员三方各留一份。

以下提供几个《安全技术交底记录》供参考，结合实际充实：

安全技术交底记录

工程名称：××市皇宫花园 88 幢		交底日期：××××年×月××日	
交底项目	钢结构及铁件制作工程安全作业交底内容	交底人 （项目技术负责人）	×××

内容摘要：

1. 大锤、小锤的木把应质地坚实、安装牢固。

2. 打锤时禁止手戴手套，二人打锤严禁相对站立。

3. 多人抬材料和工件时要有专人指挥，精力集中，行动一致；互相照应，轻抬轻放，以免伤人，并应将道路清理好。

4. 使用各种机械，要先进行各部检查，试运转正常，方可正式使用。

5. 操作人员必须了解机械的性能及安全操作规程。

6. 电焊工作地点 5m 以内不得有易燃、易爆材料。

7. 为防止触电必须遵守有关电气安全规程。

8. 气焊、电焊应遵守气焊安全操作规程，焊工必须持证上岗。

9. 使用气焊、电焊时边上无监护人不得进行操作。

10. 严禁操作人员在酒后进入施工现场作业。

11. 每个工人进入施工现场都必须头戴安全帽。

12. 班组如果因劳力不足需要再招新工人时，应事先向工地报告。

13. 新工人进场后应先经过三级安全交底，并经考试合格后方可让其正式上岗。

14. 新工人进场应具有四证，即：职业资质证、身份证、计划生育和外来人口暂住证。

接受交底人签章：

××× ××× ××× ××× ××× ×××

××× ××× ××× ××× ××× ××× ××× ××× ××× ×××

注：1. 安全技术交底应按不同施工段、不同楼层和不同检验批分别作交底。

2. 所有组员均要签字。

安全技术交底记录

工程名称：××市皇宫花园88幢		交底日期：××××年×月××日	
交底项目	室内装饰抹灰工程安全作业交底内容	交底人 （项目技术负责人）	×××

内容摘要：

1. 进入施工现场必须遵守南方建筑工程有限公司的各项安全生产规章制度和纪律。

2. 室内抹灰使用的木凳、金属支架应搭设平稳牢固，脚手板高度不大于2m，架子上堆放材料不得过于集中，存放砂浆的灰斗、灰桶要放稳。

3. 搭设脚手架不得有跷头板，并严禁脚手板支搁在门窗、上下水的管道上。

4. 操作前应检查架子、高凳等是否牢固，如发现不安全地方立即作加固等处理，不准用50mm×100mm、40mm×60mm的楞木（2m以上跨度）、钢模板等作为立人板。

5. 搅拌砂浆与抹灰作业时，尤其在抹顶棚时，应注意灰浆溅入眼内。

6. 在室内推运输小车时，特别是在过道中拐弯时要注意小车挤手。在推小车时不准倒退。

7. 严禁从窗口向下随意抛掷东西。

8. 井架吊篮起吊或放下时，必须关好井架安全门，头、手不得伸入井架内，待吊篮停稳，方可进入吊篮内工作。

9. 严禁操作人员在酒后进入施工现场作业。

10. 每个工人进入施工现场都必须头戴安全帽。

11. 班组如果因劳力不足需要再招新工人时，应事先向工地报告。

12. 新工人进场后应先经过三级安全交底，并经考试合格后方可让其正式上岗。

13. 新工人进场应具有四证，即：职业资质证、身份证、计划生育证和外来人口暂住证。

接受交底人签章：

××× ××× ××× ××× ××× ×××

××× ××× ××× ××× ××× ××× ××× ××× ×××

注：1. 安全技术交底应按不同施工段、不同楼层和不同检验批分别作交底。

2. 所有组员均要签字。

安全技术交底记录

工程名称：××市皇宫花园88幢　　　　　　交底日期：××××年×月××日

交底项目	油漆工程安全作业交底内容	交底人 （项目技术负责人）	×××

内容摘要：

1. 施工场地应有良好的通风条件，如在通风条件不好的场地施工时，必须安装通风设备，方能施工。

2. 在用钢丝刷、板锉、气动、电动工具清除铁锈、铁鳞时为避免眼睛沾污和受伤，需戴上防护眼镜。

3. 在涂刷或喷涂对人体有害的油漆时，需戴上防护口罩，如对眼睛有害，需戴上密闭式眼镜进行保护。

4. 在涂刷红丹防锈漆及含铅颜料的油漆时，应注意防止铅中毒，操作时要戴口罩。

5. 在喷涂硝基漆或其他挥发性、易燃性溶剂稀释的涂料不准使用明火。

6. 高空作业需戴安全带。

7. 为了避免静电集聚引起事故，对罐体涂漆或喷涂应安装接地线装置。

8. 涂刷大面积场地时，（室内）照明和电气设备必须按防火等级规定进行安装。

9. 操作人员在施工时感觉头痛、心悸和恶心时，应立即离开工作地点，到通风处换换空气。如仍不舒畅，应去医院治疗。

10. 配料或提起易燃品时严禁吸烟，浸擦过清油、清漆、油的棉纱、擦手布等不能随便乱丢。

11. 使用人字梯不准有断档，拉绳必须系牢并不得站在最上一层操作，不要站在高梯上移位，在光滑地面操作时，梯子脚下要绑布和胶皮。

12. 不得在同一脚手板上交授工作面。

13. 油漆仓库明火不准入内，须配备灭火器。仓库内不得装碘钨灯。

14. 严禁操作人员在酒后进入施工现场作业。

15. 每个工人进入施工现场都必须头戴安全帽。

16. 班组如果因劳力不足需要再招新工人时，应事先向工地报告。

17. 新工人进场后应先经过三级安全交底，并经考试合格后方可让其正式上岗。

18. 新工人进场应具有四证，即：职业资质证、身份证、计划生育证和外来人口暂住证。

接受交底人签章：

××× ××× ××× ××× ××× ××× ××× ××× ××× ×××

注：1. 安全技术交底应按不同施工段、不同楼层和不同检验批分别作交底。

　　2. 所有组员均要签字。

安全技术交底记录

工程名称：××市皇宫花园 88 幢　　　　　　　交底日期：××××年×月××日

交底项目	玻璃安装工程安全作业交底内容	交底人 （项目技术负责人）	×××

内容摘要：

1. 搬运玻璃要戴手套或用布、纸垫住边口锐利部分。

2. 安装窗扇玻璃时，不能在垂直方向的上下两层间同时安装，以免玻璃破碎时掉落伤人。

3. 门窗安装玻璃完毕后，随时将风钩挂好或插上插销，以防风吹碰坏玻璃。

4. 高空作业必须戴安全带。

5. 不准将碎玻璃随意乱抛。

6. 严禁操作人员在酒后进入施工现场作业。

7. 每个工人进入施工现场都必须头戴安全帽。

8. 班组如果因劳力不足需要再招新工人时，应事先向工地报告。

9. 新工人进场后应先经过三级安全交底，并经考试合格后方可让其正式上岗。

10. 新工人进场应具有四证，即：职业资质证、身份证、计划生育证和外来人口暂住证。

接受交底人签章：

××× ××× ××× ××× ××× ××× ××× ××× ××× ×××

注：1. 安全技术交底应按不同施工段、不同楼层和不同检验批分别作交底。

2. 所有组员均要签字。

工程名称：××市皇宫花园88幢　　　　　　　　　交底日期：××××年×月××日

交底项目	平刨车的使用安全作业交底内容	交底人 （项目技术负责人）	×××

内容摘要：

1. 手压刨必须有护手安全装置，并在操作前检查机械各部件及防护安全装置是否松动或失灵现象，并检查刨刀锋利程度及吃刀深度，经试车1~3m后，才能进行正式工作，如刨刃已钝，应及时调换。

2. 吃刀深度一般调为1~2mm。

3. 操作时左手压住木料，右手均匀推进，不要猛推猛拉，切勿将手指按于木料侧面。刨料时，先刨大面当作标准面，然后再刨小面。

4. 在刨较短、较薄的木料时，应用推板去推压木料。

5. 长度不足400mm，或薄且窄的小料不得上手压刨。

6. 在刨旧木料前，必须将料上的钉子、杂物清除干净。

7. 两人同时操作时，须待料推过刨刃150mm以外，下手方可接拖。

8. 操作人员衣袖要扎紧，严禁戴手套操作。

9. 木工机械必须实施二级漏电保护。

10. 严禁操作人员在酒后进入施工现场作业。

11. 每个工人进入施工现场都必须头戴安全帽。

12. 班组如果因劳力不足需要再招新工人时，应事先向工地报告。

13. 新工人进场后应先经过三级安全交底，并经考试合格后方可让其正式上岗。

14. 新工人进场应具有四证，即：职业资质证、身份证、计划生育证和外来人口暂住证。

接受交底人签章：

××× ××× ××× ××× ××× ××× ××× ××× ××× ×××

注：1. 安全技术交底应按不同施工段、不同楼层和不同检验批分别作交底。

　　2. 所有组员均要签字。

工程名称：××市皇宫花园88幢　　　　　　　　　　交底日期：××××年×月××日

交底项目	圆盘锯的使用安全作业交底内容	交底人 （项目技术负责人）	×××

内容摘要：

1. 操作前应检查机械是否完好，电器开关等是否良好，保险丝是否符合规格，并检查锯片是否有断和裂的现象，并装好防护罩，运转正常后方可投入使用。

2. 操作时，操作者应站在锯片左的位置，不应与锯片站在同一直线上，以防木料弹出伤人。

3. 锯片上方必须安装保险挡板和滴水装置，在锯片后面，离齿10～15cm处，安装弧形楔刀（松口刀）。

4. 送料不要用力过猛，木料拿平，不要摆动或抬高压低。

5. 料到尽头不要用手推按，以防锯片伤手指。如系两人操作下手应待木料出锯台150mm后，方可去接拉。

6. 锯短料时，必须用推杆送料。

7. 木料卡在锯片时，应立即停车后处理。

8. 如发现锯齿连续断齿达两个以上，应进行打磨减少第三齿的继续损坏。

9. 当锯片出现裂纹，长度不超过20mm，应在裂纹末端防止裂孔。

10. 严禁操作人员在酒后进入施工现场作业。

11. 每个工人进入施工现场都必须头戴安全帽。

12. 班组如果因劳力不足需要再招新工人时，应事先向工地报告。

13. 新工人进场后应先经过三级安全交底，并经考试合格后可让其正式上岗。

14. 新工人进场应具有四证，即：职业资质证、身份证、计划生育证和外来人口暂住证。

接受交底人签章：

××× ××× ××× ××× ××× ××× ××× ××× ××× ×××

注：1. 安全技术交底应按不同施工段、不同楼层和不同检验批分别作交底。

　　2. 所有组员要签字。

安全技术交底记录

工程名称：××市皇宫花园 88 幢　　　　交底日期：××××年×月××日

交底项目	电焊工程安全作业交底内容	交底人 （项目技术负责人）	×××

内容摘要：

1. 进入施工现场必须遵守南方建筑工程有限公司的各项安全生产规章制度和纪律。

2. 电焊、气割，严格遵守"十不烧"规程操作。

3. 操作前应检查所有工具、电焊机、电源开关及线路是否良好，金属外壳应有安全可靠接地或接零线，进出线应有完整的防护罩，进出线端应用铜接头焊牢。

4. 每台电焊机应有专用电源控制开关。开关的保险丝容量，应为该机的 1.5 倍，严禁用其他金属丝代替保险丝，完工后，切断电源。

5. 电气焊的弧火花点必须与氧气瓶、电石桶、乙炔瓶、木料、油类等危险物品的距离不少于 10m。与易爆物品的距离不少于 20m。

6. 乙炔瓶、氧气瓶均应设有安全回火防止器，橡胶管连接处须用扎头固定。

7. 氧气瓶严防沾染油脂，有油脂衣服、手套等，禁止与氧气瓶、减压阀、氧气软管接触。

8. 清除焊渣时，面部不应正对焊纹，防止焊渣溅入眼内。

9. 经常检查氧气瓶与减压阀表头处的螺纹是否滑牙，橡皮管是否漏气，焊割炬嘴和炬身有无阻塞现象。

10. 注意安全用电，电线不准乱拖乱拉，电源线均应架空扎牢。

11. 焊割点周围和下方应采取防火措施，并应指定专人防火监护。

12. 严禁操作人员在酒后进入施工现场作业。

13. 每个工人进入施工现场都必须头戴安全帽。

14. 班组如果因劳力不足需要再招新工人时，应事先向工地报告。

15. 新工人进场后应先经过三级安全交底，并经考试合格后方可让其正式上岗。

16. 新工人进场应具有四证，即：职业资质证、身份证、计划生育证和外来人口暂住证。

接受交底人签章：

××× 　×××　 ×××　 ×××　 ×××　 ×××　 ×××　 ×××　 ×××　 ×××

注：1. 安全技术交底应按不同施工段、不同楼层和不同检验批分别作交底。

　　2. 所有组员均要签字。

140

二、安全专项施工方案

《建设工程安全生产管理条例》（国务院令第 393 号）规定：对达到一定规模的危险性较大的分部（分项）工程应当编制安全专项施工方案，并附具安全验算结果，经施工单位技术负责人、总监理工程师签字后实施，由专职安全生产管理人员进行现场监督。其中特别重要的专项施工方案还必须组织专家进行论证、审查，建设部发布的《危险性较大工程安全专项施工方案编制及专家论证审查办法》（建质〔2004〕213 号）对需进行论证审查的范围作了进一步的明确。

（一）编制范围

应当编制安全专项施工方案的分部（分项）工程与建筑装饰装修关系比较密切的有：建筑幕墙的安装施工；特种设备施工；网架和索膜结构施工；采用新技术、新工艺、新材料，可能影响建设工程质量安全，已经行政许可，尚无技术标准的施工等。

（二）编制原则

安全专项施工方案的编制，必须考虑现场的实际情况、施工特点及周围作业环境，措施要有针对性。凡施工过程中可能发生的危险因素及建筑物周围外部环境不利因素等，都必须从技术上采取具体且有效的措施予以预防。

安全专项施工方案除应包括相应的安全技术措施外，还应当包括监控措施、应急方案以及紧急救护措施等内容。

（三）审批

（1）编制审核

建筑施工企业专业工程技术人员编制的安全专项施工方案，由施工企业技术部门的专业技术人员及监理单位专业监理工程师进行审核，审核合格，由施工企业技术负责人、监理单位总监理工程师签字。

（2）专家论证审查

属于《危险性较大工程安全专项施工方案编制及专家论证审查办法》所规定范围的分部（分项）工程，要求：

1）建筑施工企业应当组织不少于 5 人的专家组，对已编制的安全专项施工方案进行论证审查；

2）安全专项施工方案专家组必须提出书面论证审查报告，施工企业应根据论证审查报告进行完善，施工企业技术负责人、总监理工程师签字后，方可实施；

3）专家组书面论证审查报告应作为安全专项施工方案的附件，在实施过程中，施工企业应严格按照安全专项方案组织施工。

（四）实施

施工过程中，必须严格按照安全专项施工方案组织施工，做到：

（1）施工前，应严格执行安全技术交底制度，进行分级交底；相应的施工设备设施搭建、安装完成后要组织验收，合格后才能投入使用。

（2）施工中，对安全施工方案要求的监测项目（如标高、垂直度等）要落实监测，及时反馈信息；对危险性较大的作业还应安排专业人员进行安全监控管理。

（3）施工完成后，应及时对安全专项施工方案进行总结。

第二节　施工现场安全检查及评分

一、安全检查的目的与内容

（一）安全检查的目的

（1）了解安全生产的状态，为分析研究加强安全管理提供信息依据。

（2）发现问题、暴露隐患，以便及时采取有效措施，保障安全生产。

（3）发现、总结及交流安全生产的成功经验，推动地区乃至行业安全生产水平的提高。

（4）利用检查，进一步宣传、贯彻、落实安全生产方针、政策和各项安全生产规章制度。

（5）增强领导和群众安全意识，制止违章指挥，纠正违章作业，提高安全生产的自觉性和责任感。

（二）安全检查的内容

查思想、查制度、查机械设备、查安全设施、查安全教育培训、查操作行为、查劳保用品使用、查伤亡事故处理等。

二、安全检查的形式、方法与要求

（一）安全检查的主要形式

（1）项目每周或每旬由主要负责人带队组织定期的安全大检查。

（2）施工班组每天上班前由班组长和安全值日人员组织的班前安全检查。

（3）季节更换前由安全生产管理小组和安全专职人员、安全值日人员等组织的季节劳动保护安全检查。

（4）由安全管理小组、职能部门人员、专职安全员和专业技术人员组成对电气、机械设备、脚手架、登高设施等专项设施设备、高处作业、用电安全、消防保卫等进行的专项安全检查。

（5）由安全管理小组成员、安全专兼职人员和安全值日人员进行的日常安全检查。

（6）对塔机等起重设备、井架、龙门架、脚手架、电气设备、吊篮，现浇混凝土模板及支撑等设施设备在安装搭设完成后进行的安全验收检查。

（二）安全检查的主要方法

（1）"听"：听基层安全管理人员或施工现场安全员汇报安全生产情况、介绍现场安全工作经验、存在问题及今后努力方向。

（2）"看"：主要查看管理记录、持证上岗、现场标识、交接验收资料、"三宝"使用情况、"洞口"、"临边"防护情况、设备防护装置等。

（3）"量"：主要是用尺实测实量。

（4）"测"：用仪器、仪表实地进行测量。

（5）"现场操作"：由司机对各种限位装置进行实际运行验证，检验其灵敏及可靠程度。

（三）安全检查的要求

（1）根据检查内容配备力量，抽调专业人员，确定检查负责人，明确分工。

（2）应有明确的检查目的和检查项目、内容及检查标准、重点、关键部位。对大面积或数量多的项目可采取系统的观感和一定数量的测点相结合的检查方法。检查时尽量采用检测工具，用数据说话。

（3）对现场管理人员和操作工人不仅要检查是否有违章指挥和违章作业行为，还应进行"应知应会"的抽查，以便了解管理人员及操作工人的安全素质。对于违章指挥、违章作业行为，检查人员可以当场指出，进行纠正。

（4）认真、详细进行检查记录，特别是对隐患的记录必须具体，如隐患的部位、危险性程度及处理意见等。采用安全检查评分表的，应记录每项扣分的原因。

（5）检查中发现的隐患应该进行登记并发出隐患整改通知书，引起整改单位重视，并作为整改的备查依据。对凡是有发生事故危险的隐患，检查人员应责令其停工，被查单位必须立即整改。

（6）尽可能系统、定量地做出检查结论，进行安全评价。便于受检单位根据安全评价研究对策、进行整改、加强管理。

（7）检查后应对隐患整改情况进行跟踪复查，查被检单位是否按"三定"原则（定人、定期限、定措施）落实整改，经复查整改合格后，进行销案。

三、《建筑施工安全检查标准》

《建筑施工安全检查标准》JGJ 59—2011 安全检查定量评价，使安全检查进一步规范化、标准化。主要技术内容是：1. 总则；2. 术语；3. 检查评定项目；4. 检查评分方法；5. 检查评定等级。

（一）检查评分方法：

4.0.1　建筑施工安全检查评定中，保证项目应全数检查。

4.0.2　建筑施工安全检查评定应符合本标准第 3 章中各检查评定项目的有关规定，并应按本标准附录 A、B 的评分表进行评分。检查评分表应分为安全管理、文明施工、脚手架、基坑工程、模板支架、高处作业、施工用电、物料提升机与施工升降机、塔式起重机与起重吊装、施工机具分项检查评分表和检查评分汇总表。

4.0.3　各评分表的评分应符合下列规定：

1　分项检查评分表和检查评分汇总表的满分分值均应为 100 分，评分表的实得分值应为各检查项目所得分值之和；

2　评分应采用扣减分值的方法，扣减分值总和不得超过该检查项目的应得分值；

3　当按分项检查评分表评分时，保证项目中有一项未得分或保证项目小计得分不足40 分，此分项检查评分表不应得分；

4　检查评分汇总表中各分项项目实得分值应按下式计算：

$$A_1 = \frac{B \times C}{100} \tag{4.0.3-1}$$

式中：A_1——汇总表各分项项目实得分值；

　　　　B——汇总表中该项应得满分值；

　　　　C——该项检查评分表实得分值。

5　当评分遇有缺项时，分项检查评分表或检查评分汇总表的总得分值应按下式计算：

$$A_2 = \frac{D}{E} \times 100 \tag{4.0.3-2}$$

式中：A_2——遇有缺项时总得分值；

　　　　D——实查项目在该表的实得分值之和；

　　　　E——实查项目在该表的应得满分值之和。

6 脚手架、物料提升机与施工升降机、塔式起重机与起重吊装项目的实得分值，应为所对应专业的分项检查评分表实得分值的算术平均值。

（二）检查评定等级

5.0.1 应按汇总表的总得分和分项检查评分表的得分，对建筑施工安全检查评定划分为优良、合格、不合格三个等级。

5.0.2 建筑施工安全检查评定的等级划分应符合下列规定：

1 优良：

分项检查评分表无零分，汇总表得分值应在80分及以上。

2 合格：

分项检查评分表无零分，汇总表得分值应在80分以下，70分及以上。

3 不合格：

1）当汇总表得分值不足70分时；

2）当有一分项检查评分表得零分时。

5.0.3 当建筑施工安全检查评定的等级为不合格时，必须限期整改达到合格。

建筑施工安全检查评分汇总表

企业名称：　　　　　　　　　　　　　　资质等级：　　　年　　月　　日

单位工程（施工现场）名称	建筑面积（m²）	结构类型	总计得分（满分分值100分）	项目名称及分值									
				安全管理（满分10分）	文明施工（满分15分）	脚手架（满分10分）	基坑工程（满分10分）	模板支架（满分10分）	高处作业（满分10分）	施工用电（满分10分）	物料提升机与施工升降机（满分10分）	塔式起重机与起重吊装（满分10分）	施工机具（满分5分）

评语：

检查单位		负责人		受检项目		项目经理	

第三节　安全事故管理

一、工伤事故的定义与分类

（一）事故的定义

事故是人们在实现有目的的行动过程中突然发生的、迫使其有目的的行动暂时或永久终止的意外事件。这些意外事件包括人员死亡、伤害、职业病、财产损失或其他损失。

工伤事故按国家标准《企业职工伤亡事故分类》GB 6441—86定义,是指职工在劳动过程中发生的人身伤害、急性中毒。具体是下列3种情况下发生的事故:

(1)职工在本职生产和工作岗位上,或与生产和工作有关的劳动场所发生的伤亡事故;

(2)由于企业管理不善或他人在生产和工作中的不安全行为造成的职工伤亡事故;

(3)企业生产和工作中发生突发事件,职工在抢救过程中所发生的伤亡事故。

建筑施工企业的事故是指在建筑施工过程中,由于危险因素的影响而造成的工伤、中毒、爆炸、触电等,或由于各种原因造成的各类伤害。

(二)伤亡事故的分类

(1)按伤害程度划分

伤害程度划分表

伤害程度	损失工作日	失 能 定 义
轻伤	<105日的失能伤害	造成职工肢体伤残或某器官功能性或器质性轻度损伤,表现为劳动能力轻度或暂时丧失的伤害
重伤	≥105日的失能伤害	造成职工肢体残缺或视觉、听觉等器官受到严重损伤,一般能引起人体长期存在功能障碍,劳动能力有重大损失
死亡	定为6000日	指事故发生后当即死亡(含急性中毒死亡)或负伤后在30天以内死亡的事故

(2)按事故严重程度划分

1)轻伤事故——只有轻伤的事故。

2)重伤事故——有重伤而无死亡的事故。

3)死亡事故——分重大伤亡事故和特大伤亡事故:

A. 重大伤亡事故——一次事故死亡1~2人的事故;

B. 特大伤亡事故——一次事故死亡3人以上的事故。

(3)按伤害方式划分

物体打击;车辆伤害;机械伤害;起重伤害;触电;淹溺;灼烫;火灾;高处坠落;坍塌;冒顶片帮;透水;放炮;火药爆炸;瓦斯爆炸;锅炉爆炸;容器爆炸;其他爆炸;中毒和窒息;其他伤害。

(4)按伤亡事故的等级划分

把重大事故分为四个等级,在死亡人数、重伤人数、直接经济损失方面具备相应条件之一者为该级别重大事故:

事故等级	死亡人数	重伤人数	直接经济损失
特别重大事故	30人以上	100人以上重伤	1亿元以上
重大事故	10人以上30人以下	50人以上100人以下	5000万元以上1亿元以下
较大事故	3人以上10人以下	10人以上50人以下	1000万元以上5000万元以下
一般事故	3人以下	10人以下	1000万元以下100万元以上

二、事故的报告与统计

(一)事故报告

（1）事故报告的时限与程序

发生伤亡事故后，负伤者或最先发现事故人，应立即报告领导。企业领导在接到重伤、死亡、重大死亡事故报告后，应按规定用快速方法，立即向工程所在地建设行政主管部门以及国家安全生产监督部门、公安、工会等相关部门报告。各有关部门接到报告后，应立即转报各自的上级主管部门。一般伤亡事故在 24h 以内，重大和特大伤亡事故在 2h 以内报到主管部门。事故报告程序如图 11-1 所示。

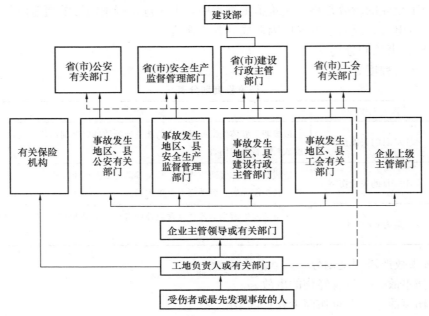

图 11-1 事故报告流程图

注：1. 一般伤亡事故在 24h 内逐级上报；

2. 重特大伤亡事故在 2h 内除可逐级上报外，亦可越级上报。

（2）事故报告的内容

重大事故发生后，事故发生单位应根据要求，在 24h 内写出书面报告，按规定逐级上报。重大事故书面报告（初报表）应当包括的内容有：

1）事故发生的时间、地点、工程项目、企业名称；

2）事故发生的简要经过、伤亡人数和直接经济损失的初步估计；

3）事故发生原因的初步判断；

4）事故发生后采取的措施及事故控制情况；

5）事故报告单位。

（3）重大事故的管辖

按照建设部要求，凡发生一次死亡 5 人以上的事故，由建设部主管处长到现场；10 人以上的事故，由建设部主管司局的司局长到现场；15 人以上的事故，由建设部主管部长亲自到现场。发生三级以上的重大事故，建设部按事故所属类别，分别派安全监督员代表建设部到事故现场了解情况，然后向建设部汇报。

在发生事故后一周内，事故发生地区要派人到建设部报告事故情况。其中 7 人以上的死亡事故，厅长、主任要亲自去。对于漏报、隐瞒和拖延不报或大事化小、小事化了的单位和个人，一经查出要严肃处理。

（4）重大险肇事故的报告

1）重大险肇事故一般指的是：

A. 由于化学或物理因素引起的火灾、爆炸，虽未造成伤亡，但对职工、居民的安全、健康有严重威胁的事故；

B. 由于生产工艺不合理、操作不当等因素，发生毒物或易燃品大量外泄，虽未造成人员中毒或火灾、爆炸，但严重污染环境，影响职工及居民安全、健康的事故；

C. 由于设备存在缺陷或操作不当等因素，虽未造成人员伤亡，但严重影响生产和威胁职工及居民安全健康的事故；

D. 由于机具设备的缺陷、失灵，操作人员疏忽等因素发生车、船翻沉，虽未造成人员伤亡，但对职工、居民安全造成严重影响或存在潜在威胁的事故；

E. 由于缺乏安全技术措施，操作人员失误等因素，发生脚手架、井架、塔吊等倒塌，虽未造成人员伤亡，但对职工、居民的安全造成严重影响和对社会影响较大的事故；

F. 其他虽未造成人员伤亡，但性质特别严重，对社会影响较大的事故。

2）重大险肇事故的报告

生产经营单位发生重大险肇事故后，单位负责人应立即以电话或其他快速办法报告企业上级主管部门及工程所在地建设行政主管部门、安全生产监察局、公安、工会等部门。必要时，发生事故的单位可越级上报。各有关部门接到报告后，应立即转报各自的上级主管部门，并立即派员赴事故现场进行处理。

3）重大险肇事故报告的内容

报告的内容包括事故发生单位、时间、地点、经过和发生原因，已采取的抢救、处理措施，可能造成的进一步危害以及要求帮助解决的问题。此外，还应随时报告处理过程中的重大变化情况。

（二）事故的统计上报

发生事故，应按职工伤亡事故统计、报告。职工发生的伤亡大体分成两类，一类是因工伤亡，即因生产或工作而发生的伤亡；另一类是非因工伤亡。在具体工作中，主要要区别下述4种情况：

（1）区别好与生产（工作）有关和无关的关系。如职工参加体育比赛或政治活动发生伤亡事故，因与生产无关，不作职工伤亡事故统计、报告。

（2）区别好因工与非因工的关系。一般来说，职工在工作时间、工作岗位、为了工作而招致外来因素造成的伤亡事故都应按职工伤亡事故统计、报告；职工虽不在本职工作岗位或本职工作时间，但由于企业设备或其他安全、劳动条件等因素在企业区域内致使职工伤亡，也应按企业职工伤亡事故统计、报告。

（3）区别好负伤与疾病的关系。职工在生产（工作）中突发脑溢血、心脏病等急性病引起死亡的不按职工伤亡事故统计、报告。

（4）区别好统计、报告和善后待遇的关系。一般来说，凡是统计、报告的事故，均属工伤事故，都可享受因工待遇。而不属统计、报告范围的事故，不等于不按因工待遇处理。例如，职工受指派到某地完成某工作，途中发生伤亡事故，虽不按伤亡事故统计，但应按因工伤亡待遇处理。

三、安全事故的调查处理

（一）保护现场，组织调查组

（1）事故现场的保护

事故发生后，事故发生单位应当立即采取有效措施，首先抢救伤员和排除险情，制止事故蔓延扩大，稳定施工人员情绪。要做到有组织、有指挥。

一次死亡3人以上的事故，要按建设部有关规定，立即组织摄像和召开现场会，教育全体职工。

严格保护事故现场，即现场各种物件的位置、颜色、形状及其物理化学性质等尽可能地保持原来状态，采取一切必要和可能的措施严加保护，防止人为或自然因素的破坏。因抢救伤员、疏导交通、排除险情等原因，需要移动现场物件时，应当做出标志，绘制现场简图并做出书面记录，妥善保存现场重要痕迹、物证，有条件的可以拍照或摄像。

清理事故现场，应在调查组确认无可取证，并充分记录及经有关部门同意后，方能进行。任何人不得借口恢复生产，擅自清理现场，掩盖事故真相。

（2）组织事故调查组

《安全生产法》明确规定了生产安全事故调查处理的原则是：实事求是、尊重科学、及时准确。

1）对于轻伤和重伤事故，由用人单位负责人组织生产技术、安全技术和有关部门会同工会进行调查，确定事故原因和责任，提出处理意见和改进措施，并填写《职工伤亡事故登记表》。

2）发生一般伤亡事故和重大伤亡事故，由有管辖权的安全生产监督管理部门会同同级公安机关、监察机关、工会、行业主管部门组成伤亡事故调查组进行调查。其中重大伤亡事故，省级安全生产监督管理部门认为有必要的，由其组织调查。

3）发生特大伤亡事故，按下列规定组成伤亡事故调查组进行调查：

A. 市、区及其以下所属单位，由市、区安全生产监督管理部门、公安机关、监察机关、工会、行业主管部门等组成伤亡事故调查组进行调查；

B. 省及省以上所属单位，由省级安全生产监督管理部门、公安机关、监察机关、工会、行业主管部门等组成伤亡事故调查组进行调查；

C. 省人民政府认为需要直接调查的特大伤亡事故，由省人民政府组成伤亡事故调查组进行调查，或由省人民政府指定的本级安全生产监督管理部门、公安机关、监察机关、工会、行业主管部门等组成伤亡事故调查组进行调查，急性中毒事故调查组应有卫生行政部门人员参加。

（3）事故调查组成员应符合的条件：

1）具有事故调查所需的某一方面的专长；

2）与所发生的事故没有直接利害关系。

（4）伤亡事故调查组的职责

1）查明伤亡事故发生的原因、过程和人员伤亡、经济损失情况；

2）确定伤亡事故的性质和责任者；

3）提出对伤亡事故有关责任单位或责任者的处理依据和提出防范措施的建议；

4）向派出调查组的人民政府或安全生产监督管理部门提交调查组成员签名的伤亡事故调查报告书。

（二）现场勘察

事故发生后，调查组必须尽早到现场进行勘察。现场勘察是技术性很强的工作，涉及广泛的科技知识和实践经验，对事故现场的勘察应该做到及时、全面、细致、客观。现场勘察的主要内容有：

（1）做出笔录

1）发生事故的时间、地点、气候等；

2）现场勘察人员姓名、单位、职务、联系电话等；

3）现场勘察起止时间、勘察过程；

4）设备、设施损坏或异常情况及事故前后的位置；

5）能量逸散所造成的破坏情况、状态、程度等；

6）事故发生前的劳动组合、现场人员的位置和行动。

（2）现场拍照或摄像

1）方位拍摄，要能反映事故现场在周围环境中的位置；

2）全面拍摄，要能反映事故现场各部分之间的联系；

3）中心拍摄，要能反映事故现场中心情况；

4）细目拍摄，揭示事故直接原因的痕迹物、致害物等。

（3）绘制事故图

根据事故类别和规模以及调查工作的需要应绘制出下列示意图，如图 11-2 所示：

1）建筑物平面图、剖面图；

2）事故时人员位置及疏散（活动）图；

3）破坏物立体图或展开图；

4）涉及范围图；

5）设备或工、器具构造图等。

（4）事故事实材料和证人材料收集

1）受害人和肇事者姓名、年龄、文化程度、工龄等；

2）出事当天受害人和肇事者的工作情况，过去的事故记录；

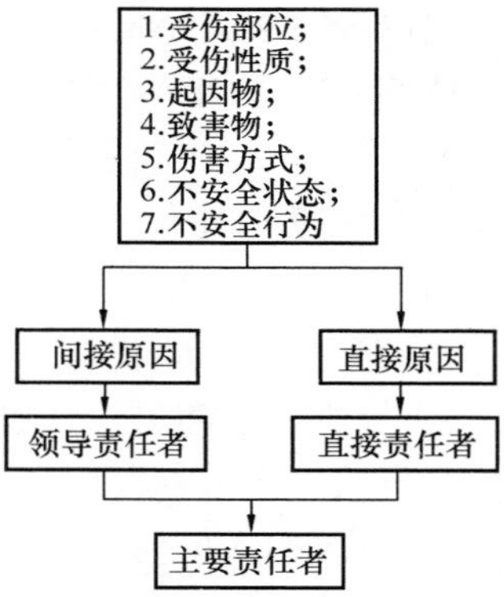

图 11-2　事故分析流程图

3）个人防护措施、健康状况及与事故致因有关的细节或因素；

4）对证人的口述材料应经本人签字认可，并应认真考证其真实程度。

（三）分析事故原因，明确责任者

通过整理和仔细阅读调查材料，按"事故分析流程图"中所列的七项内容进行分析。然后确定事故的直接原因、间接原因和事故责任者。

分析事故原因时，应根据调查所确认的事实，从直接原因入手，逐步深入到间接原因，通过对直接原因和间接原因的分析，确定事故的直接责任者和领导责任者，再根据其在事故发生过程中的作用，确定主要责任者。

（1）事故的性质通常分为 3 类

1）责任事故，因有关人员的过失造成的事故；

2）非责任事故，由于自然界的因素而造成的不可抗拒的事故，或由于未知领域的技术问题而造成的事故；

3）破坏事故，为达到一定目的而蓄意制造的事故。由公安机关和企业保卫部门认真追查破案，依法处理。

（2）责任事故的责任划分

对责任事故，应根据事故调查所确认的事实，通过对事故原因的分析来确定事故的直接责任者、领导责任者和管理责任者。

1）直接责任者——其行为与事故的发生有直接因果关系的责任人。

2）领导责任者——对事故发生负有领导责任的责任人。

3）管理责任者——对事故发生负有管理责任的责任人。

领导责任者和管理责任者中，对事故发生起主要作用的，为主要责任者。

（四）提出处理意见，写出调查报告

根据对事故原因的分析，对已确定的事故直接责任者和领导责任者，根据事故后果和事故责任人应负的责任提出处理意见。同时，应制定防范措施并加以落实，防止类似事故重复发生，切实做到"四不放过"，即事故的原因分析不清不放过，事故责任者和群众没有受到教育不放过，没有防范措施不放过，事故的责任者没受到处罚不放过。

调查组应着重把事故的经过、原因、责任分析和处理意见以及本次事故教训和改进工作的建议等写成文字报告，经调查组全体人员签字后报批。如调查组内部意见有分歧，应在弄清事实的基础上，对照政策法规反复研究，统一认识。对于个别成员仍持有不同意见的，允许保留，并在签字时写明自己的意见。对此可上报上级有关部门处理直至报请同级人民政府裁决，但不得超过事故处理工作的时限。

伤亡事故调查报告书主要包括以下内容：

1）发生事故的时间、地点；

2）发生事故的单位（包括单位名称、所在地址、隶属关系等）和与发生事故有关的单位及有关的人员；

3）事故的人员伤亡情况和经济损失情况；

4）事故的经过及事故原因分析；

5）事故责任认定及对责任者（责任单位及责任人）的处理建议；

6）整顿和防范措施；

7）调查组负责人及调查组成员名单（签名），必要时在事故调查报告书中还应附相应的科学鉴定资料。

（五）事故的处理结案

调查组在调查工作结束后10日内，应当将调查报告送批准组成调查组的人民政府和建设行政主管部门以及调查组其他成员部门。经组成调查组的部门同意，调查组调查工作即告结束。

如果是一次死亡3人以上的事故，待事故调查结束后，应按建设部规定，事故发生地区要派人员在规定的时间内到建设部汇报。

建设部安全监督员按规定参与3级以上重大事故的调查处理工作，并负责对事故结案和整改措施等落实工作进行监督。

事故处理完毕后，事故发生单位应当尽快写出详细的处理报告，并按规定逐级上报。

对造成重大伤亡事故的责任者，由其所在单位或上级主管部门给予行政处分；构成犯罪的，由司法机关依法追究刑事责任。

对造成重大伤亡事故承担直接责任的有关单位，由其上级主管部门或当地建设行政主管部门，根据调查组的建议，责令其限期改善工程建设技术安全措施，并依据有关法规予以处罚。

对于连续两年发生死亡 3 人以上的事故，或发生一次死亡 3 人以上的重大死亡事故，万人死亡率超过平均水平 1 倍以上的单位，要按照《国务院关于特大安全事故行政责任追究的规定》（国务院令第 302 号）规定，追究有关领导和事故直接责任者的责任，给予必要的行政、经济处罚，并对企业处以通报批评、停产整顿、停止投标、降低资质、吊销营业执照等处罚。

按照《企业职工伤亡事故报告和处理规定》（国务院第 75 号令）规定，事故处理应当在 90 日内结案，特殊情况不得超过 180 日。

事故处理结案后，应将事故资料归档保存，其中包括：

（1）职工伤亡事故登记表；

（2）职工死亡、重伤事故调查报告及批复；

（3）现场调查记录、图纸、照片；

（4）技术鉴定和试验报告；

（5）物证、人证材料；

（6）直接和间接经济损失材料；

（7）事故责任者自述材料；

（8）医疗部门对伤亡人员的诊断书；

（9）发生事故时工艺条件、操作情况和设计资料；

（10）有关事故的通报、简报及文件（包括处分决定和受处分人员的检查材料）；

（11）注明参加调查组的人员姓名、职务、单位；

（12）事故处理批复机关的批复意见。

四、工伤保险

《安全生产法》规定，"生产经营单位必须依法参加工伤社会保险，为从业人员缴纳保险费"。2004 年 1 月 1 日起施行的《工伤保险条例》（国务院第 375 号令）则进一步具体化了工伤社会保险制度。工伤社会保险的目的，是为了保障因工作遭受事故伤害或者患职业病的职工获得医疗救治和经济补偿，促进工伤预防和职业康复，分散用人单位的工伤风险。在施工单位，工伤保险的业务一般由劳动工资部门负责，但作为工伤事故处理的善后环节，专职安全员应当对其相关知识有一定的了解，也可从另一个角度促使"安全第一、预防为主、综合治理"方针的落实。

（一）工伤社会保险的概念

（1）工伤。指职工在工作过程中因工作原因受到事故伤害或者因工作原因和性质而患职业病；

（2）工伤保险。指工伤职工从国家和社会获得必要的物质补偿的制度，即工伤职工获得医疗救治、经济补偿和职业康复的权利；

（3）工伤社会保险。工伤保险实行社会统筹，设立工伤保险基金，对工伤职工提供经济补偿和实行社会化管理服务。

（二）工伤范围及其认定

（1）《工伤保险条例》中明确规定，职工有下列情形之一的，应当认定为工伤：

1）在工作时间和工作场所内，因工作原因受到事故伤害的；

2）工作时间前后在工作场所内，从事与工作有关的预备性或者收尾性工作受到事故伤害的；

3）在工作时间和工作场所内，因履行工作职责受到暴力等意外伤害的；

4）患职业病的；

5）因公外出期间，由于工作原因受到伤害或者发生事故下落不明的；

6）在上、下班途中，受到机动车事故伤害的；

7）法律、行政法规规定应当认定为工伤的其他情形。

（2）职工有下列情形之一的，视同工伤：

1）在工作时间和工作岗位，突发疾病死亡或者在48h之内经抢救无效死亡的；

2）在抢险救灾等维护国家利益、公共利益活动中受到伤害的；

3）职工原在军队服役，因战、因公负伤致残，已取得革命伤残军人证，到用人单位后旧伤复发的；

4）职工有以上1）、2）两项情形的，按有关规定享受工伤保险待遇；有第3）项情形的，按有关规定享受除一次性伤残补助金外的工伤保险待遇。

（3）职工有下列情形之一的，不得认定为工伤或者视同工伤：

1）因犯罪或者违反治安管理伤亡的；

2）醉酒导致伤亡的；

3）自残或者自杀的。

（三）劳动能力鉴定

职工发生工伤，经治疗伤情相对稳定后存在残疾、影响劳动能力的，应当进行劳动能力鉴定。劳动能力鉴定是指劳动功能障碍程度和生活自理障碍程度的等级鉴定。劳动功能障碍分为十个伤残等级，最重为一级，最轻为十级。生活自理障碍分为三个等级：生活完全不能自理、生活大部分不能自理和生活部分不能自理。

劳动能力的鉴定由用人单位、工伤职工或者其直系亲属向劳动能力鉴定委员会提出申请，并提供工伤认定决定和职工工伤医疗的有关资料。劳动能力鉴定委员会由省（自治区、直辖市）和社区的市级劳动保障行政部门、人事行政部门、卫生行政部门、工会组织、经办机构代表以及用人单位代表组成，鉴定结论按《工伤保险条例》的规定，根据专家组提出的鉴定意见，由鉴定委员会做出工伤职工劳动能力鉴定结论；必要时，可以委托具备资格的医疗机构协助进行有关诊断。

（四）工伤保险待遇

（1）工伤医疗

职工因工作遭受事故伤害或者患职业病进行治疗，享受工伤医疗待遇。职工治疗工伤应当在签订服务协议的医疗机构就医，情况紧急时可以先到就近的医疗机构急救。治疗工伤所需费用符合工伤保险诊疗项目目录、工伤保险药品目录、工伤保险住院服务标准的，从工伤保险基金支付。

职工住院治疗工伤的，由所在单位按本单位因公出差伙食补助标准的70％发给住院伙食补助费；经医疗机构出具证明，报经办机构同意，工伤职工到统筹地区以外就医的，所需交通、食宿费用由所在单位按照本单位职工因公出差标准报销。

工伤职工因日常生活或就业需要，经劳动能力鉴定委员会确认，可以安装假肢、矫形器、假眼、假牙和配置轮椅等辅助器具，所需费用按国家规定的标准从工伤保险基金支付。

职工接受工伤医疗的，在停工留薪期内，原工资福利待遇不变，由所在单位按月支付。停工留薪期，一般不超过12个月。伤情严重或情况特殊，经社区的市级劳动能力鉴定委员会确认，可以适当延长，但延长不得超过12个月。

生活不能自理的工伤职工，在停工留薪期需要护理的，由所在单位负责。

工伤职工已经评定伤残等级并经劳动能力鉴定委员会确认需要生活护理的，从工伤保险基金按月支付生活护理费。生活护理费按照生活完全不能自理、生活大部分不能自理或者生活部分不能自理3个不同等级支付，其标准分别为统筹地区上年度职工月平均工资的50％、40％、30％。

（2）工伤待遇

1）职工因工致残被鉴定为一级至四级伤残的，保留劳动关系，退出工作岗位，享受以下待遇：

A. 从工伤保险基金按伤残等级支付一次性伤残补助金，标准为：一级伤残为27个月本人工资，二级为25个月、三级为23个月、四级为21个月本人工资；

B. 从工伤保险基金按月支付伤残津贴，标准为：一级伤残为本人工资的90％，二级为85％，三级为80％，四级为75％；

C. 工伤职工达到退休年龄并办理退休手续后，停发伤残津贴，享受基本养老保险待遇。

D. 由用人单位和职工个人以伤残津贴为基数，缴纳基本医疗保险费。

2）职工因工致残被鉴定为五级、六级伤残的，享受以下待遇：

A. 从工伤保险基金按伤残等级支付一次性伤残补助金，其标准为：五级伤残为18个月本人工资，六级为16个月本人工资；

B. 保留与用人单位的劳动关系，由用人单位安排适当工作。难以安排工作的，由用人单位按月发给伤残津贴，其标准为：五级伤残为本人工资的70％，六级为60％，并由用人单位按照规定为其缴纳应缴纳的各项社会保险费。

C. 经工伤职工本人提出，该职工可以与用人单位解除或者终止劳动关系，由用人单位支付一次性工伤医疗补助金和伤残就业补助金。

3）职工因公致残被鉴定为七级至十级伤残的，享受以下待遇：

A. 从工伤保险基金按伤残等级支付一次性伤残补助金，其标准为：七级伤残为12个月本人工资，八级为10个月，九级为8个月，十级为6个月本人工资；

B. 劳动合同期满终止，或者职工本人提出解除劳动合同的，由用人单位支付一次性工伤医疗补助金和伤残就业补助金。

（3）因公死亡补助

职工因公死亡，其直系亲属按下列规定从工伤保险基金领取丧葬补助金、供养亲属抚恤金和一次性工亡补助金：

1）丧葬补助金为 6 个月的统筹地区上年度职工月平均工资；

2）供养亲属抚恤金按照职工本人工资的一定比例发给由因公死亡职工生前提供主要生活来源、无劳动能力的亲属。标准为：配偶每月 40%，其他亲属每人每月 30%，孤寡老人或者孤儿每人每月在上述标准上增加 10%。核定的各供养亲属抚恤金之和不应高于死亡职工生前工资。

3）一次性工亡补助金标准为 20 倍上年度全国城镇居民人均可支配收入。

（4）工伤保险待遇的停止

工伤职工有下列情形之一的，停止享受工伤保险待遇：

1）丧失享受待遇条件的；

2）拒不接受劳动能力鉴定的；

3）拒绝治疗的；

4）被判刑正在收监执行的。

（五）工伤保险基金

工伤保险实行社会统筹，设立工伤保险基金。工伤保险费由企业按照职工工资总额的一定比例缴纳，职工个人不缴纳工伤保险费。目前企业缴纳的平均工伤保险费率一般不超过工资总额的 1%。企业缴纳的工伤保险费实行差别费率和浮动费率。凡参加了工伤社会保险的单位的工伤职工医疗费、护理费、伤残抚恤金、一次性伤残补助金、残疾辅助器具费、丧葬补助金、供养亲属抚恤金、一次性工亡补助金，由工伤保险基金支付。目前暂未参加工伤社会保险的单位的工伤职工，均由职工所在单位按照相同标准支付（另有规定者除外）。

（六）工伤保险争议的处理

工伤职工与用人单位发生争议的，按劳动争议处理的有关规定办理。工伤职工或企业，对劳动行政部门做出的工伤认定和工伤保险经办机构的待遇支付决定不服的，按行政复议和行政诉讼的有关法律、法规办理。

第四节 建筑施工安全资料管理

一、建筑施工安全资料整理归集的一般做法

建筑施工安全资料管理，是专职安全员的业务工作之一，但相关资料的搜集、整理、归档，并无统一规定，目前常规做法有以下几类：

（1）施工现场的安全资料，按《建筑施工安全检查标准》JGJ 59—2011 中规定的内容为主线整理归集，并按"安全管理"检查评分表所列的 10 个检查项目名称顺序排列，其他各分项检查评分表则作为子项目分别归集到安全管理检查评分表相应的检查项目之内。

安全管理检查评定保证项目应包括：安全生产责任制、施工组织设计及专项施工方案、安全技术交底、安全检查、安全教育、应急救援。一般项目应包括：分包单位安全管

理、持证上岗、生产安全事故处理、安全标志。

（2）施工企业的安全资料，按《建筑施工企业安全生产评价标准》JGJ 77—2010 中规定的内容为：安全生产管理评价、安全技术管理评价、设备和设施管理评价、设备和设施管理评价、企业市场行为评价、施工现场安全管理评价 5 个部分进行整理。

A. 施工企业安全生产条件应按安全生产管理、安全技术管理、设备和设施管理、企业市场行为和施工现场安全管理等 5 项；

B. 安全技术管理评价应为对企业安全技术管理工作的考核，其内容应包括法规、标准和操作规程配置，施工组织设计，专项施工方案（措施），安全技术交底，危险源控制等 5 个评定项目；

C. 设备和设施管理评价应为对企业设备和设施安全管理工作的考核，其内容应包括设备安全管理、设施和防护用品、安全标志、安全检查测试工具等 4 个评定项目；

D. 企业市场行为评价应为对企业安全管理市场行为的考核，其内容包括安全生产许可证、安全生产文明施工、安全质量标准化达标、资质机构与人员管理制度等 4 个评定项目；

E. 施工现场安全管理评价应为对企业所属施工现场安全状况的考核，其内容应包括施工现场安全达标、安全文明资金保障、资质和资格管理、生产安全事故控制、设备设施工艺选用、保险等 6 个评定项目。

二、施工现场安全生产资料目录

（一）安全生产责任制类资料

（1）安全生产责任制

1）各级各类人员安全生产责任制；

2）各级部门安全生产责任制；

3）各工种安全技术规程；

4）施工现场安全管理组织体系（含专兼职安全员的配备）；

5）各类经济承包合同（有安全生产指标）；

6）安全生产责任制度考核奖惩资料。

（2）安全管理制度

1）安全生产教育培训制度；

2）消防安全责任制度；

3）安全施工检查制度；

4）安全工作例会制度；

5）安全技术交底制度；

6）班前安全活动制度；

7）安全奖惩制度；

8）分包工程安全管理制度；

9）安全用电管理制度；

10）安全防护装备管理制度；

11）尘毒、射线防护管理制度；

12）防火、防爆安全管理制度；

13）机械、工器具安全管理制度；

14）车辆交通安全管理制度；

15）文明施工及环境保护管理制度；

16）安全设施管理制度；

17）生活卫生监督管理制度；

18）加班加点控制管理制度；

19）女工特殊保护管理制度；

20）治安保卫制度；

21）事故调查、处理、统计、报告制度；

22）事故应急救援预案。

（二）安全生产目标管理类

（1）项目安全生产目标（伤亡控制指标、安全达标目标、文明施工目标）；

（2）安全生产目标责任分解资料；

（3）项目安全管理、安全达标计划；

（4）安全生产目标责任考核办法及考核奖惩资料。

（三）施工组织设计类

（1）施工组织设计（有安全措施、按规定经审批）；

（2）降噪声、防污染措施；

（3）脚手架施工方案（按实际采用的脚手架，附设计计算书）；

（4）脚手架搭设交底记录；

（5）脚手架分段验收记录；

（6）卸料平台设计图及计算书；

（7）施工机械进场验收记录；

（8）对毗邻建筑物、重要管线和道路的沉降观测记录；

（9）安全网准用证；

（10）临时用电施工组织设计；

（11）电气设备的试、检验凭单和调试记录；

（12）接地电阻测定记录表；

（13）电工维修工作记录；

（14）龙门架、井字架设计计算书；

（15）龙门架、井字架生产准用证；

（16）龙门架、井字架拆装施工方案；

（17）龙门架、井字架验收单；

（18）平刨安装验收单；

（19）电锯安装验收单；

（20）电焊机安装验收单；

（21）搅拌机安装验收单；

（22）主要安全设施、设备、劳保用品、安全投入情况台账。

（四）分部分项工程安全技术交底类

（1）分部分项工程安全技术交底原始记录；

（2）各工种安全技术交底记录；

（3）采用新工艺、新技术、新材料安全交底书和安全操作规定；

（4）临时用电技术交底。

（五）安全检查类

（1）安全检查制度；

（2）安全检查记录；

（3）上级主管部门安全检查通报或整改通知；

（4）公司安全检查通报或整改通知（反馈单）；

（5）项目经理部安全检查记录及整改措施；

（6）项目经理部安全检查评分汇总表及各分项检查评分表；

（7）事故隐患处理表；

（8）违章及罚款登记台账（含罚款通知单）；

（9）安全例会记录；

（10）项目施工安全日记。

（六）安全教育类

（1）安全教育制度；

（2）安全教育记录；

（3）新入场人员三级安全教育卡；

（4）触电、中毒、外伤等现场急救方法和消防器材的使用方法教育记录；

（5）应急预案演练记录；

（6）施工管理人员年度培训教育记录；

（7）专职安全员年度培训考核记录。

（七）班前安全活动类

（1）班前安全活动制度；

（2）班前安全活动记录。

（八）特种作业持证上岗类

（1）项目经理、安全员资格证书，安全培训合格证；

（2）特种作业人员（电工、焊工、架子工、起重工等）资格证；

（3）机操工上岗证；

（4）分包单位安全资质审查表、职工体检表。

（九）工伤事故处理

（1）各类事故及惩处登记台账；

（2）工伤事故调查分析报告；

（3）工伤事故档案。

（十）安全标志类

（1）施工现场安全标志布置总平面图；

（2）分阶段现场安全标志布置平面图；

（3）消防设施布置图。

以上资料目录，集中了施工现场主要和基本的资料，但不是全部的资料目录，各工地还应当根据本工程施工特点，补充相关的书面资料。如施工项目的工程概况类资料、企业的资质证书类资料、关于安全生产的法律、法规、部门规章、安全技术标准、指导性文件等。同时，随着行业管理的不断完善，管理部门将会出台一些新的管理制度与要求，也应作为施工现场安全管理的必备资料，使安全资料管理更加科学、规范、合理。

三、施工现场安全生产资料的管理

（一）安全资料管理

（1）项目设专职或兼职安全资料员，安全资料员持证上岗以保证资料管理责任的落实；安全资料员应及时收集、整理安全资料、督促建档工作，促进企业安全管理上台阶。

（2）资料的整理应做到现场实物与记录相符，行为与记录相吻合以便更好地反映出安全管理的全貌及全过程。

（3）建立定期不定期的安全资料的检查与审核制度，及时查找问题，及时整改。

（4）安全资料实行按岗位职责分工编写，及时归档，定期装订成册的管理办法。

（5）建立借阅台账，及时登记，及时追回，收回时做好检查工作，检查是否有损坏丢失现象发生。

（二）安全资料保管

（1）安全资料按篇及编号分别装订成册，装入档案盒内。

（2）安全资料集中存放于资料柜内，加锁，专人负责管理，以防丢失损坏。

（3）工程竣工后，安全资料上交公司档案室储存保管、备查。

第十二章　建筑装饰生产安全事故应急预案与演练

应急预案是各类突发事故的应急基础，通过编制应急预案，可以对那些事先无法预料到的突发事故起到基本的应急指导作用，成为开展应急救援的"底线"，在此基础上，可以针对特定事故类别编制专项应急预案，并有针对性的制定应急预案、进行专项应急预案准备和演习。同时应急预案也有利于提高风险防范意识，应急预案的编制、评审、发布、宣传、演练、教育和培训，有利于各方了解面临的重大事故及其相应的应急措施，有利于促进各方提高风险防范意识和能力。

第一节　生产安全事故应急预案管理

党中央和政府一向重视生产安全，国务院依据《中华人民共和国突发事件应对法》、《中华人民共和国安全生产法》和国务院有关规定，制定了《生产安全事故应急预案管理办法》（国家安全生产监督管理总局令第 17 号），目的是为了规范生产安全事故应急预案的管理，完善应急预案体系，增强应急预案的科学性、针对性、实效性。

一、什么是应急预案

应急预案，又称"应急计划"或"应急救援预案"，是针对可能发生的事故，为迅速、有序地开展应急行动而预先制定的有关计划或方案。应急预案明确了在事故发生之前、发生过程中以及刚刚结束之后，谁负责做什么，何时做，怎么做，以及相应的策略和资源准备等。

二、当前生产安全事故应急预案存在的主要问题

（1）应急预案内容不完整，层次不清，结构混乱。

（2）应急预案与应急规章或制度混淆。

（3）应急预案缺乏针对性。

（4）应急预案的可操作性差。

（5）各种重大事故应急预案缺乏系统的规划和协调。

（6）应急预案缺乏演练。

（7）应急预案修订与更新不及时。

三、应急预案存在问题产生的原因

（1）对应急工作重视不够，对应急预案的作用认识不到位，存在应付心理，编制准备不足，程序不合理，甚至抄袭。

（2）应急预案编写人员预案编制要求理解不透彻，对预案要素、结构掌握不全，工作不严谨。

（3）准备不充分，对资源掌握不够，未作危险分析（危险源、隐患）与应急能力评估，未能充分明确和考虑事故可能存在的重大危险及其后果，也未能结合自身应急能力，

没有对应急的关键信息进行系统而准确的描述，导致应急预案的针对性和操作性较差。

（4）应急预案没有与生产经营活动密切结合，忽视基本操作面的问题。许多企业的应急预案参照政府应急预案而编制，比较宏观，脱离生产经营活动实际，缺少有效的现场处置措施。没有真正做到"横向到边，纵向到底"。

（5）在编制应急预案前未对各种重大事故的关联性进行综合分析，各种重大事故应急预案缺乏系统的规划和协调，应急资源缺乏合理有效地配置和调度。应急预案之间的存在矛盾和交叉，没有形成完整的应急预案文件体系。

（6）没有针对事件变化或环境变化，对应急预案进行动态调整，仅给出了一些调整的原则，应急预案在实施过程中难以做到随机应变。

第二节　建筑装饰生产安全事故应急预案的编制

建筑装饰生产安全事故应急预案的编制应依据《生产经营单位安全生产事故应急预案编制导则》AQ/T 9002 制定

一、编制应急救援预案的法律依据

1.《安全生产法》的相关规定

第十七条规定：生产经营单位的主要负责人对本单位安全生产工作负有"组织制定并实施本单位的生产事故应急救援预案"。

第六十八条规定：县级以上地方各级人民政府应当组织有关部门制定本行政区域内特大生产安全事故应急救援预案，建立应急救援体系。

第六十九条规定：危险物品的生产、经营、储存单位以及矿山、建筑施工单位应当建立应急救援组织；生产规模较小的，可以不建立应急救援组织的，应当指定兼职的应急救援人员。危险物品的生产、经营、储存单位以及矿山、建筑施工单位应当配备必要的应急救援器材、设备，并进行经常维护、保养，保证正常运转。

2.《机关、团体、企事业单位消防安全管理规定》（公安部 61 号令）

第六条规定：单位的消防安全责任人应当"组织制定符合本单位实际的灭火和应急救援预案，并实施演练。"

第七条规定：消防安全管理人员应实施和组织落实"在员工中组织开展消防知识、技能的宣传教育和培训，组织灭火和应急疏散预案的实施和演练。"

第十七条规定：公共聚集场所应当"制定灭火和应急救援预案"后申报安全检查，检查合格后方可开业使用。

3.《职业病防治法》

第十九条规定：用人单位应当采取的职业病防治管理措施包括"建立、健全职业病危害事故应急救援预案"。

4.《安全生产许可证条例》

第六条规定：企业取得安全生产许可证，应"有生产安全事故应急救援预案、应急救援组织或应急救援人员，配备必要的应急救援器材、设备"。

5.《建设工程安全生产管理条例》

第四十七条规定：县级以上地方人民政府建设行政主管部门应当根据本级人民政府的

要求，制定本行政区域内建设工程特大生产安全事故应急救援预案。

第四十八条规定：施工单位应当制定本单位生产安全事故应急救援预案，建立应急救援组织或配备应急救援人员，配备必要的应急救援器材、设备，并定期组织演练。

二、职业健康管理体系标准的要求

《职业健康及安全管理体系》GB/T 28001—2001（等效 OHSAS 18001）标准第 4.4.7条"应急预防与响应"中要求：

用人单位应建立并保持计划和程序，确定潜在的事件或紧急情况，并对其做出应急响应，以预防或减少与之有关的疾病和伤害。

应急预案与响应计划应该与用人单位的规模和活动的性质相适应并应符合下列要求：

（1）保证在作业场所发生紧急情况时，能提供必要的信息、内部交流和协作以保护全体人员的安全健康（通讯、交通、资源）；

（2）通知并与有关当局、近邻和应急响应部门建立联系，如：119、120、危险化学品应急救援中心、政府主管部门、附近居民等；

（3）阐明急救和医疗救援、消防和作业场所内全体人员的疏散问题。

用人单位应制定评价应急预案与响应实际效果的计划和程序，并可根据实际情况定期检验上述程序。

三、编制应急救援预案的目的和任务

1. 抢救受害人员；

2. 有效控制危险源，防止事态扩大；

3. 指挥群众采取得当的防护和有序撤离；

4. 做好现场保护，利于事故原因调查。

四、编制应急救援预案的原则

1. 预防为主，统一指挥；

2. 分级负责，分工明确；

3. 单位自救与社会救援相结合。

五、编制应急救援预案的步骤

1. 成立预案编制小组；

2. 收集相关资料并分析；

3. 辨识危险源并进行风险评价；

4. 评价风险控制能力；

5. 评价控制风险所需资源的配置能力；

6. 建立应急响应组织；

7. 制定适宜的应急预案；

8. 编制应急计划。

六、编制应急预案的内容要求

1. 应描述应急对象可能造成的后果及其严重程度如物体打击、高处坠落、机械伤害、触电伤害、火灾、爆炸、中毒、窒息等，严重程度应考虑最大值。

2. 应明确组织机构，组织机构及相关人员的职责和权限应给予充分考虑，确保紧急事件发生后调度的权威性及资源的充分利用。

3. 应明确应急与响应程序启动后，各职能部门的工作内容及各层次人员的参与或协助事项。

4. 应明确应急与响应所需的器材、设施及其维护和更新的要求。

5. 应明确应急救援预案体系文件的结构和响应技术支持文件的数量。

6. 应明确应急救援预案体系文件培训的范围、频次、考核办法等。

7. 应明确应急救援预案评审和修订的条件、频次等。

第三节　编制应急救援预案的一般格式（示范案例）

封面：

××建筑装饰装修工程有限公司安全生产事故应急预案

编写负责人：＿＿＿＿＿＿＿＿＿＿＿

预案审核人：＿＿＿＿＿＿＿＿＿＿＿

预案批准人：＿＿＿＿＿＿＿＿＿＿＿

实施时间：＿＿＿＿＿＿＿＿＿＿＿

目录：

带有标题的条的编号、标题（需要时列出）。

1　总则

2　危险性分析

······

附件（用序号表明其顺序）

正文：

1 总则

1.1 编制目的

为加强对施工生产安全事故的防范，指导应急响应行动按计划有序地进行，保证各种应急响应资源处于良好的备战状态，及时做好安全事故发生后的救援处置工作，防止因应急响应行动组织不力或现场救援工作的无序和混乱而延误事故的应急救援，最大限度地减少事故损失，有效地避免或降低人员伤亡，帮助实现应急反应行动的快速、有序、高效，特制定本预案。

1.2 编制依据

《中华人民共和国安全生产法》

《中华人民共和国建筑法》

《建设工程安全生产管理条例》

《生产经营单位安全生产事故应急预案编制导则》AQ/T 9002—2006

1.3 适用范围

适用于本公司承包装饰装修施工过程中造成的脚手架倒塌、高处坠落、触电雷击、电焊伤害、车辆重大交通事故、火灾和爆炸、机械伤害、中毒、台风等各类事故所造成的人身伤亡或者重大经济损失的事故。

1.4 应急预案体系

根据建筑行业施工现场管理体系及行业特点，应急预案体系包括：综合应急预案、专项应急预案和现场处置方案。

综合应急预案是从总体上阐述事故的应急方针、政策，应急组织结构及相关应急职责，应急行动、措施和保障等基本要求和程序，是应对各类事故的综合性文件。

专项应急预案是针对具体的事故类别、危险源和应急保障而制定的计划或方案，主要明确救援的程序和具体的应急救援措施。

现场处置方案是针对具体的装置、场所或设施、岗位所制定的应急处置措施。

1.5 应急工作原则

①预案是发生紧急情况时的处理程序和措施。

②预案是针对可能造成人员伤亡、财产损失和环境受到严重破坏而又具有突发性的事故、灾害。

③预案是以努力保护人身安全为第一目的，同时兼顾财产安全和环境防护。

④预案应本着"预防为主、分工负责、统一指挥、分级响应"的基本原则，贯彻"单位自救和社会救援相结合"的总体思路，充分发挥企业在事故应急处理中的重要作用，尽量减少事故、灾害造成的损失。

⑤预案要结合实际，措施明确、具体、具有很强的可操作性。

⑥预案应符合国家法律法规的规定。

2 危险性分析

2.1 公司概况

单位总体情况：我公司是以建筑装饰施工为主业的施工生产单位，（公司隶属的主管部门、下设的部门、分公司设置及从业人员等基本情况略）主要承揽建筑装饰、机电安装、钢结构、建筑智能化、园林景观等工程。生产活动具有以下特点：产品的固定性；产品的多样性；产品的流动性；建筑生产涉及面广，综合性强；建筑生产的条件差异大，可变因素多；生产周期长、空间狭小、露天作业不多、受自然气候条件影响不大；立体交叉施工和高空、焊接、木作等作业多；手工操作，劳动繁重，体力消耗大。由于这些特点，给施工生产带来了很多不安全因素，容易发生生产安全事故，并可能殃及邻近作业人员，造成重大的人身伤亡事故和重大经济损失。

2.2 危险源与风险分析

从可能危害社区的重要角度来看，一个施工项目应当确定为一个危险源，进行风险分析；对企业项目安全管理来看，一个施工项目过程可能包含若干个危险源，进行风险分析。所以，我公司危险源主要存在以下两个方面：

2.2.1 施工场所危险源与风险分析

局限于存在施工过程现场的活动；主要与施工分部、分项（工序）工程，施工装置（设施、机械）及物质有关。

施工场所危险源主要包括如下内容：

①脚手架（包括落地架，悬挑架、爬架等）、物料提升机、施工电梯安装与运行，人工挖沟槽施工，局部结构工程或临时建筑（工棚、围墙等）失稳，造成坍塌、倒塌意外；

②高度大于2m的作业面（包括高空、洞口、临边作业），因安全防护设施不符合或无防护设施、人员未配系防护绳（带）等造成人员踏空、滑倒、失稳等意外；

③木作、焊接、金属切割、冲击钻孔（凿岩）等施工及各种施工电器设备的安全保护（如：漏电、绝缘、接地保护、一机一闸）不符合，造成人员触电、局部火灾等意外；

④工程材料、构件及设备的堆放与搬（吊）运等发生高空坠落、堆放散落、撞击人员等意外；

⑤室内涂料（油漆）及粘贴等因通风排气不畅造成人员窒息或气体中毒危险源；

⑥施工用易燃易爆化学物品临时存放或使用不符合、防护不到位，造成火灾或人员中毒意外；工地饮食因卫生不符合，造成集体中毒或疾病。

2.2.2 施工场所及周围地段危险源与风险分析

存在于施工过程现场并可能危害周围社区的活动，主要与工程项目所在社区地址、工程类型、工序、施工装置及物质有关。

①临街或居民聚集、居住区的工程因为支护、顶撑等设施失稳、坍塌，不但造成施工场所破坏，往往引起地面、周边建筑和城市运营重要设施的坍塌、坍陷、爆炸与火灾等意外。

②沟槽开挖造成周围建筑物开裂，滑坡等意外。

③临街施工高层建筑或高度大于2m的临空（街）作业面，因无安全防护设施或不符合，造成外脚手架、滑模失稳等坠落物体（件）打击人员等意外。

④在高压线下、沟边、崖边、河流边、强风口处、高墙下、切坡地段等设置办公区或生活区临建房屋，因高压放电、崩（坍）塌、滑坡、倾倒、泥石流等引致房倒屋塌，造成人员伤亡等意外。

3 组织机构及职责

3.1 应急组织体系

公司成立建设工程事故应急指挥部。

应急救援部总指挥：总经理

应急救援部副总指挥：主管安全副总经理

下设八个应急救援小组，组成人员如下：

现场抢救组：

安全保卫组：

医疗救护组：

善后处理组：

事故调查组：

后勤保障组：

危险源风险评估组：

技术组：

3.2 应急组织体系框图（例）

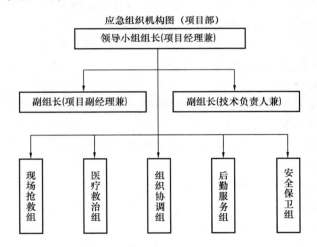

应急组织机构图（项目部）

3.2.1 应急组织职责

本企业建立生产安全应急救援指挥机构：

部门及负责人	职 务	工作职责	备 注
公司—×××	副总经理	主持全面工作	
综合部—×××	经理	应急救援协调工作	
工程部—×××	经理	参与应急救援实施工作	
材设部—×××	经理	参与应急救援实施工作	
财务部—×××	经理	救援资金保障	
项目经理部	各项目部经理	主要应急救援实施工作	

施工现场生产安全应急救援小组：

负责人姓名	工作职责	备注
项目经理－×××	负责组织应急救援协调指挥工作	
安全员－×××	负责应急救援实施工作	
施工员等	参与应急救援实施工作	

3.2.1.1 应急指挥部职责

①研究制定、修订本公司应对建设工程事故的政策措施和指导意见。

②负责指挥特别建设工程施工事故的具体应对工作。

③分析总结本公司建设工程施工突发事故应对工作，制定工作规划和年度工作计划。

④负责本指挥部所属应急抢险救援队伍的建设和管理。

⑤承办上级应急委员会交办的其他事项。

3.2.1.2 应急救援总指挥

①分析紧急状态确定相应报警级别，根据相关危险类型、潜在后果、现有资源控制、紧急情况的行动类型；

②指挥、协调应急反应行动；

③与企业外应急反应人员、部门、组织和机构进行联络；

④直接监察应急操作人员行动；

⑤最大限度地保证现场人员和外援人员及相关人员的安全；

⑥协调后勤方面以支援应急反应组织；

⑦应急反应组织的启动；

⑧应急评估、确定升高或降低应急警报级别；

⑨通报外部机构，决定请求外部援助；

⑩决定应急撤离，决定事故现场外影响区域的安全性。

3.2.1.3 应急救援副总指挥

①协助应急总指挥组织和指挥应急操作任务；

②向应急总指挥提出采取的减缓事故后果行动的应急反应对策和建议；

③保持与事故现场副总指挥的直接联络；

④协调、组织和获取应急所需的其他资源，设备以支援现场的应急操作；

⑤组织公司总部的相关技术和管理人员对施工场区生产过程各危险源进行风险评估；

⑥定期检查各常设应急反应组织和部门的日常工作和应急反应准备状态；

⑦根据各施工场区、加工厂的实际条件，努力与周边有条件的企业为在事故应急处理中共享资源、相互帮助、建立共同应急救援网络和制定应急救援协议。

3.3 现场抢救组

①抢救现场伤员；

②抢救现场物资；

③组建现场消防队；

④保证现场救援通道的畅通。

3.4 安全保卫组

①负责事故现场的警戒；

②阻止非抢险救援人员进入现场；

③负责现场车辆疏通；

④维持治安秩序；

⑤负责保护抢险人员的人身安全。

3.5 医疗救护组

①负责现场伤员救护；

②记录伤员伤情；

③协助120和上级部门对伤员的抢救。

3.6 善后处理组

①做好伤亡人员及家属的稳定工作，确保事故发生后伤亡人员及家属思想能够稳定，大灾之后不发生大乱；

②做好受伤人员医疗救护的跟踪工作，协调处理医疗救护单位的相关矛盾；

③与保险部门一起做好伤亡人员及财产损失的理赔工作；

④慰问有关伤员及家属。

3.7 后勤保障组

①协助制订施工项目或加工厂应急反应物资资源的储备计划，按已制订的项目施工生产场所的应急反应物资储备计划，检查、监督、落实应急反应物资的储备数量，收集和建立并归档；

②定期检查、监督、落实应急反应物资资源管理人员的到位和变更情况及时调整应急反应物资资源的更新和达标；

③定期收集和整理各项目经理部施工场区的应急反应物资资源信息、建立档案并归档，为应急反应行动的启动，做好物资源数据储备；

④应急预案启动后，按应急总指挥的部署，有效地组织应急反应物资资源到施工现场，并及时对事故现场进行增援，同时提供后勤服务。

3.8 事故调查组

①保护事故现场；

②对现场的有关实物资料进行取样封存；

③调查了解事故发生的主要原因及相关人员的责任；

④按"三不放过"的原则对相关人员进行处罚、教育、总结。

3.9 危险源风险评估组

①对各施工现场及加工厂特点以及生产安全过程的危险源进行科学的风险评估；

②指导生产安全部门安全措施落实和监控工作，减少和避免危险源的事故发生；

③完善危险源的风险评估资料信息，为应急反应的评估提供科学的、合理的、准确的依据；

④落实周边协议应急反应共享资源及应急反应最快捷有效的社会公共资源的报警联络方式，为应急反应提供及时的应急反应支援措施；

⑤确定各种可能发生事故的应急反应现场指挥中心位置以使应急反应及时启用；

⑥科学合理地制定应急反应物资器材、人力计划。

3.10 技术组

①根据各项目经理部及加工厂的施工生产内容及特点，制订其可能出现而必须运用建筑工程技术解决的应急反应方案，整理归档，为事故现场提供有效的工程技术服务做好技术储备；

②应急预案启动后，根据事故现场的特点，及时向应急总指挥提供科学的工程技术方案和技术支持，有效地指导应急反应行动中的工程技术工作。

4 预防与预警

4.1 危险源监控

①工程开工前认真编制施工组织设计或专项施工方案，制定出防控措施，并严格执行审批程序。

②在工程施工过程中，严格按照方案实施，严格执行现场危险性较大分部分项工程验收程序，落实防控措施。

③加强现场巡视，对危险源进行辨识登记，掌握危险源的数量和分布状况，实施相应的预防控制措施。

④加强监督检查和日常巡查，对危险源防控措施进行动态监控，认真整改存在隐患和问题。

⑤认真落实各项安全生产责任制、管理制度和操作规程，加强安全教育，严格检查处罚，切实增强全员安全责任意识。

⑥淘汰落后的技术、工艺，适度提高工程施工安全设防标准，从而提升施工安全技术与管理水平，降低施工安全风险。

⑦制订和实行施工现场大型施工机械安装、运行、拆卸和外架工程安装的检验检测、维护保养、验收制度。

⑧制订和实施项目施工安全承诺，确保安全投入。

4.2 预警行动

4.2.1 预警级别

依据建设工程施工安全隐患可能造成的危害程度、发展情况和紧迫性等因素，由低到高划分为蓝色、黄色、橙色、红色四个预警级别。

全国统一使用台风、暴雨、高温、寒潮、大雾、雷雨大风、冰雹、大风、雪灾、道路积冰等十类天气预警信号图标。颜色依次为蓝色、黄色、橙色和红色，同时以中英文标识，分别代表一般、较重、严重和特别严重。

4.3 信息报告与处置

4.3.1 信息报告与通知

①公司应急救援组织设立 24 小时值班电话。电话为：0592—××××××××。

②突发安全事故时，事故发现人员立即报告项目负责人，由项目负责人拨打值班电话报告事故情况或直接报告应急救援副总指挥和总指挥。应急值班人员接警后，立即将警情报告应急救援总指挥、副总指挥。

③为有效开展事故救援活动，现场项目负责人应在第一时间寻求社会救援力量。

火灾：项目负责人拨打 119，向公安消防部门求援。

急救：项目负责人拨打 110/120，向医疗急救中心求援。

④报告应包括以下内容：事故发生时间、类别、地点和相关设施；遇险人员人数；现

场联系人姓名和电话等。

⑤应急救援总指挥、副总指挥事故报告后，符合本预案启动条件时，立即发出启动本预案的指令；应急值班人员接到启动应急预案命令后，立即向各救援小组成员下达赶赴现场指令。

⑥接到突发安全事故指令的各救援小组立即赶赴事故现场进行现场抢救排险。

⑦根据事故类别及时向事故发生地政府主管部门报告。

4.3.2 信息上报

①事故信息上报采取分级上报原则，最终由公司主管经理向政府有关部门上报。

②信息上报内容包括：事故发生单位情况；事故发生的时间、地点、部位以及事故现场情况；初步掌握的人员伤亡（包括下落不明的人数）、直接经济损失等情况；可能造成的危害以及采取的措施；事故报告单位、报告人、批准人、报告时间及联系方式等。事故伤亡人数及直接经济损失情况发生变化的，应当及时补报。

③按照国家规定，在1个小时内向事故发生地建设行政主管部门进行报告。

4.3.3 信息传递

事故现场地→发现人员→现场项目负责人→应急值班电话或直接报告应急救援副总指挥和总指挥→各应急小组→应急小组人员→公司有关部门。

5 应急响应

5.1 响应分级

按事故的可控性、严重程度和影响范围，本预案应急响应级别原则上分为："一级（扩大救援响应）"和"二级（公司级救援响应）"两级。

响应标准如下（所称的"以上"包括本数，所称的"以下"不包括本数）：

（1）一级响应启动标准（扩大救援响应）

存在下列任意一种情况，启动一级响应：

①公司应急机制、应急力量或资源不足，无力控制事态，需要上级增援的；

②事故后，有3人以上被困的；

③已经或可能导致3人以上死亡的；

④已经或可能导致10人以上中毒（重伤）的；

⑤已经或可能导致1000万元以上直接经济损失的。

（2）二级响应启动标准（公司级救援响应）

存在下列任意一种情况，且本公司有能力控制事态的，启动二级响应：

①事故后，有1人以上、3人以下被困的；

②已经或可能导致3人以下死亡的；

③已经或可能导致10人以下中毒（重伤）的；

④已经或可能导致1000万元以下直接经济损失的。

5.2 响应程序

项目部应急响应的过程为接警、警情判断、应急启动、应急指挥、应急行动、资源调配、应急避险、事态控制、扩大应急、应急终止和后期处置等。

施工现场突发事故发生后，由现场应急总指挥根据事故情况，确定响应级别。需启动一级响应时，一级救援响应启动前，二级响应必须已经启动。

5.2.1　二级响应程序

①突发安全事故时，事故发现人员立即报告项目负责人，项目负责人立即发布停工命令，指令电工断电，并清点人数。同时拨打值班电话报告事故情况或直接报告应急救援副总指挥和总指挥。应急值班人员接警后，立即将警情报告应急救援总指挥、副总指挥。同时，现场项目负责人应在第一时间寻求社会救援力量，拨打120急救电话，遇火灾时还应立即拨打119求援。

②应急救援总指挥、副总指挥接到事故报告后，符合本预案启动条件时，确定响应级别，立即启动本应急预案。各救援小组成员赶赴现场，应急救援总指挥和副总指挥收集分析事故初步情况，并做好上报工作。

③应急救援总指挥、副总指挥按本预案确立的基本原则和专家建议指挥救援工作。对事故影响范围内的非应急人员进行疏散，指挥各应急救援小组开展应急救援工作。

④事态得到控制后，应急救援总指挥宣布应急结束，安排布置应急恢复和应急发布有关工作。

⑤事故发生时，必须保护现场，对危险地区周边进行警戒封闭，按本预案营救、急救伤员和保护财产。如若发生特殊险情时，应急指挥中心在充分考虑专家和有关方面意见的基础上，依法及时采取应急处置措施。

5.2.2　一级响应程序

①应急救援总指挥、副总指挥接到事故报告后，认为符合一级响应启动标准时，或者当现场现有应急救援力量和资源不能满足抢救行动要求时，由应急救援总指挥及时向工程所在地建设行政主管部门报告，请求支援。

②上级应急增援力量到达后，由现场副总指挥负责组织公司各应急救援小组与上级应急救援小组衔接。

③现场所有本公司应急人员和应急小组应服从上级应急救援指挥机构的指挥。遇有不同意见或特殊情况需要说明时，应通过本公司应急救援总指挥或副总指挥进行反映。

5.3　应急结束

当社会救援赶到现场，事故现场得以控制，受灾人员全部安全撤离，消除导致次生、衍生事故隐患，经事故现场应急救援领导小组批准后，宣布应急结束。

应急结束后，将事故情况上报；向事故调查处理小组移交所需有关情况及文件；写出事故应急工作总结报告。

5.4　事故情况上报事项

①发生事故工程基本情况；

②事故发生经过和事故救援情况；

③事故造成的人员伤亡和直接经济损失；

④事故发生的原因和事故性质；

⑤事故责任的认定以及对事故责任者的处理建议；

⑥事故防范和整改措施。

5.5　需向事故调查处理小组移交的相关事项

①事故报告人情况；

②事故发生前和救援过程中有关的影响资料；

③事故初步上报情况及报告内容。

5.6 信息发布

事故发生后，由应急救援副总指挥代表应急小组，把应急救援各阶段进展情况及时准确向新闻媒体通报，发布的信息时必须以事实为依据，与建设行政主管部门一同，客观准确表述事故态势、发展状况及救援情况。

救援结束后，事故调查和处理信息由建设行政主管部门统一发布。

5.7 后期处置

经事故调查报告批复后，应根据事故调查报告对事故责任人的处理和事故防范措施积极落实，立即进行生产秩序恢复前的污染物处理、必要设备设施的抢修、人员情绪的安抚及抢险过程应急能力评估和应急预案的修订工作。

善后处理组依据国家有关规定，做好伤亡人员善后赔偿工作。

6 保障措施

6.1 通信与信息保障

6.1.1 应急工作相关联的单位、人员通信联系方式（附件1）

附件1 应急工作相关联的单位、人员通信联系方式

单　位	联系人	联系电话	备用联系人	联系电话
街道（地区）办事处				
×××医院				
市安监站				
市建设局				

6.1.2 各应急小组成员联系方式（附件2）

附件2 应急救援小组成员联系电话一览表

职　务	姓　名	电　话	职　责
组长（项目经理）	×××	××××××××××	1. 组建领导小组 2. 组建义务消防队 3. 批准应急准备方案 4. 组织检查监控
副组长 （项目现场经理）			1. 按批准的应急准备方案，落实有关设施、物资并组织实施 2. 组织有关人员进行应急准备及响应预案培训，必要时组织演练 3. 检查预案落实情况
副组长 （项目总工长）			组织技术部、工程部、物资部、综合办公室编制应急准备及响应预案并审核
成员 （工程部负责人）			1. 按经批准的应急准备预案对作业现场组织实施 2. 负责对现场作业人员进行应急准备及响应预案的培训

职　务	姓　名	电　话	职　　责
成员			1. 负责各项预案中有关设备、物资的准备 2. 负责对物资管理有关人员进行应急准备及响应预案的培训
成员			1. 负责编制暴雨、台风、停水停电、火灾、爆炸、危险化学品泄漏、物体打击、机械伤害、高处坠落、触电、坍塌等应急准备及响应预案 2. 负责按经批准的应急准备及响应预案对办公、生活区的要求组织实施 3. 负责对办公及后勤管理有关人员进行应急准备及响应预案的培训

附件3：危险源风险评估组和技术组配备的专业人员联系方式（略）

6.1.3　信息通信系统及维护方案

后勤保障组负责定期维护上述联系方式，遇有电话变更，及时更新，确保联络畅通。

6.2 应急队伍保障

每个在建工程项目部必须建立一支现场自救队，成员由项目部安全管理人员组织骨干施工人员组成，由公司安全科负责领导，定期进行培训和演练。

6.2.1　应急物资装备保障（附件4）

附件4　应急物资装备一览表

序号	名　称	类　型	数量	存放位置	管理责任人	联系方式
1	酒精	常备消毒药品				
2	紫药水	常备消毒药品				
……	……	……				
12	撬棍	抢险工具				
13	气割工具	抢险工具				
14	……	……				
15	灭火器	消防器材				
……	……	……				
20	防毒面具	应急器材				
21	……	……				
22	对讲机	应急器材				
……	……	……				

6.2.2　经费保障

应急专项经费由　　××　　款项支出。

使用范围：

数　　额：

监督管理措施：

6.2.3 其他保障

①公司设立应急救援领导小组，领导小组办公室设在公司安全科。

②应急领导小组日常备用一辆应急交通运输车辆，备用车辆只承担距单位较近的运输任务，司机手机电话 24 小时开机，一旦应急事故发生，通知司机速回。

③安全保卫组应常备用于应急突发事故的警戒带，一旦发生突发事故，在事故现场治安警戒使用。

④项目部卫生所应当常备医疗急救用品。

⑤安全负责人应每周对施工现场的消防器材和应急用锹、镐、撬棍等进行检查、保养、维护。定期更换灭火器，日常维护消防设备设施的有效使用，清除消防器材前及安全通道的遮挡物，保持消防器材应急使用及安全通道畅通。

⑥应急组织机构的全体成员，应树立"接到报警就是命令"的观点，树立"以人为本"的思想，勇敢、科学、冷静应对事故，不能盲目、蛮干。遇到有毒有害物质或有其他潜在危险时，必须有防范措施或请专业队伍进行抢险工作。

⑦在组织机构内，当正职休假，开会等外出时，副职必须承担起正职应当承担的责任。

7 培训与演练

7.1 培训

①年初制定生产计划时，同时制定应急预案培训计划。

②培训方式包括：应急救援知识辅导、有奖知识问答、救援设备现场操作、自救常识演练等。

③要求每名职工有自我保护意识，掌握突发事故后各类自救常识，会正确使用灭火器等一般应急器材。

7.2 演练

公司和各项部每年至少组织一次综合模拟突发事故安全应急演练，检验指挥系统、现场抢救、疏散、救援响应能力。

各应急组成员必须熟悉各自的职责，做到动作快、技术精、作风硬。根据实际演练情况，查找不足，总结经验，不断完善事故应急预案。

演练结束后对演练进行评估及总结，及时修正及弥补应急突发事件救援预案制定的缺陷。

8 奖惩

①对于在抢险救灾过程中，无故不到位或迟到及临阵逃脱者，将给予行政处分。

②在抢险救灾过程中，不服命令的，将给予处罚。

③在抢险救灾过程中，表现勇敢、机智、成绩突出人员应给予表扬或奖励。

④在抢险救灾中，受到伤害的员工，按照工伤条例进行赔偿。

⑤事故处理完成后，主管部门写出报告（总结）：事故经过、事故发生原因、处理过程、经验教训、人员伤亡、损失大小情况、事故直接损失、间接经济损失、奖罚人员名单等上报上级有关部门，并在项目部存档备案。

第四节　台风、暴雨应急预案（参考案例）

地处受台风、暴雨影响地区施工项目必须做台风、暴雨应急预案。这里提供一个参考案例。

××市运动训练中心

防台风、暴雨

应

急

预

案

编号：TEC/(11-06)-11-2011

版本号：1.0

编制人：

××特房建设工程集团有限公司

—××市运动训练中心项目部

2011年　　月　　日

工程概况：

　　本工程位于××市××区环东海域西柯片区，规划总用地面积196131.262m²，实用地面积179982.59m²。规划建设内容包括体育运动训练场馆、体育教学生活区和室外运动场地。拟建的××市运动训练中心工程共七个单体工程：a.乒乓羽毛球馆；b.综合体育馆（篮排球训练馆）；c.射击馆；d.游泳跳水馆；e.举重竞技馆；f.教学办公综合楼；g.公寓综合楼群；共7个单体建筑，总建筑面积78343m²。

1　防台风的目标

1.1　因常受太平洋热带风暴侵击，每年7～9月是台风直面冲击季节，它将影响工程施工。所以在工程开工前应编制切实可行的抗台风预案。目标是避免人员伤亡，最大限度地降低财产损失，确保按合同顺利完成施工任务。

1.2　适用范围

　　本应急预案适用于本工地在台风、暴雨到来前，到来期间及过后，做出应急准备与响应。

2　防台风组织管理措施

　　工地应成立以项目经理为总指挥，从项目部管理人员和班组中选定有抗台风经验的人员组成抗台风管理机构。机构设置抗台风领导小组，下设抗台风通讯组、抗台风防护组、抗台风疏导组、抗台风救援组。

3 防台风岗位责任制

3.1 领导小组：负责工地抗台风指挥、协调、管理工作，负责抗台风等紧急情况处理，制定抗台风应急抢险救灾预案，负责可能发生的人身伤害事故，机械设备事故，模板支撑和脚手架事故，可能导致的火灾，流行病疫情况等的急救预案并抓落实。

3.2 防台风通讯组：负责根据总指挥的指令迅速启动通过电视、广播、报纸、电脑网络、电话和移动电话等设施，接听台风警报、报导台风警报及防抗台风通讯联络，保持与市气象部门及相关部门的密切联系，一方面通知各小组进入预案程序，另一方面按规定与上级防台风的有关机构取得联系，始终保持上下左右内外的密切联系，并随时随地通报防抗台风及事故现状。

3.3 防台风防护组：负责根据总指挥指令迅速启动防台风应急预案，确保人员、工程资料及时转移保护，应急器材和设施及时到位，检查督促塔吊、施工电梯等机械设备的防台风和外脚手架、模板支架、临时性仓库、宿舍、办公室、加工棚等工棚设施的加固防护到位，全面实施防台风应急抢险救灾救援预案。

3.4 防台风疏导组：负责根据总指挥的指令和具体事实启动应急暂停施工，疏散转移人员及工程资料的预案实施，避免人员伤亡。迅速指挥人员清除架上和高空作业处的物件，避免物件坠落伤人。迅速指挥人员撤离危险现场到预定的安全场所，并视情节安顿，抗台风救援组负责根据总指挥的指令，启动防抗台风应急救援预案并实施，迅速指挥组织人员在台风之前奔赴现场加固机构设备，工棚、脚手架、模板支架和其他设施，加强安全防护。台风过后，迅速指挥组织人员奔赴现场抢救伤员和财产，并保护好现场防止灾害扩大，做好记录，并拍照或录像。同时认真落实防范措施，避免二次伤害发生，确保台风过后尽快恢复生产，把损失的工期抢回来，以实现合同工期。

4 防台风主要工作程序

4.1 防御台风工作程序

在汛期，防台防汛办公室与当地"12121"气象咨询电话，与气象台保持联系，了解台风最新情况，密切注意其动向，并实时绘出台风路线趋势图，随时向防台防汛领导小组汇报台风最新动态。

防台防汛办公室把台风或大到暴雨信息及时通报给防台防汛领导小组和各小组。

4.1.1 白色台风信号表示热带气旋 48 小时内可能影响本地。

（1）防台防汛办公室负责通知各参建单位负责人，由项目部组织按照防台防汛预案检查防台防汛准备的物资器材确已到位；检查施工现场内所有设备、住所是否安全，并采取保护措施。

（2）全面检查施工现场所有设备、人员是否进入安全防护，措施是否已全部执行。

（3）督促检查各参建单位防台措施执行情况。

（4）值班人员加强现场巡视。

4.1.2 蓝色台风信号表示未来 24 小时内本地可能受热带气旋影响，平均风力可达 6～7 级（39～61 千米/小时或 10.8～17.1 米/秒）；或本地已经受到热带气旋影响，平均风力为 6～7 级。

（1）执行白色台风信号时的各项措施；

（2）停止所有室外作业；

（3）检查、加固室外设备。

（4）做好临时工生活区的人员的应急疏散的准备工作；

（5）检查施工现场有关设施和建筑物的防台措施确已执行。

4.1.3 黄色台风信号 表示本地未来 24 小时内可能受热带气旋影响，平均风力可达 8 级（62～74 千米/小时或 17.2～20.7 米/秒）以上；或已经受到热带气旋的影响，平均风力 8～9 级（17.2～24.4 米/秒）。表示已进入防风状态。

（1）执行蓝色台风信号时的各项措施；

（2）进入防风状态；

（3）防台防汛领导小组进入工作状态，检查分管范围内的防台防汛工作；

（4）各部门按照部门的预案，布置人员到预定岗位待命；

（5）所有办公室铝合金门窗要做好防风措施；

（6）做好重要档案资料的保管工作；

（7）办公系统的计算机系统做好备份工作，并做好防护措施。

4.1.4 橙色台风信号 表示本地受热带气旋影响，未来 12 小时内平均风力可达 10 级（89～102 千米/小时或 24.5～28.4 米/秒）以上；或已经受热带气旋影响，平均风力为 10～11 级（24.5～32.6 米/秒）。表示立即全面进入紧急防台风状态。

（1）执行黄色台风信号时的各项措施；

（2）立即进入紧急防台风状态，启动防台防汛预案，按照预案布置，防台防汛人员立即进入预定岗位，坚守临时岗位；

（3）防台防汛领导小组组长坐镇防台防汛办公室指挥防台防汛工作。

（4）施工方现场所有设备、人员待命，各参建单位人员、抢险队队员待命；

（5）没有采取可靠措施的情况下，任何人不得独立在室外行走。

4.1.5 红色台风信号 表示台风未来 12 小时内在本地或附近登陆，平均风力 12 级（118～133 千米/小时或 32.7 米/秒以上）；或已经受到台风的影响，平均风力 12 级或以上。表示已进入特别紧急的防台风抗台风状态。

（1）执行橙色台风信号时的各项措施。

（2）随时处理突发事件。

（3）未经防台防汛领导小组组长批准，任何人不得外出到室外工作。

4.1.6 台风解除信号。表示热带气旋影响已经过去，风力在 5 级以下时解除。

（1）台风解除通知由防台防汛领导小组下达指令、发布。

（2）防台防汛领导小组组织检查现场受灾情况，及时组织抢修。

4.2 防御暴雨工作程序

4.2.1 黄色暴雨信号。其含义为：6 小时内，本地区将可能有 50 毫米以上降雨发生。

（1）防台防汛办公室通过当地"12121"气象咨询电话，了解降水最新情况。

（2）参建单位接到通知后，立即通知所有人员关闭门窗，检查现场各配电点开关是否关闭，做好防暴雨措施；

（3）检查港区外排水沟畅通情况，有无杂物堵塞。

（4）通知各参建单位，并督促检查参建单位现场防暴雨和排水设施情况；室外电气设备和其他构筑物防雨措施；基坑防护、山体防护工作，防止出现严重塌陷事故。

4.2.2 橙色暴雨信号。其含义为 3 小时内，本地区降雨量将达 50 毫米以上，且雨势可能持续。

（1）执行黄色暴雨信号各项措施。

（2）暂停户外所有检修作业和现场施工工作。

4.2.3 红色暴雨信号。其含义为 3 小时内，本地区降雨量将达 100 毫米以上，且雨势可能持续。

（1）执行橙色暴雨信号各项措施。

（2）立即进入紧急防汛状态。

（3）停止所有户外检修作业和施工作业。

（4）随时准备处理险情。

4.3 现场防台防暴雨程序

4.3.1 组织分析台风可能导致的事故和紧急情况。

4.3.2 安排落实相关人员进行防台风实践演练，检验应急准备是否充分。

4.3.3 工地配备保健药箱及需用药品，设经培训懂得急救知识的急救人员值班。在可能发生病疫前及平时定期不定期开展卫生防疫宣传教育，喷洒药物消除流行病。

4.3.4 做好消防管理工作，工地配足消防器材和设施，其设置位置和数量应符合有关消防规定，填写《消防器材和设施统计表》上报公司备案。设立明显防火标志，每月进行消防宣传教育，培训义务消防员，确保防台风消除火灾隐患。

4.3.5 落实加固模板支架、脚手架、安全防护围栏、加工棚、办公、宿舍、仓库等临时房屋设施和塔吊、井架等机械设备，做好防漏雨防塌倒措施。

4.3.6 落实防台风应急救援措施，应急救援包括一般事故灾情和重大事故灾情的应急救援，向上级和当地政府报警，人员疏散和重要资料的转移，及防止流行传染病。

4.3.7 做好抗台风监督检查和宣传教育，提高全员防台风意识，做到有备无患，抗台风工作常抓不懈，进一步明确抗台风任务，普及防台风抗台风救灾知识，并有计划地组织演练，做到招之能来，来之能战，战之能胜，圆满完成防台风抗台风，顺利如期完成施工任务。

5 防台风主要防护措施

5.1 外架增设拉顶撑，加固外架与结构的连结固定，防止外架被台风冲塌。

5.2 塔吊、施工电梯与主体结构间增设钢加固撑，加固塔吊、施工电梯与主体结构间的连结固定，防止塔吊、施工电梯被台风冲塌或倾倒。降低塔吊高度。收紧塔吊的吊钩。让吊臂自由旋转（若相邻建筑物或构筑物在塔吊吊臂半径范围可能碰撞时应将吊臂放下并固定牢靠），塔吊吊臂半径范围可能碰撞的所有物件清除干净。

5.3 已安装梁板钢筋的在台风之前加固模板支架并浇灌梁板混凝土，避免已安装的梁板模板及钢筋被台风冲塌或倾倒。未安装梁板钢筋的梁板模板在台风之前拆除，台风过后再安装赶工。

5.4 各楼层的安全防护栏杆及安全网在台风之前加固牢靠。已安装的各楼层的门窗应关闭门窗扇并锁定，已安装的玻璃上粘贴纸以免破碎撒满地。

5.5 在台风之前于临时性工棚四周用钢管打地锚，工棚屋顶四周结构柱上头用钢丝绳与钢管地锚拉紧固定，防止临时性工棚被台风冲塌或倾倒。

5.6 台风来临时暂停施工，应停止一切露天工作。并安排人员值班，禁止与抗台风无关人员进入工地。

5.7 台风来临时所有人员进入防台应急避难所，避难所为钢筋混凝土砖混结构，用于预防台风造成的人员伤害。

6 防台风安全事故急救措施

6.1 当发生高处险落，物体打击，触电、机械伤害、中毒等人身重大伤害事故时班组长或当班工长应当立即报告项目部事故应急救援领导小组，迅速指挥组织紧急抢救，同时向"120"急救中心求救，不得延误抢救时间和最佳治疗机会。并第一时间向分公司生产事故应急救援领导小组报告。

6.2 当施工现场发生大型机械设备倒塌，脚手架体倒塌，模板倒塌，土方坍塌等造成重大经济损失及人员伤害事故，项目部应当立即向分公司事故应急救援领导小组报告，迅速组织抢救伤员并向"120"急救中心求救，抢救措施必须得当，防止二次伤害造成事故扩大。

7 防台风消防应急措施

7.1 项目部应成立消防领导小组和义务消防队，消防队员有定期演练；

7.2 施工现场配足灭火器材，配备有足够的消防水源和自救的用水量，并配备足够扬程的高压水泵，保证水压和每层设有消防水源接口。当施工现场发生火灾事故，爆炸事故，项目部应当立即向分公司事故应急救援小组报告，迅速正确组织初火扑救，引导人员疏散，必要时拨打"119"火警电话，向消防部门报告。

8 防台风保健急救措施

8.1 根据工地现场的实际情况工地设有保健药箱及一般常用药品，公司医生巡回医疗，实施快速抢救遇险人员。

8.2 现场备有急救器材（如担架、氧气袋等）以便及时抢救不扩大伤势。

8.3 施工现场有急救措施，项目部配备经过培训合格的急救人员，急救人员懂得一般急救处理知识。

9 防台风伤员急救措施

9.1 急救目的：

（1）挽救生命：如急性大出血休克、窒息等，必须于最短的时间内进行适当的紧急处理（如止血、输液、解除窒息原因，使其呼吸通畅等），才能挽救病人，这是急救的首要目的。

（2）减轻病员痛苦：应用简单有效的临时处置以减轻病人的痛苦，为迅速安全转送伤病员是创造良好条件。

（3）预防并发病：如包扎伤口和搬运伤病员应十分谨慎。

（4）为进一步的治疗打好基础。

9.2 几种常见急症的急救措施：

（1）闭合性损伤的急救措施：①应注意预防和治疗休克。②肢体受伤部位予以固定并抬高，使肿胀易于消退。③早期应用冷敷，可减轻疼痛与肿胀；晚期用热敷。④加压包扎，可以控制或减轻肢体及头发血肿的增大，但不宜包扎过紧。⑤止痛。⑥止血。

（2）开放性损伤的急救措施：①抢救休克：如并发休克，须立即采用平卧位、安静保温，输液等紧急措施。②止血。暂时止血用加压包扎法，指压法，屈肢法，止血带法。③止痛。④抗感染。⑤抗毒血清。⑥局部伤口的处理（包扎、固定）。

（3）骨折急救：①预防和治疗休克：安静躺卧，镇痛，注意保暖。②制动：制动必须包括骨折处的上、下各一关节，固定用具可用木版、竹片、硬纸壳等。③上臂骨折用短夹板在外侧固定，或将上臂固定于胸廓上，前臂悬挂于颈项。前臂骨折用短夹板固定并悬挂于颈项。④下肢骨折用长木板放置外侧，或用健肢暂时固定患肢。小腿及足部骨折用短夹板从大腿起固定。⑤脊柱骨折应仰卧在硬的木板上，切忌将病人弯腰软抬。

（4）伤口的处理：如有伤口，用无菌敷料或干净布尽早包扎，外露的骨端不应退回伤口内。

（5）急性胃肠炎（食物中毒）急救：①卧床休息，保暖，腹部可作热敷。②禁食6～12小时。可适当口服补液（生理盐水等）。③腹痛：腹部热敷，或批下注射阿托品1支（0.5毫克）。④适当给抗生及收敛保护药等。⑤脱水、休克：给静滴50%葡萄糖生理盐水。

（6）中暑急救：迅速移至阴凉处，松解衣服，静卧休息，风扇送风，置冰袋于头部，枕后，颈总动脉两侧，腋下及腹股沟处，或用冷水喷淋；脱水或失盐者，相应补充生理盐水。

（7）电击伤：①尽速脱离电源，但救护者须注意自己安全。②全身情况严重的，如呼吸中枢麻痹的应立即进行口对口人工呼吸，直至自动呼吸恢复为止（连续施行人工呼吸的时间至少应为4小时）；心跳停止者应立即施行胸外心脏按摩，注意保温。③局部创面做清洁处理、包扎。

10 抗台风抢险救灾恢复生产措施

10.1 台风过后，应组织力量快速抢修道路，确保交通通畅，为恢复赶工创造条件。

10.2 安置解决施工人员的生活住宿及其他抢险任务，及时采取防疫措施，确保恢复健康安全卫生环保的生活生产环境，使施工人员无后顾之忧，能全身心投入到赶工工作中。

10.3 台风过后，应组织力量快速抢修机械，确保施工机械正常运转，为恢复赶工创造条件。

10.4 台风过后，应及时与各协作单位及材料供应商联系，协调处理好因台风产生的问题，确保各单位能做到统一组织，统一指挥，密切配合，共同协作，为恢复赶工创造条件。

10.5 工地现场准备排水泵，用于台风暴雨过后的场地内排水，以确保工地能尽快恢复正常运作。

10.6 台风、暴雨应急预案人员及电话号码

防台风暴雨应急预案领导小组成员名单：

公司级应急预案领导小组

组　长	黄××	136061××××××
副组长	钟××	138599××××××
副组长	陈××	89××××××

组员：林×× 黄×× 陈×× 陈××
　　　陈×× 曾×× 黄×× 郭××

组　长	潘××	188505××××
副组长	黄××	182059××××
组员	洪××	134007××××
组员	林××	138601××××
组员	陈××	186592××××
组员	刘××	182507××××
组员	孙××	182592××××
组员	练××	159608××××
组员	刘××	136060××××
组员	林××	139501××××
组员	岳××	139590××××

10.7　应急设备清单

序号	应急设备名称	数量	状态	备　注
1	手电	≥10	好	
2	应急灯	3	好	
3	锹	10	好	
4	镐	10	好	
5	药箱	≥1	好	内附常用急救药品
6	绷带	≥5	好	
7	担架	≥2	好	
8	氧气袋	≥2	好	
9	水泥	≥5 吨	好	
10	沙	≥20m³	好	
11	石子	≥20m³	好	
12	麻袋	≥100 个	好	
13	雨鞋	≥30 双	好	
14	雨衣	≥30 件	好	
15	安全带	≥10 条	好	
16	排水泵	≥20 个	好	用于应急排水
17	锄头	≥10 个	好	

10.8　项目部预备应急资金 200000 元人民币，用于防台风、暴雨时临时应急资金使用。

第五节　培　训　与　演　练

一、培训

项目部定期对所有员工进行应急知识的培训。新员工入司时应针对可能发生的事故进行应急知识（主要包括应急程序、注意事项、逃生路线、集合地点等）的培训；

项目部的应急救援人员要进行专门应急救援培训（包括紧急情况判断、应急救援技术、现场处置措施等）。

二、演练

项目部应定期组织演练，使应急人员更清晰地明确各自的职责和工作程序，提高协同作战的能力，保证应急救援工作的有效、迅速地开展。并对演练的效果进行分析评估，及时解决演练中暴露的问题。

第十三章　施工现场急救常识

建筑工地任务重，工程繁多，条件简陋，各种突发性疾病和意外伤害事故常有发生。

建筑装饰施工现场常用的急救常识主要包括触电急救知识、创伤救护知识、火灾急救知识、中毒及中暑急救知识以及传染病应急救援措施等，学习并掌握这些现场急救基本常识，是我们做好安全工作的一项重要内容。

第一节　施工现场急救基本步骤

现场急救是在施工现场发生伤害事故时，伤员送往医院救治前，在现场实施必要和及时的抢救措施，是医院治疗的前期准备。为及时应对施工中突发事故对受伤人员的救治，必须遵循以下急救步骤：

1. 事故发生后，立即使伤者尽快脱离事故现场，立即疏散场区内外人员，尽快撤出危险地带。

2. 同时报告现场负责人、公司安全部与综合部（或总办）。现场负责人、安全管理人员立即赶往事故现场，组织人员对事故现场进行处理，综合部（或总办）安排车辆。第一时间拨打救援电话：报警110、医疗急救120或火警119。现在110可以联动。

3. 了解受伤情况，指挥施工现场人员对伤者进行简单处理，转运伤者至救护车送医院救治。

4. 按先重后轻的原则对伤者进行救护和运送伤者到医院救治。安排人员随车护送。

5. 安全管理人员应根据了解的受伤情况及时向分管总经理汇报情况。重大事故在规定时间内及时向建设行政主管部门报告。马上组织保护事故现场。

第二节　施工现场常用急救常识

一、触电急救

国内外一些统计资料指出，触电后1分钟开始救治者，90%有良好效果；触电后6分钟内开始救治者，50%可能复苏成功；触电后12分钟再开始抢救，很少有救活的可能。可见，就地进行及时、正确的抢救，是触电急救成败的关键。

（一）触电事故伤员的病状

人员遭电击后，病情表现为以下三种状态：

1. 神志清醒，但感觉乏力、头昏、胸闷、心悸、出冷汗，甚至恶心或呕吐。

2. 神志昏迷，但呼吸、心跳尚存在。

3. 神志昏迷，呈全身性电休克所致的假死状态，肌肉痉挛、窒息、心室颤动或心跳停止。伤员面部苍白、口唇紫绀（青紫）、瞳孔扩大、对光反应消失、脉搏消失、血压降低。

（二）触电事故现场急救的步骤

1. 迅速脱离电源

发生触电事故后，要立即切断电源，使伤员脱离继续受电流损害的状态。切断电源可采取两种方法：其一是立即拉开电源开关或拔掉电源插头；其二是用干燥的木棒、竹竿等将电线拨开。切不可用手、金属或潮湿的导电物体直接碰伤员的身体或触碰伤员接触的电线，以免引起抢救人员自身触电。

在进行切断电源的动作时，要事先采取防御措施，防止触电者脱离电源后因肌肉放松而自行摔倒，造成新的外伤。切断电源的动作要用力适当，防止因用力过猛，使带电电线击伤在场的其他人员。

2. 现场对伤情进行简单诊断

在脱离电源后，伤员往往处于昏迷状态，全身各组织严重缺氧，生命垂危，这时不能用常规方法进行系统检查，只能用简单有效的方法尽快对心跳、呼吸、瞳孔的情况作判断，以确定随后的现场救治方法：

（1）观察伤员是否还在呼吸。可用手或者纤维毛放在伤员鼻孔前，感受和观察是否有气体流动，同时观察伤员的胸廓和腹部是否存在上下起伏的呼吸运动。

（2）检查伤员是否存在心跳。可直接在心前区听是否有心跳的心音或摸颈动脉、肢动脉是否搏动。

（3）看瞳孔是否扩大。人的机体处于死亡边缘，大脑调节系统失去了作用，瞳孔便自行扩大，并且对光线强弱变化不起反应。

（三）触电事故急救方法

经过简单诊断后，可按表13-1所列措施进行现场救治。

触电事故现场急救措施　　　　　　　　　　　　表13-1

项　　　目	神志情况	心　跳	呼　吸	对症救治措施
解脱电源进行抢救并通知医疗部门	清　醒	存　在	存　在	静卧、保暖、严密观察
	昏　迷	存　在	存　在	严密观察，做好复苏准备，立即护送去医院
	昏　迷	停　止	存　在	体外心脏挤压来维持血液循环
	昏　迷	存　在	停　止	口对口人工呼吸来维持气体交换
	昏　迷	停　止	停　止	同时进行体外心脏挤压和口对口人工呼吸

（四）现场急救的两种办法

1. 人工呼吸法

人工呼吸法是采取人工的方法来代替肺的呼吸活动，及时有效地使气体有节律地进入和排出肺脏，供给体内足够氧气并充分排出二氧化碳，促使呼吸中枢尽早恢复功能，恢复人体自动呼吸。各种人工呼吸方法中，以口对口呼吸法效果最好。

将伤员平卧，解开衣领，松开围巾和紧身衣服，放松裤带，在伤员的肩背下方可垫软物，使伤员的头部充分后仰，呼吸道尽量畅通，用手指清除口腔中的异物，如假牙、分泌物、血块和呕吐物等。注意环境要安静，冬季要保温。

抢救者在伤员的一侧，以近其头部的手紧捏伤员的鼻子（避免漏气），并将手掌外缘压住额部，另一只手托在伤员颈部，将颈部上抬，使其头部尽量上仰，鼻孔呈朝天状，嘴巴张开准备接受吹气。

抢救者先吸一口气，然后嘴紧贴伤员的嘴大口吹气，同时观察其胸部是否膨胀隆起，以确定吹气是否有效和吹气是否适度（如图13-1所示）。

 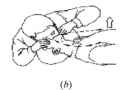 

(a)　　　　　　　*(b)*　　　　　　　*(c)*

图13-1　口对口人工呼吸

吹气停止后，抢救者头稍侧转，并立即放松捏鼻子的手，让气体从伤员的鼻孔排出。此时应注意胸部复原情况，倾听呼气声，观察有无呼吸道梗阻。

如此反复而有节律地人工呼吸，不可中断，每分钟应为12～16次。进行人工呼吸时要注意口对口的压力要掌握好，开始时可略大些，频率也可稍快些，经过一、二十次人工吹气后逐渐减少压力，只要维持胸部轻度升起即可。如遇到伤员嘴巴张不开的情况，可改用口对鼻孔吹气的办法（如图13-2所示），吹气时压力要稍大些，时间稍长些，效果相仿。采用人工呼吸法，只有当伤员出现自动呼吸时，方可停止。但要密切观察，以防出现再次停止呼吸。

图13-2　口对鼻人工呼吸

2. 体外心脏挤压法

体外心脏挤压法是指通过人工方法有节律地对心脏挤压，来代替心脏的自然收缩，从而达到维持血液循环的目的，进而恢复心脏的自然节律，挽救伤员的生命。

使伤员就近仰卧于硬板上或地上，注意保暖，解开伤员衣领，使其头部后仰侧俯。

抢救者站在伤员一侧或跪跨在病人的腰部两侧。

抢救者以一只手掌根部置于伤员胸骨下1/3处，即中指对准其颈部凹陷的下缘，另一只手掌交叉重叠于该手背上，肘关节伸直。依靠体重和臂、肩部肌肉的力量，垂直用力，向脊柱方向冲击性地用力挤压胸骨下段，使胸骨下段与其相连的肋骨下陷3～4cm，间接压迫心脏，使心脏内血液搏出（如图13-3、图13-4所示）。

挤压后突然放松（要注意掌根不能离开胸壁），依靠胸廓的弹性，使胸骨复位，心脏舒张，大静脉的血液回流到心脏。

在进行体外心脏挤压法时，定位要准确，用力要垂直适当，有节奏地反复进行；防止因用力过猛而造成继发性组织器官的损伤或肋骨骨折。挤压频率一般控制在每分钟60～80次，有时为了提高效果，可增加挤压频率，达到每分钟100次左右。抢救时必须同时兼顾心跳和呼吸。抢救工作一般需要很长时间，在没送到医院之前，抢救工作不能停止。

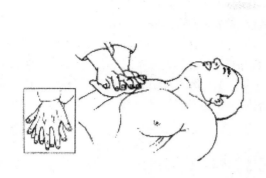

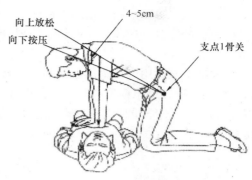

图 13-3　两手手指交叉抬起按压胸部　　　　图 13-4　抢救者双臂绷直向下按压

　　以上两种抢救方法适用范围很广，除电击伤外，对遭雷击、急性中毒、烧伤、心跳骤停等因素所引起的抑制或呼吸停止的伤员都可采用，有时两种方法可交替进行。

　　二、严重创伤出血伤员的救治

　　创伤性出血现场救治是根据现场实际情况及时地、正确地采用暂时性的止血，清洗包扎、固定和运送等方面的措施。

　　（一）止血

　　血液从血管或心脏内流出至组织间隙或体腔内者，称为内出血；血液流向体表者称为外出血。本节主要讨论外出血。现场急救止血有多种，可根据具体情况选择。

　　1. 直接按压止血法

　　最直接、最常用，也是最简单的方法。若是四肢出血，则应抬高患肢。

　　（1）出血点直接压迫止血。紧急时可先在出血的大血管处或稍近端用手指加压止血，然后再更换其他方法。

　　（2）动脉行径按压法在出血点无法按压或效果不佳时，可在动脉行径中将中等或较大的动脉压在骨的浅面以止血。需要说明的是，此法仅能减少出血量，不大可能达到完全止血，而且救护人员必须熟悉身体各部位血管的解剖位置和出血的压迫点。故只能用于短时间控制大出血，应尽快改用其他方法。

　　A. 头顶、额部和颞部出血。用拇指或食指在伤侧耳前对着下颌关节，用力压迫颞浅动脉（如图 13-5 所示）。

　　B. 面部出血。用拇指、食指或中指压迫双侧下颌角前约 3cm 的凹陷处，在此处压迫明显搏动的面动脉即可止血（如图 13-6 所示）。由于面动脉在面部有很多小分支相互吻合，即使一侧面部出血也要压迫双侧面动脉。

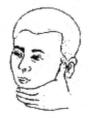

图 13-5　颞浅动脉压迫点　　　　图 13-6　面部出血指压点

C. 一侧耳后出血。用拇指压迫同侧耳后动脉（如图 13-7 所示）。

D. 头后部出血。用两只手的拇指压迫耳后与枕骨粗隆之间的枕动脉搏动处（如图 13-8 所示）。

E. 颈部出血。用大拇指压迫同侧气管外侧与胸锁乳突肌前缘中点强烈搏动的颈总动脉向后、向内第 5 颈椎横突处压下（如图 13-9 所示）。此法仅用于非常紧急情况，压迫时间不宜过长，更不能同时压迫两侧颈动脉，否则有可能引起脉搏减慢，血压下降，甚至心跳骤停。

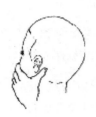  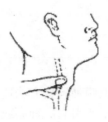

图 13-7　耳后出血指压点　　　图 13-8　头部出血指压点图　　　图13-9　颈总动脉出血指压点

F. 腋窝和肩部出血。用拇指压迫同侧锁骨上窝中部的锁骨下动脉搏动点，用力方向为向下、向后（如图 13-10 所示）。

G. 上肢出血。用四指压迫腋窝部搏动强烈的腋动脉，将它压向肱骨以止血（如图 13-11 所示）。

H. 前臂出血。用手指压迫上臂肱二头肌内侧的（如图 13-12 所示）。

 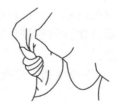 

图 13-10　锁骨下动脉指压点　　　图 13-11　腋动脉指压点　　　图 13-12　肱动脉指压点

I. 手掌、手背出血。用两手拇指分别压迫手腕的尺动脉和桡动脉搏动处止血（如图 13-13所示）。

J. 手指或脚趾出血。用拇指、食指分别压迫手指或脚趾两侧的动脉（如图 13-14、图 13-15 所示）。

K. 下肢出血。用拇指、单或双手掌根向后、向下压住跳动的股动脉（如图 13-16 所示）。

L. 小腿出血。一手固定膝关节正面，另一手拇指摸到膝盖后面的腘窝处跳动的腘动脉，用力向前压迫即可止血。

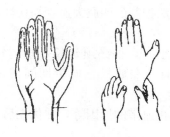

图 13-13　桡、尺动脉指压点

图 13-14　指动脉压迫点

图 13-15　足部出血指压点

图 13-16　手掌压迫股动脉止血

2. 压迫包扎法

在出血位置的裹伤处加一纱布卷、大块敷料或三角巾等，然后再适当加压包扎，常用于一般的伤口出血，并注意松紧适度。

3. 填塞法

对于深部伤口出血，如肌肉、骨端等，一定要用大块纱布条、绷带等敷料填充其中，外面再加压包扎，以防止血液沿组织间隙渗漏。注意不要将伤裂的皮肤组织、脏物一起塞进去，所用的填塞物一定要尽量无菌或干净，并且应使用大块的敷料，以便既能保障止血效果，又能尽可能避免在随后的进一步处理时遗漏填塞物在伤口内。此法的缺点是止血不甚彻底且增加感染机会。

4. 加垫屈肢止血法

适用于单纯加压包扎止血无效和无骨折的四肢出血，即前臂出血时，在肘窝部加垫、屈肘；上臂出血时，在腋窝内加垫，上臂紧靠胸壁；小腿出血时，在腘窝加垫，屈膝（如图 13-17 所示）；膝或大腿出血时，在大腿根部加垫，屈髋，然后用三角巾或绷带将位置固定。由于此法对伤员痛苦较大，不宜首选，且疑有骨折时忌用此法。

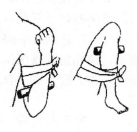

图 13-17　加垫屈肢止血法

5. 钳夹法

用止血钳直接钳夹出血点，最有效、最彻底、损伤最小，建议尽量采用。但需要一定的器械与技术。同时，盲目钳夹有可能损伤并行的血管、神经或其他重要组织；转运搬动时有可能松脱或撕裂大血管。因此，此法必须在直视下准确施行，同时作好有效的固定。

6. 止血带止血法

止血带能有效地控制四肢出血，但损伤最大。可致肢体坏死、急性肾功能不全等严重并发症，故应尽量少用。主要用于暂不能用其他方法控制的四肢大血管损伤性出血。

使用止血带应注意：

（1）扎止血带时间越短越好。一般不超过 1 小时，如必须延长，则应每隔 1 小时左右放松 1～2 分钟且总时间最长不宜超过 3 小时，在放松止血带期间需用指压法临时止血。

（2）必须作出显著标志，注明和计算时间、上止血带的原因等，并优先后送及进行进一步处置。

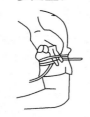

图 13-18　橡皮止血带止血法

（3）避免勒伤皮肤，用橡皮管（带）时应先在缚扎处垫上数层纱布（如图 13-18 所示）。

（4）缚扎部位原则是尽量靠近伤口以减少缺血范围，但上臂止血带不能缚在中下 1/3 处，而应在中上 1/3 处，以免损伤桡神经。

（5）缚扎止血带松紧度要适宜，以出血停止、远端摸不到动脉搏动为准。过松达不到止血目的，且会增加出血量、过紧易造成肢体肿胀和坏死。

（6）前臂和小腿一般不适用止血带，因有两根长骨，使血流阻断不全。所以，应用止血带的部位实际上只能是大腿（股骨干）和上臂（肱骨）中上 1/3 处。

（7）决不可使用非弹性的绳索、电线，甚至是铁丝等。

（8）需要施行断肢（指）再植者不应用止血带，如有动脉硬化症、糖尿病、慢性肾病等，其伤肢也需慎用止血带。

（9）在松止血带时，应缓慢松开，并观察是否还有出血，切忌突然完全松开。

（二）包扎

包扎的目的是保护伤口、减少污染、固定敷料和帮助止血。常用绷带和三角巾。无论何种包扎法，均要求达到包好后固定不移动和松紧适度，并尽量注意无菌操作。

1. 绷带包扎法

有环形包扎法，螺旋及螺旋反折包扎法，"8"字形包扎法和头顶双绷带包扎法等。包扎时要掌握好"三点一走行"，即绷带的起点、止血点、着力点（多在伤处）和行走方向的顺序，以达到既牢固又不能太紧。先在创口覆盖无菌纱布，然后从伤口低处向上，左右缠绕。包扎伤臂或伤腿时，要尽量设法暴露手指尖或脚趾尖，以便观察血液循环。由于绷带用于胸、腹、臀、会阴等部位效果不好，容易滑脱，所以绷带包扎一般用于四肢和头部伤。

（1）环形包扎法　绷带卷放在需要包扎位置稍上方，第一圈作稍斜缠绕，第二、三圈作环行缠绕，并将第一圈斜出的绷带角压于环行圈内，然后重复缠绕（如图 13-19 所示），最后在绷带尾端撕开打结固定或用别针、胶布将尾部固定。

（2）螺旋形包扎法　先环行包扎数圈，然后将绷带渐渐地斜旋上方缠绕，每圈盖过前圈，1/3～2/3 成螺旋状（如图 13-20 所示）。

（3）螺旋反折包扎法　先作两圈环行固定，再作螺旋形包扎，待到渐粗处，一手拇指按住绷带上面，另一手将绷带自此点反折向下，此时绷带上缘变成下缘。后圈覆盖前圈 1/3～2/3（如图 13-21 所示）。此法主要用于粗细不等的四肢如前臂、小腿或大腿等。

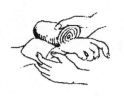  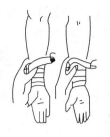 

图 13-19　环行包扎法　　　　图 13-20　螺旋形包扎法　图 13-21　螺旋反折包扎法

（4）头顶双绷带包扎法　将两条绷带连在一起，打结处包在头后部，分别经耳上向前于额部中央交叉。然后，第一条绷带经头顶到枕部，第二条绷带反折绕回到枕部，并压住第一条绷带。第一条绷带再从枕部经头顶到额部，第二条则从枕部绕到额部，又将第一条压住。如此来回缠绕，形成帽状（如图 13-22 所示）。

（5）8 字形包扎法　适用于四肢各关节处的包扎。于关节上下将绷带一圈向上、一圈向下作 8 字形来回缠绕，例如锁骨骨折的包扎（如图 13-23 所示）。目前已经有专门的锁骨固定带可直接应用。

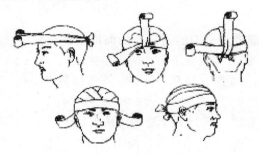 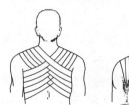 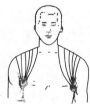

图 13-22　头顶双绷带包扎法　　　　图 13-23　"八"字形包扎法

2. 三角巾包扎法

三角巾制作简单、方便，分为普通三角巾（如图 13-24 所示）和带形、燕尾式三角巾（如图 13-25 所示），包扎时操作简捷，且几乎能适应全身各个部位。目前军用的急救包，体积小（仅一块普通肥皂大小），能防水，其内包括一块无菌普通三角巾和加厚的无菌敷料，使用十分方便，建议推广配用。

  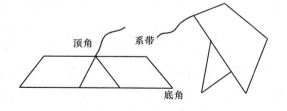

图 13-24　普通三角巾　　　　　图 13-25　带形、燕尾式三角巾

（1）三角巾的头面部包扎法

A. 三角巾风帽式包扎法　适用于包扎头顶部和两侧面、枕部的外伤。先将消毒纱布

覆盖在伤口上,将三角巾顶角打结放在前额正中,在底边的中点打结放在枕部,然后两手拉住两底角向下颌包住并交叉,再绕到颈后的枕部打结(如图 13-26 所示)。

　　B. 三角巾帽式包扎法　先用无菌纱布覆盖伤口,然后把三角巾底边的正中点放在伤员眉间上部,顶角经头顶拉到脑后枕部,再将两底角在枕部交叉返回到额部中央打结,最后拉紧顶角并反折塞在枕部交叉处(如图 13-27 所示)。

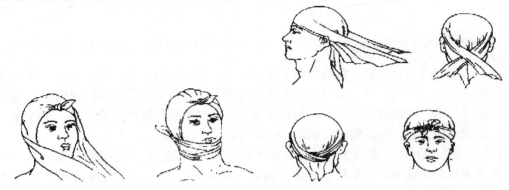

图 13-26　三角巾风帽式包扎法　　　　　　图 13-27　三角巾帽式包扎法

　　C. 三角巾面具式包扎法　适用于颜面部较大范围的伤口,如面部烧伤或较广泛的软组织伤。方法是把三角巾一折为二,顶角打结放在头顶正中,两手拉住底角罩住面部,然后两底角拉向枕部交叉,最后在前额部打结。在眼、鼻和口处提起三角巾剪成小孔(如图 13-28 所示)。

　　D. 单眼三角巾包扎法　将三角巾折成带状,其上 1/3 处盖住伤眼,下 2/3 从耳下端绕经枕部向健侧耳上额部并压上上端带巾,再绕经伤侧耳上,枕部至健侧耳上与带巾另一端在健耳上打结固定(如图 13-29 所示)。

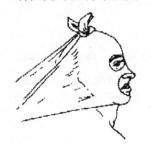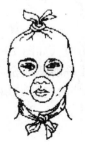

图 13-28　三角巾面具式包扎法　　　　　　图 13-29　单眼三角巾包扎法

　　E. 双眼三角巾包扎法　将无菌纱布覆盖在伤眼上,用带形三角巾从头后部拉向前从眼部交叉,再绕向枕下部打结固定(如图 13-30 所示)。

　　F. 下颌、耳部、前额或颞部小范围伤口三角巾包扎法　先将无菌纱布覆盖在伤部,将带形三角巾放在下颌处,两于持带巾两底角经双耳分别向上提,长的一端绕头顶与短的一端在颞部交叉,然后将短端经枕部、对侧耳上至颞侧与长端打结固定(如图 13-31 所示)。

190

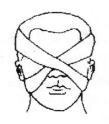
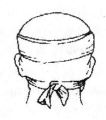
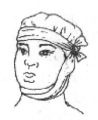

图 13-30　双眼三角巾包扎法　　　　　　　图3-31　下颌伤口三角巾包扎法

（2）胸背部三角巾包扎法　三角巾底边向下，绕过胸部以后在背后打结，其顶角放在伤侧肩上，系带穿过三角巾底边并打结固定（如图 13-32 所示）。

如为背部受伤，包扎方向相同，只要在前后面交换位置即可。若为锁骨骨折，则用两条带形三角巾分别包绕两个肩关节，在后背打结固定，再将三角巾的底角向背后拉紧，在两肩尽量后张的情况下，在背部打结（如图 13-33 所示）。

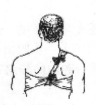
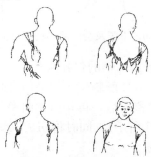

图 13-32　胸背伤口三角巾包扎法　　　　图 13-33　锁骨骨折三角巾包扎法

（3）上肢三角巾包扎法　先将三角巾平铺于伤员胸前，顶角对着肘关节稍外侧，与肘部平行，屈曲伤肢，并压住三角巾，然后将三角巾下端提起，两端绕到颈后打结。顶角反折用别针扣住（如图 13-34 所示）。

（4）肩部三角巾包扎法　先将三角巾放在伤侧肩，顶角朝下，两底角拉至对侧腋下打结，然后急救者一手持三角巾底边中点。另一手持顶角，将三角巾提起拉紧，再将三角巾底边中点由前向下、向肩后包绕，最后顶角与三角巾底边中点于腋窝处打结固定（如图 13-35 所示）。

（5）腋窝三角巾包扎法　先在伤侧腋窝下垫上消毒纱布，带巾中间压住敷料，并将带

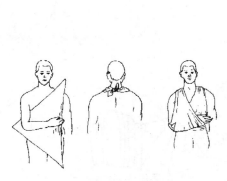
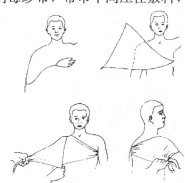

图 13-34　上肢三角巾包扎法　　　　　图 13-35　肩部三角巾包扎法

巾两端向上提，于肩部交叉，并经胸背部斜向对侧腋下打结。

（6）下腹及会阴部三角巾包扎法　将三角巾底边包绕腰部打结，顶角兜住会阴部在臀部打结固定（如图13-36所示）。或将两条三角巾顶角打结，连接结放在病人腰部正中，上面两端围腰打结，下面两端分别缠绕两大腿根部并与相对底边打结。

（7）残肢三角巾包扎法　残肢先用无菌纱布包裹，将三角巾铺平，残肢放在三角巾上，使其对着顶角，并将顶角反折覆盖残肢，再将三角巾底角交叉．绕肢打结（如图13-37所示）。

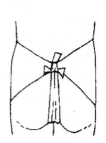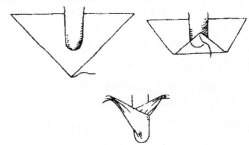

图13-36　下腹及会阴部三角巾包扎法　　　　　　图13-37　残肢三角巾包扎法

3．几种特殊伤的包扎法

（1）开放性颅脑伤　颅脑伤有脑组织膨出时。不要随意还纳，以等渗盐水浸湿了的大块无菌敷料覆盖后，再扣以无菌换药碗，以阻止脑组织进一步脱出，然后再进行包扎固定（如图13-38所示）。同时将伤员取侧卧位，并清除其口腔内的分泌物、黏液或血块，保持呼吸道通畅。

（2）开放性气胸　在胸部贯通伤、开放性气胸时应立即以大块无菌敷料堵塞封闭伤口，既帮助止血，更重要的是可将开放性气胸变为闭合性气胸，防止纵隔扑动和血流动力学的严重改变，危及生命。在转送医院的途中，伤员最好取半卧位。

（3）腹部内脏脱出　腹部外伤有内脏脱出时，不要还纳，以等渗盐水浸湿了的大块无菌敷料覆盖后，再扣以无菌换药碗或无菌的盛物盆等，以阻止肠管等内脏的进一步脱出，然后再进行包扎固定（如图13-39所示）。如果脱出的肠管已破裂，则直接用肠钳将穿孔破裂处钳夹后一起包裹在敷料内。注意一定要将直接覆盖在内脏上的敷料以等渗盐水浸透，以免粘连，造成肠浆膜或其他内脏损伤，发生肠梗阻或其他远期并发症。

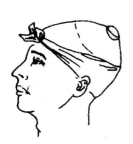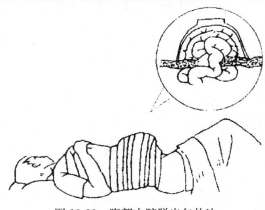

图13-38　开放式颅脑伤包扎法　　　　　　图13-39　腹部内脏脱出包扎法

（4）异物插入眼球　严禁将异物从眼球拔出，最好用一只纸杯先固定异物，然后将无菌的敷料卷围住，再用绷带包扎（如图13-40所示）。

图13-40　异物插入球包扎法

（5）异物插入体内的包扎法　刺入体内的刀或其他异物，不能立即拔除，以免引起大出血。应将大块敷料支撑异物，然后用绷带固定敷料以控制出血。在转运途中需小心保护，并避免移动。若伤者是被铁杆或铁架等大型物件挂住，则更不能将伤员立即"拔出"，应在呼叫110、120、119等救助机构在现场进行抗休克等处理的同时，以切割机将钢筋切割，连同人体内的钢筋一起处理后再送往医院。在切割时注意要不停地以冷水浇注钢筋降温，防止熔融物质对伤者造成伤害，避免高温传导至体内而烧伤体内脏器。

（三）骨折固定

骨关节损伤时均必须固定制动，目的是减轻疼痛、避免骨折片损伤血管和神经等，并能帮助防止休克。较重的软组织损伤也应将局部固定。

固定前应尽可能牵引伤肢和矫正畸形，然后将伤肢放在适当位置，固定于夹板或其他支架上。固定时不要求过分强调姿势和功能位置，以使担抬和坐车均较方便为宜，此种固定称为输送固定或后送固定（进一步处理后的固定则要求尽量满足肢体功能和治疗的长期需要而称为治疗固定）。

固定之夹板或支架等要便于透视、摄片和检查观察伤部。固定范围一般应超过骨折处远近两个关节，所有关节、骨隆突部位均要以棉垫隔离保护，既要牢固不移动，又不可过紧，肢端（趾或指）要露出，以便观察血液循环情况（如图13-41所示）。

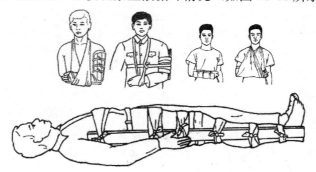

图13-41　不同部位骨折临时固定法

目前已经有针对各部位骨折的固定管型，使用更加方便、快捷，伤病员也更感舒适，各级医疗救护机构均有相应配备。

在现代创伤，特别是城市交通事故伤和倒塌、坠落事故伤中，脊椎损伤已越来越常见，现场的错误处置和不当的搬运，可引起十分严重且不可逆转的后果，而恰当的救治却又能使伤员完全恢复，结果截然不同，应引起足够的重视。

在以下的情况下，应常规对伤者进行颈托固定和腰椎的保护，然后在头或腰的两侧各垫枕头或沙袋，并用绷带适当固定，以免晃动移位。

1. 伤情一时不明者；

2. 继发性损伤；

3. 有意识改变，不能述说和定位者；

4. 明确述说有颈部和腰部的疼痛、活动受限者；

5. 四肢、躯干未见明显外伤，却有感觉和活动障碍者；

6. 在锁骨上水平有钝器伤者；

7. 其他怀疑有脊椎损伤者。

怀疑或确定有骨盆骨折者，可用三角巾包扎固定。将三角巾叠成带状，于腰骶部经髋前至小腹部打结固定，另取一块三角巾叠成同样宽的带状，将其中间置于小腹正中部位置，拉紧三角巾两底角绕髋部，于腰骶部固定。

（四）搬运

现场救治伤员，必须尽快后送。单个伤员的处置较为简单，由于救援人力物力均较充分，在现场处置完毕后尽快后送即可。而对于批量伤员，则必须在现场将伤员进行初次评估及快速分类、分检，以将治疗力量合理组织分配，使有限的资源充分有效地利用，并使尽可能多的伤员得到及时、恰当和有效的救治。

1. 现场评估、检伤和分类原则

（1）已有呼吸心搏停止或即将停止者，暂不后送。现场即刻进行心肺复苏等基础生命支持，待呼吸心搏恢复、静脉通道建立后专人护送后送。或一时未能使呼吸心搏恢复者，应在有平卧条件的救护车上，一边不间断进行基础生命支持，一边后送，并事先与后方医院联系。

（2）已死亡或判断为无救治希望者，可在其身体显著位置上标以黑牌（以 5cm×3cm 的不干胶制成），暂不予处置和后送。

（3）呼吸循环不稳定、随时有生命危险者，包括心肺复苏成功后或正在进行心肺复苏者，严重颅脑和胸腹外伤等需立即进行紧急抢救性手术和改善通气者，标以红牌，谓之"紧急后送"的危重伤员，需由医护人员专人护送，即刻转运至最近的有救治条件的救护机构紧急救治。

（4）生命体征平稳，但有较重伤势，如不伴大出血和呼吸循环衰竭的胸腹贯穿伤、轻中度烧伤、一般性骨折、严重软组织挤压、切割伤等，标以黄牌，称为"优先后送"的重伤员。在有充裕运输工具时，分送至多家医院，避免过多伤员集中于一处医疗机构。

（5）一般的轻伤，标以绿牌，为可以暂缓后送的轻伤员，待事件平静后组织分送。或由伤员互相协助，自行乘普通交通工具分散就医。

2. 搬运后送的一般原则

（1）必须在原地检伤、包扎止血、固定等救治之后再行搬动及转运。

（2）最好首先用装备较齐全的救护车运送伤员，以提高转运的效率、提高救治成功率。

（3）在救护车不能迅速到达的边远地区，宜选择能使伤员平卧的车辆转运伤员，条件允许时，最好采用航空救护。

（4）颈部要固定，注意轴线转动，骨关节、脊椎要避免弯曲和扭转，以免加重损伤（如图 13-42 所示）。

图 13-42　脊椎、脊髓伤伤员的搬运法

（5）要有专业医务人员在转运中严密观察其生命体征变化，保持呼吸道通畅，防止窒息。寒冷季节应注意保暖，但意识不清或感觉障碍者忌用热水袋，以免烫伤（一般的温热水袋长时间接触不动也会将皮肤严重烫伤）。

（6）尽量减少严重创伤患者的不必要搬动，在骨盆骨折中，一次不必要的搬动可致胶体额外损失达 800～2000ml，甚至更多。

（7）创伤患者，若无明显禁忌症，可以使用小剂量吗啡或哌替啶镇痛，以减轻转运伤员途中的疼痛，防止创伤性休克。

3. 简便搬运方法

（1）单人搬运法

如果不是必须，千万不要移动伤员。扫视逃生路线以决定搬运伤员的最好方法和路线。如果只有你一个人，并且必须快速转移伤员，应尝试下列急救搬运法。

1）扶持法（图 13-43）

这种方法只适用于可以自己行走的伤员。这是一种简单的转移轻伤伤员的方法。

2）拖行法（图 13-44）

图 13-43　扶持法　　　　　　　图 13-44　拖行法

这种搬运方法适合拖行仰卧的伤员，或者是处于坐姿的伤员。轻轻地把你的双手插到伤员的腋下，分别抓住两边的衣服，将伤员的头支撑在你的前臂间。将伤员向后拖行到最近的安全地方。要注意，在拖拽他们的衣服时，千万不要使他们窒息。

3）拖毯法（图 13-45）

对于可以采用拖拉法移动的伤员，如果有毯子，救助者也可以将伤员移动到毯子上进行拖拉。

4）背负法（图 13-46）

将一个站着或者坐着的伤员背到你的背上。如果伤员已无知觉或者手臂有伤，不要用这种方法。

5）搬运下楼（图 13-47）

图 13-45　拖毯法　　　　图 13-46　背负法　　　　图 13-47　搬运下楼

如果你怀疑伤员头部或者脊柱受伤，或者断肢，不要用这种方法。可能的话，用床垫或者地毯垫在伤员身下。

6）爬行法（图 13-48）

使用三角巾或撕开的衬衫等，把伤员的手扎在一起，把扎着的手套在你的脖子上。用这种方法可以挪动比救助人重很多的人。

（2）双人营救法

1）座椅搬运法（图 13-49）

图 13-48　爬行法　　　　　　图 13-49　座椅搬运法

座椅搬运法可以用于搬运有意识或者无意识的伤员，但是不能用于头部或脊柱受伤的伤员。为了保护伤员，要将伤员的手固定放置在他的胸前，如果伤员无意识，那么要将伤员固定在椅子上。

2）双手坐抬法（图 13-50）

双手坐抬法，是在伤者意识清醒，但不能行走或支撑上身时，所能采用的另一种搬运方法。两位救援人员将双手的十指向手掌内弯成钩状，并互相钩住对方的手指。如果你没有准备手套，请用一块布包裹双手以保护双手不被对方的指甲抓伤。这是救援中佩戴手套的又一个原因。

3）四手坐抬法（图 13-51）

这种方法也可以用于搬运意识清醒、可以使用双手与手臂支撑身体的伤者的好方法。

图 13-50　双手坐抬法　　　　　　　　　图 13-51　四手坐抬法

（3）多人搬运法

如果有两人以上参与救援，则有许多不同的搬运伤者的方法。

1）毛毯搬运法（图 13-52）

当伤者头部或脊柱可能受伤时，请不要使用这种搬运法。

①将毛毯或地毯纵向卷至宽度的一半。搬运者位于伤员的头部和足部，使伤员头、颈和躯干在一条直线上。

② 在伤员的肩膀旁跪下，并在伤者腰部垫上东西，以帮助伤员侧起，伤员身体未受伤的一侧要在下面。翻转时，将伤员作为一个整体转动，这样伤员身体就不会发生扭曲。

③ 把伤员的背部滚到毛毯上，使其面部朝上。展开毛毯，重新将毛毯的边卷向伤员两侧。搬运者在伤者头、肩、臀、腿的位置抓住毛毯边卷，准备好将伤员抬起。

④ 在伤员被抬起并放上担架的过程中，要保持毛毯紧绷。

2）三人搬运法（图 13-53）

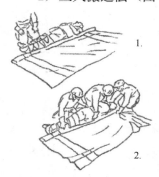

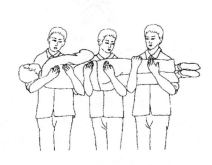

图 13-52　毛毯搬运法　　　　　　　　　图 13-53　三人搬运法

这种方法可用于搬运受伤严重的伤员，而又不会使伤害加重。可以抬着伤员向前，侧向移动或向下放置在担架上。

3）简易担架（图 13-54）

如果无法获取正规担架，你可以就地取材，用桌面、门板或细木工板等当担架，或者用两根坚硬的长杆以及毛毯或衣物来制作一个担架。不要用非刚性的担架运送疑似头部或脊椎受伤的伤员。

A. 用毯子和长杆制作担架

① 将毛毯平放在地面上，将长杆放在毛毯上，长杆距离毛毯一边三分之一，将毛毯的那三分之一向内折叠盖住长杆。

② 将第二根长杆与第一根长杆平行放置于毛毯折叠部分，距毛毯折叠部分边缘约15cm。

③ 将剩下的毛毯折在两根长杆上面。毛毯上伤员的重量使毛毯不会从长杆上滑落。

B. 就地取材，制作担架

门、短梯、镀锌板、细木工板等等都可以用来临时做成担架，所以请留心身边合适的材料。确认担架和伤员能通过所有通道，确认担架牢固足以承载伤员。

注意：要使用一个体重与伤员相仿或更重的人测试简易担架是否足够坚固，以承载伤者。要检查简易担架的长宽是否能够保证在不损伤伤员的情况下，通过过道、门和楼梯。

C. 毛毯制作担架（图13-55）

一条毛毯可以包裹伤员以取暖，还便于对伤口进行处理。

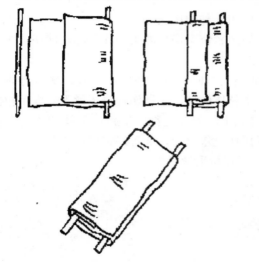

图13-54　简易担架

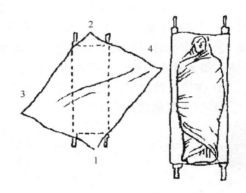

图13-55　毛毯制作担架

将毛毯沿对角线纵放在担架上。折起垂下的边沿放回到担架床身的两边以防拖地。将伤员放到担架上后，用底端的一角（图13-55的1）包住脚，然后掖到两脚踝之间。用头部的一角（图13-55中的2）包住头和脖子。用另两个边盖住伤员（图13-55的3和4）

4）用担架捆绑固定伤员（图13-56）

若不得不在崎岖不平的地面或瓦砾堆中运送伤员，则必须用双套结将伤员固定在担架上。在担架把手上打一个双套结，由此开始，在胸中部、臀部、髋部和膝下位置用一系列半结固定伤员。

A. 运送担架（图13-57）

担架需由至少四个人抬运，一般搬运者面对前进方向，伤员足部在前。当上坡、上楼、搬进救护车或搬上床时，则应头部在前。记住，救援者中必须有人在搬运过程中一直观察伤者。

B. 不平的地面与障碍物

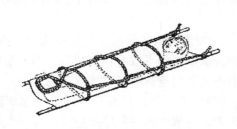

图 13-56　用担架捆绑固定伤员　　　　　　　图 13-57　运送担架

当通过不平整的地面时，担架要有四人抬，并尽量保持水平。救援者要时时调整担架高度，以补偿地形起伏的影响。

如果地面不稳固，担架应由一排六到八人进行传递，而不是搬运者抬着担架在碎石上行走，尤其是当担架被放下的时候，因为这些时候捆绑伤员的绳子可能会绷紧。

在通过门口时，最前面的搬运者应移动到担架中间，让担架前端伸出到门外。救援者一个一个地通过门口，然后重新抬好担架。

搬运中要避免越过墙或者高的障碍物，哪怕这样做意味着需要走更长的路。必须越过墙时，遵循下列步骤：

①提高担架，将担架前把手支撑在墙头上。后面的人保持担架水平，前面的人这时候再越过墙。

②所有搬运者一同抬高担架，向前移动担架，直到后把手被搁在墙头上。随后，后面的人越过墙。

4. 救援坐姿伤员（图 13-58）

有时在交通事故中，伤员会坐在车里。当情况危急，仅有你一人且必须马上将坐姿伤员移出车外时，请遵循以下步骤：

1）将伤者的脚从车辆残骸中解脱出来，并移至靠近出口处。将你的一条前臂轻轻插入伤者靠近出口处的腋窝下，伸出手支撑住伤者下颌。

图 13-58　救援坐姿伤员

2）轻轻将伤者头部向后靠到你的肩部，保持伤者颈部尽量正直。

3）将你的另一条前臂轻轻插入伤者另一侧腋窝下，把住伤者靠近出口一侧的手腕。

4）站稳，转动伤者。尽量保持颈部正直，将伤者从车内拉到一个安全的距离，越少扭动伤者的身体越好。

所有的伤者都可能会因救援的动作而感觉到不适与疼痛加剧。记住，不要更多地移动伤者，以能安全地等待进一步帮助为限。只有那些为保证伤者生命安全而必需的事，才有必要去做。此后，继续安慰有知觉的伤者，可能的话，留人一直陪伴着他，直到进一步的救助到来。

5. 创伤救护中的注意事项

1）护送伤员的人员，应向医生详细介绍受伤经过，受伤时间、地点、受伤时所受的暴力大小，现场场地情况。凡属高处坠落的还要介绍坠落高度、伤员最先着地部位或间接击伤部位，坠落过程中是否有其他阻挡或转折。

2）高处坠落的伤员，在确诊有颅骨骨折时，即使当时头脑清醒，但伴有头痛、头晕、恶心、呕吐等症状，仍应劝其留院严密观察。因为从以往的事故看，有相当一部分伤员往往忽视了这些情况，有的伤员自我感觉良好，但不久因为抢救不及时导致死亡。

3）在房屋倒塌、土方坍塌、交通事故中，在肢体受到严重挤压后，局部软组织因缺血而呈苍白，皮肤温度下降，感觉麻木，肌肉无力。一般在解除肢体压迫后，应马上用弹性绷带缠绕伤肢，以免发生组织肿胀，还要给以固定少动。这种情况下的伤肢不应该局部按摩，不应该继续活动。

4）胸部受伤的伤员，实际损伤常较胸壁表面所显示的更为严重，有时甚至完全表里分离。在下胸部受伤时，要想到腹腔内脏受击伤引起出血的可能。

5）人体受伤时尤其在严重创伤时，常常是多种性质的外伤并存的，应提醒医院全面考虑，综合分析。反之往往会造成误诊，漏诊而错失抢救时机，断送伤员的生命，造成终生的遗憾。

6. 引起创伤性休克的主要原因是创伤后的剧烈疼痛、失血引起的休克，以及软组织坏损后的分解产物被吸收而中毒，处于休克状态的伤员要让伤员安静、保暖、平卧、少动，并将下肢抬高约 20 度左右，及时止血、包扎、固定伤肢以减少疼痛，尽快送医院进行抢救治疗。

三、火灾事故急救知识

建筑装饰装修工地火灾事故是经常发生的。一般地说，起火要有三个条件，即可燃物（木材、汽油）、助燃物（氧气、高锰酸钾）和点火源（明火、烟火、电焊火花）。扑灭初期火灾的一切措施，都是为了破坏已经产生的燃烧条件。

（一）火灾急救的基本要点

（1）及时报警，组织扑救。全体员工在任何时间、地点，一旦发现起火都要立即报警，并参与和组织群众扑灭火灾。

（2）集中力量，主要利用灭火器材，控制火势，集中灭火力量在火势蔓延的主要方向进行扑救以控制火势蔓延。

（3）消灭飞火，组织人力监视火场周围的建筑物，露天物质堆放场所的未尽飞火，并及时扑灭。

（4）疏散物质，安排人力和设备，将受到火势威胁的物质转移到安全地带，阻止火势蔓延。

（5）积极抢救被困人员；人员集中的场所发生火灾，要有熟悉情况的人做向导，积极寻找和抢救被困的人员。

（二）火灾急救的基本方法

（1）先控制，后消灭。对于不可能立即扑灭的火灾，要先控制火势，具备灭火条件时再展开全面进攻，一举消灭。

（2）救人重于救火。灭火的目的是为了打开救人通道，使被困人员得到救援。

（3）先重点，后一般。重要物资和一般物资相比，保护和抢救重要物资；火势蔓延猛烈方面和其他方面相比，控制火势蔓延的方面是重点。

（4）正确使用灭火器材。水是最常用的灭火剂，取用方便，资源丰富，但要注意水不能用于扑救带电设备的火灾；各种灭火器的用途和使用方法如下：

泡沫灭火器：把灭火器筒身倒过来；适用扑救木材、棉花、纸张等火灾，不能扑救电气、油类火灾。

二氧化碳灭火器：一手拿好喇叭筒对准火源，另一手打开开关即可；适于扑救贵重仪器和设备，不能扑救金属钾、钠、镁、铝等物质的火灾。

干粉灭火器：打开保险销，把喷管口对准火源，拉出拉环，即可喷出；适用于扑救石油产品、油漆、有机溶剂和电气设备等火灾。

（5）人员撤离火场途中被浓烟围困时，应采用低姿势行走或匍匐穿过浓烟，有条件时可用湿毛巾等捂住嘴鼻，以便顺利撤出烟雾区；如无法进行逃生，可向外伸出衣物或抛出小物件，发出救人信号引起注意。

（6）进行物资疏散时应将参加疏散的职工编成组，指定负责人首先疏散通道，其次疏散物资，疏散的物资应堆放在上风向的安全地带，不得堵塞通道，并要派人看管。

四、烧烫伤事故的现场急救

建筑装饰装修在焊接、金属切割或发生火灾事故时，容易造成烧伤。而接触化学物品或滚烫开水倾覆也会发生烫伤。

（一）烧烫伤害应采取以下紧急救护：

发生烫伤、烧伤时，应沉着冷静，若周围无其他人员时，应立即自救。首先把烧着或被沸液浸渍的衣服迅速脱下，若一时难以脱下时，应就地到水龙头下或水池（塘）边，用水浇或跳入水中，周围无水源时，应用手边的材料灭火，防止火势扩散。自救时切忌乱跑，也不要用手扑打火焰，以免引起面部、呼吸道和双手烧伤。

烧烫伤害可根据受伤皮肤深度，分为3度。1度：仅为表皮烫伤，表现为局部干燥、微红肿、无水泡、有灼痛和感觉过敏。2度：伤及表皮的真皮层、局部红肿，且有大小不等的水泡为浅2度。皮肤发白或棕色，感觉迟钝，温度较低，为深2度。3度：为全皮层皮肤烧烫伤，有的深达皮下脂肪、肌层，甚至骨骼。

1. 小面积或轻度烧烫伤的紧急处理：

小面积烫伤约为人身表面积的1%，深度为浅2度。立即将伤肢用自来水冲淋或浸泡在冷水中，以降低温度减轻疼痛与肿胀，如果局部烧烫伤伤口处较脏或被污染时，可用肥皂水冲洗，但不可用力擦洗。如果眼睛被烧伤，应将面部浸入冷水中，并做睁眼、闭眼活动，浸泡时间至少在10分钟以上。如果是身体躯干烧伤，无法用冷水浸泡时，可用冷湿毛巾冷敷患处。患处冷却后，用灭菌纱布或干净布覆盖包扎。视情况待其自愈或转送医院作进一步治疗。不要用紫药水、红药水、消炎粉等药物处理。

2. 大面积或重度烧伤紧急处理：

局部冷却后对创面覆盖包扎。包扎时要稍加压力，紧贴创面，包扎时范围要大一些，防止污染伤口。注意保持呼吸道畅通；注意及时对休克伤员抢救；注意处理其他严重损伤，如止血、骨折固定等。在救护的同时迅速转送医院治疗。

3. 呼吸道烧伤的抢救：

保持呼吸道畅通，情况紧急时可行环甲膜穿刺或切开。必要时，有医护人员可行气管切开。颈部用冰袋冷敷，口内也可含冰块，以期收缩局部血管，减轻呼吸道梗阻。立即转送医院作进一步抢救。

（二）化学体表烧伤的救护：

1. 强碱、强酸液烧伤。立即脱下浸有强碱、强酸液的衣服，用大量自来水或清水冲洗烧伤部位。反复冲洗直至干净，一般需冲洗 15～30 分钟，也可用温水冲洗。切忌在不冲洗的情况下就用酸性（或碱性）液中和，以免产生大量热加重烧伤程度。

2. 如果是被生石灰、电石灰等烧伤，应先将局部擦拭干净，然后再用大量清水冲洗。切忌在未清除干净前就直接用水冲洗或泡入水中，以免遇水产热，加重烧伤。可用中和剂中和，然后再用清水冲洗干净。如果被强碱类物质烧伤，可用食醋、3%～5%醋酸、5%稀盐酸、3%～5%硼酸等中和。如果被强酸类物质烧伤，用 5%碳酸氢钠、1%～3%氨水、石灰水上清液等中和清洗。

3. 化学性眼睛烧伤的急救：

眼睛中溅入酸液或碱液，由于这两种物质都有较强的腐蚀性，对眼角膜和结膜会造成不同程度的化学烧伤，发生急性炎症。这时千万不要用手揉眼睛，应立即用大量清水冲洗，冲洗时，可直接用水冲，也可将眼部浸入水中，双眼睁开或用手分开上、下眼皮，摆动头部或转动眼球 3～5 分钟。水要勤换，以彻底清洗残余的化学物质。

如有颗粒状化学物质进入眼睛内，应立即拭去，同时用水反复冲洗。伤眼冲洗应立即进行，越快越好，越彻底越好。不要因过分强调水质而延误时机，从而加重受伤程度。

4. 穿化纤服烧伤的急救：

穿化纤服烧伤后，应迅速妥善清除燃烧物。化学纤维（如维纶、涤纶、腈纶、棉纶等）为高分子化合物。在燃烧爆炸时温度一般在数百度以上，化学纤维会立即熔融，熔融物温度可达 200～300℃甚至更高，黏附在人体皮肤上，不易脱落，必定造成严重伤害（烧伤或中毒）。穿化纤服烧伤后，必须迅速妥善清理不留灰痕。天然纤维（棉、毛、麻、丝等）则不同，它们的熔点比分解点高，一旦受到高温作用，尚未熔融即先分解或炭化，即使工作服燃烧起来，也不会粘在人体皮肤上，容易脱下或扑灭。

五、中毒及中暑急救知识

施工现场发生的中毒主要有食物中毒、燃气中毒及毒气中毒；中暑是指人员因处于高温高热的环境而引起的疾病。

（一）食物中毒的救护

1. 发现饭后多人有呕吐、腹泻等不正常症状时，尽量让病人大量饮水，刺激喉部使其呕吐。

2. 立即将病人送往就近医院或拨打急救电话 110 或 120。

3. 及时报告工地负责人和当地卫生防疫部门，并保留剩余食品以备检验。

（二）燃气中毒的救护

1. 发现有人煤气中毒时，要迅速打开门窗，使空气流通。

2. 将中毒者转移到室外实行现场急救。

3. 立即拨打急救电话 110、120 或将中毒者送往就近医院。

4. 及时报告有关负责人。

（三）毒气中毒的救护

1. 在井（地）下施工中有人发生毒气中毒时，井（地）上人员绝对不要盲目下去救助；必须先向出事点送风，救助人员装备齐全安全保护用具，才能下去救人。

2. 立即报告工地负责人及有关部门，现场不具备抢救条件时，应及时拨打 110 或 120 电话求救。

（四）中暑的救护

1. 迅速转移。将中暑者迅速移至阴凉通风的地方，解开衣服、脱掉鞋子，让其平卧，头部不要垫高。

2. 降温。用凉水或 50％酒精擦其全身，直到皮肤发红，血管扩张以促进散热。

3. 补充水分和无机盐类。能饮水的患者应鼓励其喝足凉盐开水或其他饮料，不能饮水者，应予静脉补液。

4. 及时处理呼吸、循环衰竭。呼吸衰竭时，可注射尼可刹明或山梗茶碱，循环衰竭时，可注射鲁明那钠等镇静药。

5. 转院。医疗条件不完善时，应对患者严密观察，精心护理，送往就近医院进行抢救。

六、传染病应急救援措施

由于施工现场的施工人员较多，如若控制不当，容易造成集体感染传染病。因此需要采取正确的措施加以处理，防止大面积人员感染传染病。

（一）如发现员工有集体发烧、咳嗽等不良症状，应立即报告现场负责人和有关主管部门，对患者进行隔离加以控制，同时启动应急救援方案。

（二）立即把患者送往医院进行诊治，陪同人员必须做好防护隔离措施。

（三）对可能出现病因的场所进行隔离、消毒，严格控制疾病的再次传播。

（四）加强现场员工的教育和管理，落实各级责任制，严格履行员工进出现场登记手续，做好病情的监测工作。

附录一 建筑装饰装修安全相关法律法规 标准规范文件资料

1 《中华人民共和国宪法》

2 《中华人民共和国刑法及其修正案（六）》

3 《中华人民共和国建筑法》

4 《中华人民共和国劳动法》

5 《中华人民共和国安全生产法》

6 《中华人民共和国消防法》

7 《中华人民共和国道路交通安全法》

8 《中华人民共和国环境保护法》

9 《中华人民共和国劳动合同法》

10 《中华人民共和国食品安全法》

11 《中华人民共和国职业病防治法》（2011 年 12 月 31 日通过修改）

12 《中华人民共和国妇女权益保障法》

13 《中华人民共和国未成年人保护法》

14 《中华人民共和国突发事件应对法》

15 《生产安全事故应急预案管理办法》（国家安全生产监督管理总局令第 17 号）

16 《建设工程安全生产管理条例》（国务院令第 393 号）

17 《建设项目环境保护管理条例》（国务院令第 253 号）

18 《国务院关于进一步加强安全生产的决定》（国发〔2004〕2 号）

19 《安全生产许可证条例》（国务院令第 397 号）

20 《建筑施工企业安全生产许可证管理规定》（建设部令第 128 号）

21 《建筑施工企业安全生产许可证管理规定实施意见》（建设部 建质〔2004〕148 号）

22 《建筑施工企业安全生产许可证动态监管暂行办法》（住建部 建质〔2008〕121 号）

23 《关于落实建设工程安全生产监理责任的若干意见》（建设部 建市〔2006〕248 号）

24 《建筑业企业职工安全培训教育暂行规定》（建设部 建教〔1997〕83 号）

25 《建筑施工企业主要负责人、项目负责人和专职安全生产管理人员安全生产考核管理暂行规定》（建设部 建质〔2004〕59 号）

26 《建筑施工企业安全生产管理机构设置及专职安全生产管理人员配备办法》（住建部 建质〔2008〕91 号）

27 《建筑施工特种作业人员管理规定》（住建部 建质〔2008〕75 号）

28 《特种作业人员安全技术培训考核管理规定》（国家安监总局令第 30 号）

29 《特种设备作业人员监督管理办法》（国家质量监督检验检疫总局令第 70 号）

30 《特种作业人员安全技术考核管理规则》GB 5306—85

31 《特种设备作业人员考核规则》（TSG Z6001—2005）

32 《房屋建筑工程抗震设防管理规定》（建设部令第 148 号）

33 《工程建设标准强制性条文》（房屋建筑部分）（2009 年版）

34 《建筑施工企业安全生产管理规范》（GB50656—2011）

35 《建筑施工组织设计规范》（GB/T 50502—2009）

36 《施工现场临时建筑物技术规范》（JGJ/T 188—2009）

37 《建筑施工安全检查标准》（JGJ 59—2011）

38 《施工企业安全生产评价标准》（JGJ/T 77—2010）

39 《危险性较大的分部分项工程安全管理办法》（住建部 建质〔2009〕87 号）

40 《危险性较大工程安全专项施工方案编制及专家论证审查办法》（建设部 建质〔2004〕21 号）

41 《高危行业企业安全生产费用财务管理暂行办法》（财政部 财企〔2006〕478 号）

42 《生产安全事故应急预案管理办法》（国家安全生产监督管理总局令第 17 号）

43 《生产安全事故报告和调查处理条例》（国务院令第 493 号）

44 《生产安全事故信息报告和处置办法》（国家安全生产监督管理总局令第 21 号）

45 《安全生产违法行为行政处罚办法》（国家安全生产监督管理总局令第 15 号）

46 《国务院关于特大安全事故行政责任追究的规定》（国务院令第 302 号）

47 《特种设备安全生产监察条例》（国务院令第 373 号）

48 《特种设备事故报告和调查处理规定》（国家质量监督检验检疫总局令第 115 号）

49 《起重机械安全监察规定》（国家质量监督检验检疫总局令第 92 号）

50 《建筑起重机械安全监督管理规定》（建设部令第 166 号）

51 《起重机械安全规程》（GB 6067—86）

52 《起重吊运指挥信号》（GB 5052—85）

53 《建筑起重机械备案登记办法》（住建部 建质〔2008〕76 号）

54 《建筑施工起重吊装工程安全技术规范》（JGJ276—2012）

55 《建筑机械使用安全技术规程》（JGJ 33—2012）

56 《建筑机械技术试验规程》（JGJ 34—86）

57 《施工现场机械设备检查技术规程》（JGJ 160—2008）

58 《建筑起重机械安全评估技术规程》（JGJ/T 189—2009）

59 《施工升降机安全规程》（GB 10055—2007）

60 《龙门架及井架物料提升机安全技术规范》（JGJ 88—2010）

61 《建筑卷扬机》（GB/T 1955—2008）

62 《建筑卷扬机安全规程》（GB 13329—1991）

63 《重要用途钢丝绳》（GB 8918—2006 ）

64 《起重机械用钢丝绳检验和报废实用规范》（GB 5972 — 2006）

65 《建筑施工扣件式钢管脚手架安全技术规范》（JGJ 130—2011）

66 《建筑施工门式钢管脚手架安全技术规范》（JGJ 128—2010）

67 《建筑施工碗扣式脚手架安全技术规范》（JGJ 166—2008 ）

68 《钢管脚手架扣件》（GB 15831—2006）

69　《钢管满堂支架预压技术规程》(JGJ/T 194—2009)

70　《建筑施工木脚手架安全技术规范》(JGJ 164—2008)

71　《建筑施工工具式脚手架安全技术规范》(JGJ 202—2010)

72　《高处作业吊篮》(GB 19155—2003)

73　《高处作业吊篮安全规则》(JGJ 5027—92)

74　《建筑施工附着升降脚手架管理暂行规定》(建设部 建建〔2000〕230 号)

75　《便携式木梯安全要求》(GB 7059—2007)

76　《便携式金属梯安全要求》(GB 12142—2007)

77　《重大事故隐患管理规定》(劳动部 劳部发〔1995〕322 号)

78　《安全生产事故隐患排查治理暂行规定》(国家安全生产监督管理总局令第 16 号)

79　《危险化学品安全管理条例》(国务院令第 344 号)

80　《危险化学品重大危险源辨识》(GB 18218—2009)

81　《仓库防火安全管理规则》(公安部令第 6 号)

82　《消防监督检查规定》(公安部令第 107 号)

83　《消防安全标志》(GB 13495—92)

84　《消防安全标志设置要求》(GB 15630—1995)

85　《火灾分类》(GB/T 4968—2008)

86　《火灾事故调查规定》(公安部令第 108 号)

87　《重大火灾隐患判定方法》(GA 653—2006)

88　《建筑灭火器配置设计规范》(GB 50140—2005)

89　《建筑灭火器配置验收及检查规范》(GB 50444—2008)

90　《手提式干粉灭火器》(GB 4402—1998)

91　《灭火器箱》(GA 139—1996)

92　《干粉灭火装置》(GA 602—2006)

93　《灭火器维修与报废规程》(GA 95—2007)

94　《消防应急照明灯具通用技术条件》(GA 54—93)

95　《消防应急灯具》(GB 17945—2000)

96　《消防产品现场检查判定规则》(GA 588—2005)

97　《建设工程施工现场消防安全技术规范》(GB 50720—2011)

98　《气瓶安全监察规定》(国家质量监督检验检疫总局令第 46 号)《气瓶使用登记管理规则》(TSG R 5001—2005)

99　《气瓶颜色标志》(GB 7144—1999)

100　《气瓶警示标签》(GB 16804—1997)

101　《焊接与切割安全》(GB 9448—1999)

102　《安全色》(GB 2893—2008)

103　《安全标志及使用导则》(GB 2894—2008)

104　《建筑施工人员个人劳动保护用品使用管理暂行规定》(建设部 建质〔2007〕255 号)

105　《个人防护用品术语》(GB/T 12903—91)

106　《坠落防护　安全绳》(GB 24543—2009)

107　《安全帽》(GB 2811—2007)

108　《安全帽测试方法》(GB/T 2812—2006)

109　《安全带》(GB 6095—2009)

110　《安全带测试方法》(GB/T 6096—2009)

111　《安全网》(GB 5725—2009)

112　《个体防护装备　安全鞋》(GB 21148—2007)

113　《缺氧危险作业安全规程》(GB 8958—2006)

114　《建筑施工高处作业安全技术规范》(JGJ 80—1991)

115　《高空作业机械安全规则》(JG 5099—1998)

116　《用电安全导则》(GB/T 13869—2008)

117　《施工现场临时用电安全技术规范》(JGJ 46—2005)

118　《漏电保护器安装和运行》(GB 13955—92)

119　《漏电电流动作保护器》(GB 6829—86)

120　《特低电压（ELV）限值》(GB/T 3805—2008)

121　《涂装作业安全规程　有限空间作业安全技术要求》(GB 12942—2006)

122　《手持式电动工具的管理使用检查维修安全技术规程》(GB/T 3787—2006)

123　《砂轮机安全防护技术条件》(JB 8799—1998)

124　《木工（材）车间安全生产通则》(GB 15606—1995)

125　《木工机械安全使用要求》(AQ 7005—2008)

126　《木工刀具安全　铣刀、圆锯片》(GB 18955—2003)

127　《木材加工圆锯机安全技术要求》(GB 16272—1996)

128　《气动工具一般安全要求》(GB 17957—2000)

129　《建筑安全玻璃管理规定》(发改运行〔2003〕2116 号)

130　《建筑玻璃应用技术技程》(JGJ 113—2009)

131　《建设工程施工现场管理规定》(建设部令第 15 号)

132　《建设项目环境保护管理条例》(国务院令第 253 号)

133　《建筑施工场界环境噪声排放标准》(GB 12523—2011)

134　《环境空气质量标准》(GB 3095—2012)

135　《职业健康安全管理体系规范》(GB/T 28001—2001，等效 OHSAS 18001)

136　《职业安全卫生术语》(GB/T 15236—2008)

137　《建筑施工现场环境与卫生标准》(JGJ 146—2004)

138　《建筑安全卫生公约》(第 167 号国际公约)

139　《高温作业分级》(GB/T 4200—2008)　《高处作业分级》(GB/T 3608—2008)

140　《体力劳动强度分级》(GB 3869—1997)

141　《防暑降温措施管理办法》(安监总安健〔2012〕89 号)

142　《关于印发〈职业病目录〉的通知》(卫法监发 [2002] 108 号)

143　《女职工劳动保护特别规定》(国务院令第 619 号)

144　《职业健康监护技术规范》(GBZ188—2007)

145 《工伤保险条例》（国务院第 375 号令）

146 《工伤认定办法》（人力资源和社会保障部令第 8 号）《企业职工伤亡事故分类标准》（GB 6441—86）

147 《企业职工伤亡事故报告和处理规定》（国务院第 75 号令）

148 《职业病危害事故调查处理办法》（卫生部令第 25 号）

149 《职业病诊断与鉴定管理办法》（卫生部令第 24 号）

150 《事故伤害损失工作日标准》（GB/T 15499—1995）

151 《劳动能力鉴定职工工伤与职业病致残等级》（GB/T 16180—2006）

152 《人体轻微伤鉴定标准》（GA/T 146—1996）

153 《职工带薪年休假条例》（国务院第 514 号）

154 《生产经营单位安全生产事故应急预案编制导则》（AQ/T 9002—2006）

附录二　安全生产培训试题集（附答案）

一、单项选择题（本题型每题有 4 个备选答案，其中只有 1 个是正确的。多选、不选、错选均不得分）

1.《生产安全事故报告和调查处理条例》自（ B ）日起施行。

A. 2007 年 11 月 1 日　　　　　　　　B. 2007 年 6 月 1 日

C. 2008 年 1 月 12 日　　　　　　　　D. 2007 年 5 月 1 日

2.（ B ）是安全生产领域的综合性基本法，它是我国第一部全面规范安全生产的专门法律。

A.《建筑法》　　　　　　　　　　　B.《安全生产法》

C.《生产安全事故报告和调查处理条例》　D.《建设工程质量管理条例》

3. 为了加强安全生产监督管理，防止和减少安全生产事故，保障人民群众生命和财产安全，促进经济发展。以上描述了（ A ）的立法目的。

A.《安全生产法》　　　　　　　　　B.《矿山安全法》

C.《道路交通安全法》　　　　　　　D.《消防法》

4. 我国安全生产管理方针是（ A ）。

A. 安全第一、预防为主、综合治理　　B. 质量第一、兼顾安全

C. 安全至上　　　　　　　　　　　　D. 安全责任重于泰山

5.（ C ）负责非中央管理的建筑施工企业安全生产许可证的颁发和管理，并接受国务院建设主管部门的指导和监督。

A. 国务院建设主管部门

B. 市级建设行政主管部门

C. 省、自治区、直辖市人民政府建设主管部门

D. 县级以上建设行政主管部门

6. 施工单位应当设立安全生产管理机构，配备（ B ）安全生产管理人员。

A. 兼职　　　　　　　　　　　　　　B. 专职

C. 业余　　　　　　　　　　　　　　D. 代理

7.《安全生产法》第二十条规定，生产经营单位主要负责人和安全生产管理人员必须具备与本单位所从事的生产经营活动相应的（ D ）。

A. 安全生产管理资格　　　　　　　　B. 安全生产管理学历

C. 安全生产管理经验　　　　　　　　D. 安全生产知识和管理能力

8. 2003 年 11 月 12 日，国务院第 28 次常务会议讨论并原则通过了《建设工程安全生产管理条例》草案，（ C ），温家宝总理签署第 393 号国务院令予以公布。

A. 2002 年 11 月 20 日　　　　　　　B. 2004 年 11 月 20 日

C. 2003 年 11 月 20 日　　　　　　　D. 2005 年 11 月 20 日

9.《安全生产许可证条例》于（C）国务院第 34 次常务会议通过。

A. 2003 年 1 月 7 日 　　　　　　　　　　B. 2005 年 1 月 7 日

C. 2004 年 1 月 7 日 　　　　　　　　　　D. 2006 年 1 月 7 日

10. 在（D）中，我国第一次以法律形式确立了企业安全生产的准入制度，是强化安全生产源头管理，全面落实"安全第一，预防为主，综合治理"安全生产方针的重大举措。

　　A.《建筑法》 　　　　　　　　　　　　B.《安全生产法》

　　C.《建设工程安全生产管理条例》 　　　　D.《安全生产许可证条例》

11. 下列（D）选项不属于企业取得安全生产许可证所应当具备的安全生产条件。

A. 建立、健全安全生产责任制，制定完备的安全生产规章制度和操作规程

B. 安全投入符合安全生产要求

C. 设置安全生产管理机构，配备专职安全生产管理人员

D. 企业负责人学历要求为本科以上

12. 国务院令第 397 号（C）中规定，依法进行安全评价是企业取得安全生产许可证应当具备的条件之一。

　　A.《建筑法》 　　　　　　　　　　　　B.《施工企业安全生产评价标准》

　　C.《安全生产许可证条例》 　　　　　　D.《建设工程安全生产管理条例》

13. 生产经营单位必须为从业人员提供符合（A）劳动防护用品，并监督、教育从业人员按照使用规则佩戴、使用。

A. 国家标准或者行业标准的

B. 安全生产监督管理的部门规定的

C. 国务院有关部门规定的

D. 市级以上各级人民政府及其有关部门规定的

14. 国家对建筑施工企业实行（C）制度。

A. 备案 　　　　B. 公示 　　　　C. 安全生产许可 　　　　D. 检查

15. 安全生产许可证的有效期为（B）年。

A. 2 　　　　　　B. 3 　　　　　　C. 4 　　　　　　　D. 5

16. 安全生产许可证有效期满需要延期的，企业应当于期满前（A）个月向原安全生产许可证颁发管理机关办理延期手续。

　　A. 3 　　　　　　B. 6 　　　　　　C. 9 　　　　　　　D. 12

17. 企业在安全生产许可证有效期内，严格遵守有关安全生产的法律法规，未发生死亡事故的，安全生产许可证有效期届满时，经原安全生产许可证颁发管理机关同意，不再审查，安全生产许可证有效期延期（C）年。

　　A. 1 　　　　　　B. 2 　　　　　　C. 3 　　　　　　　D. 6

18. 生产经营单位主要负责人在本单位发生重大生产安全事故时，不立即组织抢救或者在事故调查处理期间擅离职守或者逃匿的，给予降职、撤职的处分，对逃匿的处（B）拘留；构成犯罪的，依照刑法有关规定追究刑事责任。

　　A. 5 日以下 　　　B. 15 日以下 　　　C. 10 日以下 　　　D. 25 日以下

19. 取得安全生产许可证的建筑施工企业在本地区发生伤亡事故，安全生产许可证颁

发管理机关或其委托的事故发生地建设行政主管部门应立即到事故现场调查了解情况，安全生产许可证颁发管理机关应于事故发生之日起（B）个工作日内暂扣企业（包括总承包企业和发生事故的分包企业）的安全生产许可证。

A. 3 　　　　　　B. 5 　　　　　　C. 7 　　　　　　D. 10

20. 根据《劳动防护用品监督管理规定》以及《建设工程安全生产管理条例》规定，施工单位采购、租赁的安全防护用具、机械设备、施工机具及配件，应当具有（A）。

A. 生产（制造）许可证、产品合格证　B. 产品编号和生产日期

C. 产品材料证明　　　　　　　　　　D. 生产制造人和检验人

21. 建筑施工企业在编制施工组织设计时应当根据（A）制定相应的安全技术措施。

A. 建筑工程的特点　　　　　　　　　B. 建设单位的要求

C. 本单位的特点　　　　　　　　　　D. 主管部门的要求

22. 发生重大事故的施工单位主要负责人、项目负责人依照有关规定，给予（D）处理。

A. 撤职　　　　　　　　　　　　　　B. 不得担任任何施工单位主要负责人

C. 不得担任任何施工单位项目负责人　D. 以上都是

23. 建筑施工企业的（D）对本企业的安全生产负总责。

A. 技术人员　　　　　　　　　　　　B. 项目经理

C. 专职安全生产管理人员　　　　　　D. 法定代表人

24.《特种设备安全监察条例》规定，施工现场电梯的安全生产监督，由（B）负责。

A. 特种设备安全监督管理部门　　　　B. 建设行政主管部门或有关部门

C. 省级安全生产监督管理局　　　　　D. 劳动与社会保障厅

25.《刑法修正案（六）》将刑法第 134 条修改为："在生产、作业中违反有关安全管理的规定，因发生重大伤亡事故或者造成其他严重后果的处 3 年以下有期徒刑或拘役；情节特别恶劣的，处（A）年以上（A）年以下有期徒刑"。

A. 3/7 　　　　　B. 2/8 　　　　　C. 3/10 　　　　D. 3/8

26.《刑法修正案（六）》将刑法第 135 条修改为："安全生产设施或者安全生产条件不符合国家规定，因发生重大伤亡事故或者造成其他严重后果的，对直接负责的主管人员和其他直接责任人员，处 3 年以下有期徒刑或拘役；情节特别恶劣的，处（D）年以上（D）年以下有期徒刑"。

A. 2/7 　　　　　B. 2/8 　　　　　C. 3/8 　　　　　D. 3/7

27.《刑法修正案（六）》在刑法第 139 条后面增加一条："在事故发生后，负有报告职责的人员不报或谎报事故情况，贻误事故抢救，情节严重的，处 3 年以下有期徒刑或拘役；情节特别恶劣的，处（C）年以上（C）年以下有期徒刑"。

A. 3/5 　　　　　B. 2/7 　　　　　C. 3/7 　　　　　D. 3/6

28. 施工中发生事故时，（D）应当采取紧急措施减少人员伤亡和事故损失，并按照国家有关规定及时向有关部门报告。

A. 建设单位　　　　　　　　　　　　B. 监理单位

C. 相关责任人员　　　　　　　　　　D. 建筑施工企业

29. 实行总、分包的工程项目发生重大安全事故，由（ A ）负责报告。

　　A. 总承包单位　　B. 分包单位　　　C. 任何单位　　　　　D. 任何个人

30. 分包单位应当服从总承包单位的安全生产管理，分包单位不服从管理导致产生安全事故的，由（ B ）承担主要责任。

　　A. 总包单位　　　B. 分包单位　　　C. 建设单位　　　　　D. 监理单位

31. 建筑施工企业在编制施工组织设计时，对专业性较强的工程项目，（ D ）

　　A. 不必编制专项安全施工组织设计

　　B. 视情况决定是否则编制专项安全施工组织设计

　　C. 视情况决定是否采取安全技术措施

　　D. 应当编制专项安全施工组织设计，并采取安全技术措施。

32. 从事建筑活动的专业技术人员，应当（ B ）从事建筑活动。

　　A. 依法取得相应的执业资格证书，但可在执业资格证书许可的范围外

　　B. 依法取得相应的执业资格证书，并在执业资格证书许可的范围内

　　C. 不必取得执业资格证书

　　D. 依法取得相应的职业资格证书，但可在职业资格证书许可的范围外

33. 涉及建筑主体和承重结构变动的装修工程，建设单位应当在施工前委托原设计单位或者具有相应资质等级的设计单位提出设计方案；没有设计方案的（ A ）。

　　A. 不得施工　　　　　　　　　　B. 在某些部门许可下可以施工

　　C. 在质量监督部门监督下可以施工　　D. 不确定

34.《施工企业安全生产评价标准》JGJ/T 77—2010 是一部（ A ）。

　　A. 推荐性行业标准　　　　　　　B. 强制性行业标准

　　C. 推荐性国家标准　　　　　　　D. 强制性国家标准

35. 根据《建设工程安全管理条例》，建设单位不得对勘察、设计、施工、工程监理等单位提出不符合建设工程安全生产法律、法规和强制性标准规定的要求，不得（ D ）。

　　A. 变更合同约定的造价　　　　　B. 压缩定额规定的工期

　　C. 变更合同的约定内容　　　　　D. 压缩合同约定的工期

36. 建筑施工企业（ B ）为从事危险作业的职工办理意外伤害保险，支付保险费。

　　A. 可以　　　　B. 必须　　　　C. 不必　　　　　D. 自行决定是否

37. 已参加工伤保险的人员，从事现场施工时是否参加建筑意外伤害保险？（ C ）

　　A. 只能参加工伤保险

　　B. 只能参加建筑意外伤害保险

　　C. 参加工伤保险仍可参加建筑意外伤害保险

　　D. 根据个人意愿，两种保险均可不参加

38. 房屋建筑使用者在装修过程中，不得擅自变动房屋建筑主体和（ B ）。

　　A. 全部结构　　　B. 承重结构　　　C. 部分结构　　　　D. 重要结构

39. 建筑施工企业在编制施工组织设计时，对专业性较强的工程项目，（ D ）

　　A. 不必编制专项安全施工组织设计

　　B. 视情况决定是否采取安全技术措施

　　C. 视情况决定是否编制专项安全施工组织设计

D. 应当编制专项安全施工组织设计，并采取安全技术措施

40.（C）应当遵守有关环境保护和安全生产的法律、法规的规定，采取控制和处理施工现场的各种粉尘、废气、废水固体废物以及噪声、振动对环境的污染和危害的措施。

A. 各级人民政府　　B. 监理单位　　　　C. 建筑施工企业　　　　D. 建设单位

41. 企业取得安全生产许可证后，应当加强日常安全生产管理，不得降低（D），并接受建设行政主管部门、有关专业部门及施工安全监督机构的监督管理。

A. 质量标准　　　　　　　　　　B. 生活标准

C. 福利标准　　　　　　　　　　D. 安全生产条件

42.《福建省房屋建筑与市政基础设施工程安全施工措施备案办法》第六条规定，建设行政主管部门在审核发放施工许可证时，应对建设工程（C）进行审查。

A. 技术质量措施　　B. 进度计划　　　　C. 安全施工措施　　　　D. 造价费用

43. 施工现场对毗邻的建筑物、构筑物和特殊作业环境可能造成损害的，建筑施工企业（A）采取安全防护措施。

A. 应当　　　　　　　　　　　　B. 可以

C. 不得　　　　　　　　　　　　D. 自行决定是否

44. 建筑施工企业在编制施工组织设计时，对专业性较强的工程项目，（D）。

A. 不必编制专项安全施工组织设计

B. 视情况决定是否编制专项安全施工组织设计

C. 视情况决定是否采取安全技术措施

D. 应当编制专项安全施工组织设计，并采取安全技术措施

45. 有下列情形之一的，（A）应当按照国家有关规定办理申请批准手续：

（一）需要临时占用规划批准范围以外场地的；

（二）可能损坏道路、管线、电力、邮电通讯等公共设施的；

（三）需要临时停水、停电、中断道路交通的；

（四）需要进行爆破作业的；

（五）法律、法规规定需要办理报批手续的其他情形。

A. 建设单位　　　　B. 监理单位　　　　C. 建筑施工企业　　　　D. 设计单位

46. 建筑企业、设备租赁单位购置的塔式起重机或施工升降机必须是国家质量技术监督检验检疫局颁发的特种设备（B）的产品，并有产品出厂合格证。

A. 工商营业执照　　B. 制造许可证　　　C. 检验合格　　　　　　D. 型式试验

47. 建筑起重机械首次使用（出租）前，使用（出租）单位应当向企业工商注册所在地县级以上建设行政主管部门办理（B）手续。

A. 申报　　　　　　B. 注册　　　　　　C. 验收　　　　　　　　D. 备案

48. 从事建筑起重机械安装活动的单位，必须具有（A）颁发的起重设备安装工程专业承包资质和建筑施工企业安全生产许可证，并在资质许可范围内从事建筑起重机械安装与拆卸业务。

A. 建设主管部门　　B. 技术监督部门　　C. 人民政府　　　　　　D. 工商部门

49. 从事建筑起重机械安装的作业人员及管理人员，应当经（C）考核合格、取得建筑起重机械作业人员证书，方可从事相应的作业和管理工作。

A. 使用单位安全管理部门　　　　　　　B. 省级以上技术监督部门
C. 省级以上建设主管部门　　　　　　　D. 安装单位安全管理部门

50. 建筑起重机械安装前，安装单位必须编制安装专项施工方案、制定安装技术措施，并由（A）审批签字。

A. 安装单位技术负责人　　　　　　　　B. 使用单位技术负责人
C. 安装单位安全负责人　　　　　　　　D. 使用单位安全负责人

51. 建筑起重机械安装完毕后，应当向（A）的检测机构提出安全性能检测申请。

A. 建筑起重机械检测检验资质的单位　　B. 省级技术监督局检测单位
C. 省级安全监督局检测单位　　　　　　D. 省级劳动局检测单位

52. 自建筑起重机械安装验收合格之日起（C）日内，使用单位应当向工程所在地县级以上建设行政主管部门办理建筑起重机械使用备案登记。

A. 10　　　　　　　B. 20　　　　　　　C. 30　　　　　　　D. 40

53. 建筑起重机械连续使用超过（B）年的，或安装后因非设备原因停用半年以上的，使用单位应当请有资质的检测单位对建筑起重机械进行定期检测，检测合格后方可投入使用。

A. 半　　　　　　　B. 1　　　　　　　C. 1.5　　　　　　D. 2

54. 根据《建设工程安全生产管理条例》，建设单位在编制（D）时，应当确定建设工程安全作业环境及安全施工措施所需费用。

A. 工程预算　　　　B. 工程估算　　　　C. 工程决算　　　　D. 工程概算

55. 未经（B）签字，建筑材料、建筑构配件和设备不得在工程上使用或者安装，施工单位不得进行下一道工序的施工。

A. 总监理工程师　　B. 监理工程师　　　C. 总工程师　　　　D. 工程师

56. 文明施工费、安全施工费、规费及税金应按《福建省建筑安装工程费用定额》（2003）的规定计取，（D）。

A. 优惠 10%　　　　B. 优惠 20%　　　　C. 优惠 30%　　　　D. 不得优惠

57. 根据《建设工程安全生产管理条例》，施工单位应当为施工现场从事危险作业的人员办理（D）。

A. 平安保险　　　　　　　　　　　　　B. 人寿保险
C. 第三者责任险　　　　　　　　　　　D. 意外伤害保险

58. 施工单位在采取新技术，新工艺，新设备，新材料时，应当对作业人员进行相应的（C）。

A. 专业培训　　　　　　　　　　　　　B. 操作规程培训
C. 安全生产教育培训　　　　　　　　　D. 治安防范教育培训

59. 施工现场明火作业时必须开具（A）。

A. 动火证　　　　　B. 出入证　　　　　C. 证明信　　　　　D. 动工证

60. 建筑施工事故中，所占比例量高的是（A）。

A. 高处坠落事故　　　　　　　　　　　B. 各类坍塌事故
C. 物体打击事故　　　　　　　　　　　D. 起重伤害事故

61. 从业人员在作业过程中，应当严格遵守本单位的安全生产规章制度的操作规程，

214

服从管理，正确佩戴和使用（B）。

    A. 劳动生产用品   B. 劳动防护用品

    C. 劳动标识   D. 劳动联系工具

62. 搅拌机搅拌过程不宜停车，如因故必须停车，在再次启动前应（C）。

    A. 进行检查   B. 空载试验

    C. 卸除荷载   D. 料斗提升试验

63. 潜水泵应（B）测定一次电动机转子绕组绝缘电阻值。

    A. 每天   B. 每周   C. 每月   D. 每季

64. 气瓶在使用中距明火不应（C）。

    A. 大于 10m   B. 大于 5m   C. 小于 10m   D. 小于 20m

65. 氧气瓶内的气体不得用尽，必须留有（B）的余压。

    A. 小于 0.1MPa   B. 0.1～0.2MPa

    C. 大于 0.2MPa   D. 不能大于 0.2MPa

66. 人货施工升降机运行中发现异常情况，应立即停机并采取有效措施将梯笼降到底层，排除故障后方可继续运行。在运行中发现电气失控时，应立即按下（C）按钮，在未排除故障前，不得打开急停按钮。

    A. 上升   B. 下降   C. 急停   D. 行程

67. 项目经理部应对进入施工现场的（A）安全性能和安拆、操作人员的资质进行审验。不合格的建筑施工机械和人员不得进入施工现场。

    A. 建筑施工机械   B. 出租单位   C. 使用人员   D. 设备资料

68. 砂轮片严禁侧向磨削。轮片外径边缘残损或剩余直径小于（B）时应更换。

    A. 200mm   B. 250mm   C. 150mm   D. 300mm

69. 打桩机施工场地应按不大于（B）的要求进行平整。

    A. 1%   B. 3%   C. 5%   D. 10%

70. 建筑物内发生火灾，应该首先（A）。

    A. 立即停止工作，通过指定的最近的安全通道离开

    B. 乘坐电梯离开

    C. 向高处逃生

    D. 就地等候救援

71. 钢筋切断机切料时，应在（A）握紧并压住钢筋以防末端弹出伤人。

    A. 固定刀片一侧   B. 活动刀片一侧   C. 两侧   D. 左侧

72. 钢筋弯曲机弯钢筋时，机身固定销应放在（A）一侧。

    A. 挡住   B. 压住   C. 固定   D. 活动

73. 冷拉钢筋运行方向的端头应（C），防止在钢筋拉断或夹具失灵时钢筋弹出伤人。

    A. 固定   B. 夹牢   C. 设防护装置   D. 远离人

74. 漏电保护装置主要用于（D）。

    A. 设备及线路的漏电   B. 防止供电中断

    C. 减少线路损耗   D. 防止人身触电事故及漏电火灾事故

75. 施工现场专用的，电源中性点直接接地的 220/380V 三相四线制用电工程中，必

须采用的保护形式是（B）。

    A. TN   B. TN—S   C. TN—C   D. TT

76. 施工现场用电工程中，PE线上每处重复接地的接地电阻值不应大于（B）。

    A. 4Ω   B. 10Ω   C. 30Ω   D. 100Ω

77. 施工现场用电系统中，在TN系统中，PE线的绝缘色应是（D）。

    A. 绿色   B. 黄色   C. 淡蓝色   D. 绿/黄双色

78. 在建工程（含脚手架具）周边与10kV外电架空线路边线之间的最小安全操作距离应是（B）。

    A. 4m   B. 6m   C. 8m   D. 10m

79. 施工现场用电工程的基本供配电系统应按（C）设置。

    A. 一级   B. 二级   C. 三级   D. 四级

80. 总配电箱中漏电保护器的额定漏电动作电流 $I_\triangle$ 和额定漏电动作时间 $T_\triangle$ 的选择要求是（D）。

    A. $I_\triangle > 30mA$，$T_\triangle = 0.1s$ B. $I_\triangle = 30mA$，$T_\triangle > 0.1s$

    C. $I_\triangle > 30mA$，$T_\triangle > 0.1s$ D. $I_\triangle > 30mA$，$T_\triangle > 0.1s$，$I_\triangle \cdot T_\triangle \not> 30mAs$

81. 一般场所开关箱中漏电保护器，其额定漏电动作电流为（C）。

    A. 10mA   B. 20mA   C. 30mA   D. 50mA

82. 聚光灯和碘钨灯等高热灯具距易燃物的防护距离不小于（C）。

    A. 200mm   B. 300mm   C. 500mm   D. 600mm

83. 在特别潮湿和金属容器内作业使用的照明电压不得超过（A）V。

    A. 12   B. 15   C. 24   D. 36

84. 高压架空线路断线，线头落在身旁的地面上，应一脚抬起或两脚在一起蹦出（A）m以外，并设法切断电源或采取措施防止他人靠近。

    A. 1.5   B. 2.0   C. 2.5   D. 3.0

85. 门架使用可调支座时，调节螺杆伸缩长度不得大于（D）。

    A. 50mm   B. 100mm   C. 150mm   D. 200mm

86. 扣件钢管脚手架作组合式格构柱使用时，主立杆间距不得大于（B）。

    A. 0.5m   B. 1.0m   C. 1.5m   D. 2.0m

87. 电工、焊工、架工、司炉工、爆破工、机操工及起重工、打桩机和各种机动车辆司机等特种工种工人，除进行一般安全教育外，还要经过（A）。

    A. 专业安全技术教育   B. 安全生产意识和安全管理水平教育

    C. 三健全教育   D. 遵章守纪、自我保护能力教育

88. 安全带的正确系挂方法是（C）。

    A. 随意系挂   B. 低挂高用

    C. 高挂低用   D. 根据现场情况系挂

89. 在悬空部位作业时，操作人员应（D）。

    A. 遵守操作规定   B. 进行安全技术交底

    C. 戴好安全帽   D. 系好安全带

90. 作业人员必须配备相应的（D）用品，并正确使用。

A. 生产   B. 安全

C. 防护   D. 个人劳动保护

91. 拆除工程施工前，必须对施工作业人员进行书面（D）交底。

A. 生产   B. 质量   C. 施工   D. 安全技术

92. 连墙件应靠近主节点设置，这是为了（D）。

A. 便于施工   B. 便于连墙件设置

C. 便于立杆接长   D. 保证连墙件对脚手架起到约束作用

93. 剪刀撑斜杆与地面的倾角宜（B）。

A. 在 45°～75°之间   B. 在 45°～60°之间

C. 在 30°～60°之间   D. 在 30°～75°之间

94. 遇有（B）以上强风、浓雾等恶劣气候，不得进行露天攀登与悬空高处作业。

A. 5 级   B. 6 级   C. 7 级   D. 8 级

95. 高度超过（C）的层次以上和交叉作业，凡人员进出的通道口应设双层安全防护棚。

A. 18m   B. 20m   C. 24m   D. 28m

96. 栏杆柱的固定及其与横杆的连接，其整体构造应使防护栏杆在上杆任何处，能经受任何方向的（C）的外力。

A. 800N   B. 900N   C. 1000N   D. 1100N

97. 电梯井口必须设防护栏杆或固定栅门；电梯井内应每隔两层并最多隔（C）设一道安全网。

A. 8m   B. 9m   C. 10m   D. 12m

98. 密目式安全网每 $10mm \times 10mm = 100mm^2$ 面积上有（A）个以上的网目。

A. 2000   B. 1500   C. 3000   D. 4000

99. 梯脚底部应坚实，不得垫高使用。立梯工作角度以（D）为宜。

A. 60°±5°   B. 65°±5°   C. 70°±5°   D. 75°±5°

100. 在临边堆放弃土，材料和移动施工机械应与坑边保持一定距离，当土质良好时，要距坑边（B）远。

A. 0.5m 以外，高度不超过 0.5m   B. 1m 以外，高度不超过 1.5m

B. 1m 以外，高度不超过 1m   D. 1.5m 以外，高度不超过 2m

二、多项选择题（本题型每题有 5 个备选答案，其中只有 2～5 个是正确的。多选、少选、错选均不得分）

1.《安全生产法》规定，生产经营单位的主要负责人对本单位安全生产工作全面负责，主要职责有（ABCDE）。

A. 建立健全本单位安全生产责任制

B. 组织制定本单位安全生产规章制度和操作规程

C. 保证本单位安全生产投入的有效实施

D. 督促、检查本单位的安全生产工作，及时消除安全生产事故隐患

E. 组织制定并实施本单位的生产安全事故应急预案和及时、如实报告生产安全事故

2.《安全生产法》明确赋予从业人员的权利有（ABCD）。

A. 知情权   B. 赔偿请求权   C. 检举权

D. 安全保障权   E. 指挥权

3.《安全生产许可条例》规定，国家对（ABCDE）生产企业实行安全生产许可制度。

A. 矿山企业   B. 建筑施工企业   C. 危险化学品

D. 烟花爆竹   E. 民用爆破器材

4. 企业取得安全生产许可证，应当具备下列安全生产条件（ABCDE）。

A. 建立、健全安全生产责任制，制定完备的安全生产规章制度和操作规程

B. 主要负责人和安全生产管理人员经考核合格

C. 安全投入符合安全生产要求

D. 设置安全生产管理机构，配备专职安全生产管理人员

E. 从业人员经安全生产教育和培训合格

5. 企业违反《安全生产许可证条例》，未取得安全生产许可证擅自进行生产的（ABCD）。

A. 责令停止生产

B. 没收违法所得

C. 并处 10 万元以上 50 万元以下的罚款

D. 造成重大事故或者其他严重后果，构成犯罪的，依法追究刑事责任

E. 并处 50 万元以上的罚款

6. 根据《安全生产许可证条例》规定，以下描述正确的是（ABCDE）。

A. 企业不得转让、冒用安全生产许可证

B. 不得使用伪造的安全生产许可证

C. 企业取得安全生产许可证后，不得降低安全生产条件

D. 企业安全生产许可证暂扣期间，不得承揽新任务

E. 施工企业不得将工程分包给不具有安全生产许可证的建筑施工企业

7. 根据《工会法》中第二十二条规定，下列描述正确的有（ACE）。

A. 企业、事业单位违反劳动法律、法规，侵犯职工合法权益，工会有权要求企业、事业单位行政方面或者有关部门认真处理

B. 企业、事业单位违反劳动法律、法规，侵犯职工合法权益，工会无权要求企业、事业单位行政方面或者有关部门认真处理

C. 企业、事业单位违反国家有关劳动（工作）时间的规定，工会有权要求企业、事业单位行政方面予以纠正

D. 企业、事业单位违反国家有关劳动（工作）时间的规定，工会无权要求企业、事业单位行政方面予以纠正

E. 企业、事业单位违反保护女职工特殊权益的法律、法规，工会及其女职工组织有权要求企业、事业单位行政方面予以纠正

8. 生产安全事故（以下简称事故）造成的人员伤亡或者直接经济损失，事故一般分为以下四个等级，正确的是（ABCD）。

A. 特别重大事故，是指造成 30 人以上死亡，或者 100 人以上重伤（包括急性工业中毒，下同），或者 1 亿元以上直接经济损失的事故

B. 重大事故，是指造成 10 人以上 30 人以下死亡，或者 50 人以上 100 人以下重伤，或者 5000 万元以上 1 亿元以下直接经济损失的事故

C. 较大事故，是指造成 3 人以上 10 人以下死亡，或者 10 人以上 50 人以下重伤，或者 1000 万元以上 5000 万元以下直接经济损失的事故

D. 一般事故，是指造成 3 人以下死亡，或者 10 人以下重伤，或者 1000 万元以下直接经济损失的事故

E. 轻微事故，是指没有造成死亡事故发生，经济损失轻微的事故

9. 根据《生产安全事故报告和调查处理条例》（国务院第 493 号令）事故发生单位对事故发生负有责任的，依照下列规定处以罚款：以下描述正确的是（ACDE）。

A. 发生一般事故的，处 10 万元以上 20 万元以下的罚款

B. 发生一般事故的，处 5 万元以上 20 万元以下的罚款

C. 发生较大事故的，处 20 万元以上 50 万元以下的罚款

D. 发生重大事故的，处 50 万元以上 200 万元以下的罚款

E. 发生特别重大事故的，处 200 万元以上 500 万元以下的罚款

10. 根据《生产安全事故报告和调查处理条例》（国务院第 493 号令）第三十九条规定：有关地方人民政府、安全生产监督管理部门和负有安全生产监督管理职责的有关部门有下列行为之一的（ABCD），对直接负责的主管人员和其他直接责任人员依法给予处分；构成犯罪的，依法追究刑事责任。

A. 不立即组织事故抢救的

B. 迟报、漏报、谎报或者瞒报事故的

C. 阻碍、干涉事故调查工作的

D. 在事故调查中作伪证或者指使他人作伪证的

E. 与当事人有亲戚关系

11. 《国务院关于特大安全事故行政责任追究的规定》的公布，旨在（ABCD）。

A. 为了有效地防范特大安全事故的发生

B. 严肃追究特大安全事故的行政责任

C. 保障人民群众生命安全

D. 保障人民群众财产安全

E. 严肃追究今后所有安全事故的行政责任

12. 事故的分析处理要遵守"四不放过"原则是（ABDE）。

A. 事故原因没有查清不放过

B. 事故责任者没有严肃处理不放过

C. 生命和财产损失不公示不放过

D. 广大职工没有受到教育不放过

E. 防范措施没有落实不放过

13. 工程建设重大事故调查组织的职责包括（ACDE）。

A. 查明事故发生的原因、人员伤亡及财产损失情况

B. 查明事故的性质、责任单位和主要责任者

C. 提出对事故责任者的处理建议

D. 检查控制事故的应急措施是否得当和落实

E. 写出事故调查报告

14. 目前出现建筑施工事故的主要类型是（ABCDE）。

A. 高处坠落事故　　　　　　B. 各类坍塌事故　　　　　C. 物体打击事故

D. 起重伤害事故　　　　　　E. 触电事故

15. 根据《建设工程安全生产管理条例》规定，采用新结构、新材料、新工艺的建设工程和特殊结构的建设工程，设计单位应当在设计中为安全提出（AD）的措施建议。

A. 保障施工作业人员安全　B. 保证工程进度　　　　　C. 达到质量要求

D. 预防生产安全事故　　　E. 不超出预、概算

16. 根据《建设工程安全生产管理条例》规定，建设单位在编制工程概算时，应当确定建设工程有关安全的（AC）所需费用。

A. 安全作业环境　　　　　　B. 技术改造措施　　　　　C. 安全施工措施

D. 质量保障措施　　　　　　E. 返工材料变更情况

17. 建筑工程安全防护、文明施工措施费用是由（ABCD）组成。

A. 文明施工费　　　　　　　B. 环境保护费　　　　　　C. 临时设施费

D. 安全施工费　　　　　　　E. 安全考察费

18. 下列对建筑安装工程安全文明施工措施费用描述正确的有（ABCDE）。

A. 在工程招投标报价时，将安全文明施工费作为竞争性费用，不得推荐为中标候选人

B. 建筑安装工程安全文明施工措施费应专款专用，不得挪用

C. 施工合同内应当单独列明安全文明施工费用的金额、支付和使用等有关条款

D. 建设行政主管部门在审核发放施工许可证时，要对工程项目是否落实安全文明施工费用进行审查，对不具备条件的建设项目，不予颁发施工许可证

E. 建筑安全监督机构负责对安全文明施工费用的支付和使用进行监管

19. 施工单位的（ABD）应当经建设行政主管部门或者其他有关部门考核合格后方可担任有关安全职务。

A. 主要负责人　　　　　　　B. 项目负责人　　　　　　C. 技术负责人

D. 专职安全生产管理人员　　E. 质量负责人

20. 关于施工单位职工安全生产培训下列说法正确的是（CDE）。

A. 施工单位自主决定培训

B. 培训制度无硬性规定

C. 施工单位应当加强对职工的教育培训

D. 施工单位应当建立、健全教育培训制度

E. 未经教育培训或者考核不合格的人员，不得上岗作业

21. 施工单位应当遵守有关环境保护法律、法规的规定，在施工现场采取措施，防止或者减少（ABCDE）、振动和施工照明对人和环境的危害和污染。

A. 粉尘　　　　　　　　　　B. 废气　　　　　　　　　C. 废水

D. 固体废物　　　　　　　　E. 噪声

22. 建筑施工企业主要负责人，是指对本企业日常生产经营活动和安全生产工作全面

负责、有生产经营决策权的人员，包括（ABC）等。

    A. 企业法定代表人   B. 经理

    C. 企业分管安全生产工作的副经理   D. 总工程师

    E. 工会主席

23. 专职安全生产管理人员负责对安全生产进行现场监督检查。对于（BC）的，应当立即制止。

    A. 影响工程造价   B. 违章指挥   C. 违章操作

    D. 不戴安全帽   E. 不参加安全培训的工人上岗工作

24. 职工有下列情形之一的，视同工伤而不是认定为工伤（CDE）。

    A. 在工作时间和工作场所内，因工作原因受到事故伤害的

    B. 工作时间前后在工作场所内，从事与工作有关的预备性或者收尾性工作受到事故伤害的

    C. 在工作时间和工作岗位，突发疾病死亡或者在 48 小时之内经抢救无效死亡的

    D. 在抢险救灾等维护国家利益、公共利益活动中受到伤害的

    E. 职工原在军队服役、因战、因公负伤致残，已取得革命伤残军人证，到用人单位后旧伤复发的

25. 施工单位应当在（ABCDE）、爆破物及有害危险气体和液体存放处等危险部位，设置明显的安全警示标志。

    A. 施工现场入口处   B. 施工起重机械   C. 临时用电设施

    D. 脚手架   E. 基坑边沿

26. 防暑降温应采取（ABCD）等综合性措施。

    A. 组织措施   B. 技术措施   C. 通风降温

    D. 卫生保温措施   E. 经济措施

27. 安全生产费用应当按照《高危行业企业安全生产费用财务管理暂停办法》（财企2007478 号）规定，确定适用范围。以下属于安全生产费用适用范围的是（ABCD）。

    A. 完善，改造和维护安全防护，检测，探测设备，设施支出

    B. 配备必要的应急救援器材，设备和现场作业人员安全防护物品支出

    C. 安全生产检查与评价支出，安全技能培训及进行应急救援演练支出

    D. 重大危险源，重大事故隐患的评估，整改，监控支出

    E. 安全生产管理人员工资

28. 施工单位应当遵守有关环境保护法律、法规的规定，在施工现场采取措施，防止或者减少（ABCDE）、振动和施工照明对人和环境的危害和污染。

    A. 粉尘   B. 废气   C. 废水

    D. 固体废物   E. 噪声

29. 建筑工地特种设备是指房屋建筑和市政基础设施工地使用的（ABCDE）。

    A. 塔式起重机

    B. 移动式起重机（汽车式起重机除外）

    C. 施工升降机

    D. 物料提升机（井字架、龙门架）

E. 高处作业吊篮等各类特种设备

30. 特种作业人员具备的条件（ABCD）。

A. 年满 18 岁

B. 身体健康、无妨碍从事相应工种作业的疾病和生理缺陷

C. 初中以上文化程度，具备相应工种的安全技术知识

D. 符合相应工种作业特点需要的其他条件

E. 参加企业制定的安全技术理论和实际操作考核并成绩合格。

31. 临边防护栏杆的上杆应符合下列哪些规定？（AE）

A. 离地高度 1.0～1.2m　　　B. 离地高度 0.5～0.6m　　　C. 承受外力 3000N

D. 承受外力 2000N　　　E. 承受外力 1000N

32. 悬空作业应有牢靠的立足处，并必须视具体情况配置（BC）或其他安全设施。

A. 立网　　　　　　　B. 栏杆　　　　　　　C. 防护栏网

D. 安全警告标志　　　E. 安全钢丝绳

33. 根据《建筑起重机械安全监督管理规定》，建筑起重机械检测合格后，使用单位应当组织（ABCD）等有关单位进行验收，验收合格后方可投入使用。

A. 出租单位　　　　　B. 安装单位　　　　　C. 工程监理单位

D. 使用单位　　　　　E. 监督单位

34. 建筑施工机械安装后，项目经理部应组织（ABCD）按照《建筑机械使用安全技术规程》规范对建筑施工机械进行验收，验收合格后，方可投入使用。

A. 机管人员　　　　　B. 安全人员　　　　　C. 安装工人

D. 操作工人　　　　　E. 监理人员

35. 下面关于施工现场文明施工设施哪些描述是正确的（ACDE）。

A. 沐浴室照明器具要采用防水灯头、防水开关，并设置漏电保护装置

B. 厕所采用水冲式，并按施工人数每 30～40 人设一个蹲位

C. 炊事人员定期到卫生防疫部门体检，上岗须身着白色工作服、工作帽，并持有卫生健康证

D. 宿舍房间净高不得低于 3 米，地面面层为砖铺或水泥砂浆，墙壁天棚刷白，宿舍门窗完好

E. 在建工程不得兼作住宿

36. 下列说法正确的是（DE）。

A. 建设工程实行施工总承包的，由分包单位对施工现场的安全生产负总责

B. 总承包单位和分包单位对分包工程的安全生产承担无限连带责任

C. 分包单位应当服从总承包单位的安全生产管理，分包单位不服从管理导致生产安全事故的，由总承包单位承担负责

D. 总承包单位应当自行完成建设工程主体结构的施工

E. 建设工程实行施工总承包的，由总承包单位对施工现场的安全生产负总责

37. 出租的机械设备和施工机具及配件，应当具有（ABCD）。

A. 生产（制造）许可证　　　B. 产品合格证　　　　　C. 生产日期

D. 生产厂家　　　　　　　　E. 出租许可证

38. 发生下列情形之一的，省建设厅依法注销已经颁发的安全生产许可证（ABCDE）。

A. 企业依法终止的

B. 安全生产许可证有效期届满未延续的

C. 安全生产许可证依法被撤销、吊销的

D. 因不可抗力导致安全生产许可证无法实施的

E. 依据法律、法规应当注销安全生产许可证的其他情形

39. 负有安全生产监督管理职责的部门应当建立举报制度（ABCD）。

A. 公开举报电话、信箱或者电子邮件地址

B. 受理有关安全生产的举报

C. 受理的举报事项经调查核实后，应当形成书面材料

D. 需要落实整改措施的，报经有关负责人签字并督促落实

E. 以上均不对

40. 施工单位应当根据不同（BCD）的变化，在施工现场采取相应的安全施工措施。

A. 施工资金　　　　　　B. 周围环境　　　　　　C. 季节

D. 气候　　　　　　E. 作业人员调整

41. 施工单位应当将施工现场的（ABC）分开设置，并保持安全距离。

A. 办公区　　　　　　B. 生活区　　　　　　C. 作业区

D. 道路区　　　　　　E. 消防区

42. 施工单位应当在施工现场建立消防安全责任制度，确定消防安全责任人，制定用火、用电、使用易燃易爆材料等各项消防安全管理制度，操作规程，（ABCD），并在施工现场入口处设置明显警示标志。

A. 设置消防通道　　　　　　B. 配备消防水源　　　　　　C. 配备消防设施

D. 配备灭火器材　　　　　　E. 请消防队员驻防

43. 吊篮平台可采用（AB）组装。

A. 焊接　　　　　　B. 螺栓连接　　　　　　C. 钢管扣件连接

D. 铆接　　　　　　E. 捆绑

44. 吊篮提升机应（ACDE）。

A. 有产品合格证书

B. 有材料和物件明细表

C. 在投入使用前应逐台进行动作检验

D. 按批量做荷载试验

E. 由执特种作业操作证的人员才能登上作业

45. 吊篮在现场安装后，（AC）。

A. 进行空载安全运行试验

B. 无需进行空载安全运行试验

C. 对安全装置的灵敏可靠性进行检验

D. 可直接投入使用

E. 如是正规厂家的就可直接投入使用

46. 吊篮的安全装置有（ABD）。

A. 安全锁、保险卡　　　　　B. 行程限位器　　　　　C. 保险带

D. 制动带　　　　　　　　　E. 保险绳

47. 建筑施工特种作业包括（ABC）进行。

A. 建筑电工　　　　　　　　B. 建筑架子工　　　　　C. 建筑起重信号司索工

D. 钢筋机械连接操作工　　　E. 桩工机械操作工

48. 在脚手架使用期间，严禁拆除（ACD）。

A. 主节点处的纵向横向水平杆

B. 非施工层上，非主节点处的横向水平杆

C. 连墙件

D. 纵横向扫地杆

E. 非作业层上的踏脚板

49. 安全防护设施的验收，主要包括哪些内容？（ABCDE）

A. 所有临边、洞口等各类技术措施的设置状况

B. 技术措施所用的配件、材料和工具的规格和材质

C. 技术措施的节点构造及其与建筑物的固定情况

D. 扣件和连接件的紧固程度

E. 安全防护设施的用品及设备的性能与质量合格的验证

50. 下列关于钢筋临边防护栏杆的规定，哪些是正确的？（ABCD）

A. 钢筋横杆上杆的直径不应小于 16mm

B. 下杆直径不应小于 14mm

C. 栏杆柱直径不应小于 18mm

D. 采用电焊或镀锌钢丝绑扎固定

E. 栏杆柱直径不应小于 20mm

51. 当临边栏杆所处位置有发生人群拥挤可能时，应采取何种措施？（BC）

A. 设置双横杆　　　　　　　B. 加密栏杆柱距　　　　　C. 加大横杆截面

D. 加设密目式安全网　　　　E. 增设挡脚板

52. 下列关于钢管临边防护栏杆的规定，哪些是正确的？（ABCE）

A. 钢管横杆采用 $\Phi48\times(2.75\sim3.5)$mm 的管材

B. 采用电焊固定

C. 栏杆柱采用 $\Phi48\times(2.75\sim3.5)$mm 的管材

D. 采用镀锌钢丝绑扎固定

E. 采用扣件固定

53. 临边防护栏杆的上杆应符合下列哪些规定？（AD）

A. 离地高度 $1.0\sim1.2$m　　B. 离地高度 $0.5\sim0.6$m　　C. 承受外力 3000N

D. 承受外力 1000N

54. 施工升降机的吊笼（ABC）等均应设置电气安全联锁开关。当门未完全关闭时，该开关应有效切断控制回路电源，使吊笼停止或无法起动。

A. 单行门　　　　　　　　　B. 双行门　　　　　　　　C. 紧急出口

D. 围栏门　　　　　　　　　　E. 卸料平台门

55. 混凝土搅拌机在工作中不得（ABCD）。

A. 加油　　　　　　　　B. 保养　　　　　　　　C. 检修

D. 调整　　　　　　　　E. 加水

56. 钢筋弯曲机作业时严禁（AB）站人。

A. 弯曲作业的半径内　　　　　　　　B. 机身不设固定销的一侧

C. 机身设固定销的一侧　　　　　　　D. 作业范围内

E. 附近两米内

57. 混凝土搅拌机在（ABCD）时，应将料斗提升到上止点，用保险铁链锁住。

A. 料斗下检修　　　　　B. 场内移动　　　　　　C. 远距离运输

D. 工作结束　　　　　　E. 加料时

58. 用钢筋切断机切料时，不得剪切（ABC）钢筋。

A. 直径超过铭牌规定　　B. 强度超过铭牌规定　　C. 烧红

D. 多根　　　　　　　　E. 单根

59. 钢筋弯曲机作业中严禁（ABCD）。

A. 更换轴芯　　　　　　B. 保养　　　　　　　　C. 检修

D. 调整　　　　　　　　E. 戴安全帽操作

60. 钢筋冷拉机作业前应对（ABCDE）进行检查。

A. 安全装置　　　　　　B. 冷拉夹具　　　　　　C. 钢丝绳

D. 设备各连接部位　　　E. 挡板

61. 架空线路可以架设在（AB）上。

A. 木杆　　　　　　　　B. 钢筋混凝土杆　　　　C. 树木

D. 脚手架　　　　　　　E. 高大机械

62. 电缆线路可以（BCD）敷设。

A. 沿地面　　　　　　　B. 埋地　　　　　　　　C. 沿围墙

D. 沿电杆或支架　　　　E. 沿脚手架

63. 在 TN—S 接零保护系统中，PE 线的引出位置可以是（ABCE）。

A. 电力变压器中性点接地处

B. 总配电箱三相四线进线时，与 N 线相连接的 PE 端子板

C. 总配电箱三相四线进线时，总漏电保护器的 N 线进线端

D. 总配电箱三相四线进线时，总漏电保护器的 N 线出线端

E. 总配电箱三相四线进线时，与 PE 端子板电气连接的金属箱体

64. 总配电箱中漏电保护器的额定漏电动作电流 $I_\triangle$ 和额定漏电动作时间 $T_\triangle$，可分别选择为（ABCD）。

A. $I_\triangle = 50\text{mA}$　$T_\triangle = 0.2\text{s}$　　　　B. $I_\triangle = 75\text{mA}$　$T_\triangle = 0.2\text{s}$

C. $I_\triangle = 100\text{mA}$　$T_\triangle = 0.2\text{s}$　　　D. $I_\triangle = 200\text{mA}$　$T_\triangle = 0.15\text{s}$

E. $I_\triangle = 500\text{mA}$　$T_\triangle = 0.1\text{s}$

65. 施工现场需要编制用电组织设计的基准条件是（AC）。

A. 用电设备 5 台及以上

B. 用电设备 10 台及以上

C. 用电设备总容量 50kW 及以上

D. 用电设备总容量 100kW 及以上

E. 用电设备 5 台及以上，且用电设备总容量 100kW 及以上

66. 建筑材料、设备器材、现场制品、半成品、成品、构配件等应严格按现场平面布置图指定位置堆放并挂上标牌，注明（BCD）。

A. 尺寸　　　　　　　　B. 名称　　　　　　　　C. 品种

D. 规格　　　　　　　　E. 颜色

67. 班前活动的安全交底主要内容是（ABDE）。

A. 当天的作业环境　　　B. 气候情况　　　　　　C. 工酬

D. 各个环节的操作安全要求　E. 与特殊工种的配合

68. 项目负责人应根据施工中（ABDE），进行相应的安全控制。

A. 人的不安全行为　　　B. 物的不安全状态　　　C. 安全费用

D. 管理缺陷　　　　　　E. 作业环境的不安全因素

69. 安全检查根据检查内容和检查形式可分为（ABCD）。

A. 日常安全检查　　　　　　　　B. 定期安全检查

C. 专业性安全检查　　　　　　　D. 季节性及节假日前后安全检查

E. 个人检查和集体复查

70. （ABC）等每 25m² 配备一只种类合适的灭火机，油库危险品仓库应配备足够数量、种类合适的灭火机。

A. 临时木工间　　　　　B. 油漆间　　　　　　　C. 木、机具间

D. 钢筋加工间　　　　　E. 设备间

71. 下列说法正确的是（DE）。

A. 建设工程实行施工总承包的，由分包单位对施工现场的安全生产负总责

B. 总承包单位和分包单位对分包工程的安全生产承担无限连带责任

C. 分包单位应当服从总承包单位的安全生产管理，分包单位不服从管理导致生产安全事故的，由总承包单位承担负责

D. 总承包单位应当自行完成建设工程主体结构的施工

E. 建设工程实行施工总承包的，由总承包单位对施工现场的安全生产负总责

72. 根据《建设工程安全生产管理条例》，施工单位发生生产安全事故（ABCD）。

A. 应当按照国家有关伤亡事故报告和调查处理的规定，及时、如实地向负责安全生产监督管理的部门、建设行政主管部门或者其他有关部门报告

B. 实行施工总承包的建设工程，由总承包单位负责上报事故

C. 特种设备发生事故的，还应当同时向特种设备安全监督管理部门报告

D. 接到报告的部门应当按照国家有关规定，如实上报

73. 根据《建设工程安全生产管理条例》，下列说法正确的是（ACD）。

A. 施工单位应当根据不同施工阶段和周围环境及季节、气候的变化，在施工现场采取相应的安全施工措施

B. 施工现场暂时停止施工的，施工单位应当做好现场保护，所需费用由施工方承担，

或者按照合同约定执行

C. 建设工程施工前，施工单位负责项目管理的技术人员应当对有关安全施工的技术要求向施工作业班组、作业人员做出详细说明，并由双方签字确认

D. 施工单位应当将施工现场的办公、生活区与作业区分开设置，并保持安全距离

E. 施工现场使用的机械设备可不具有安全合格证

74. 根据《建设工程安全生产管理条例》，下列说法正确的是（CDE）。

A. 建设工程实行施工总承包的，由分包单位对施工现场的安全生产负总责

B. 总承包单位和分承包单位联合完成建设工程主体结构的施工

C. 总承包单位和分承包单位对分承包工程的安全生产承担连带责任

D. 分包单位应当服从总承包单位的安全生产管理，分包单位不服从管理导致安全事故的，由分包单位承担主要责任

E. 建设工程专职安全成产管理人员的配备方法由国务院建设行政主管部门会同国务院其他有关部门制定

75. 事故报告应当及时、准确、完整，任何单位和个人对事故不得（ABCD）。

A. 迟报   B. 漏报   C. 谎报

D. 瞒报   E. 通报

76. 报告事故应当包括（ABCD）。

A. 事故发生单位概况

B. 事故发生的时间、地点以及事故现场情况

C. 事故的简要经过

D. 已经采取的措施

E. 事故处理结果

77. 因抢救人员、防止事故扩大以及疏通交通等原因，需要移动事故现场物件的，应当（ABD）。

A. 做出标志

B. 绘制现场简图并做出书面记录

C. 直接移动

D. 妥善保存现场重要痕迹、证物

E. 等待处理

78. 下列哪些属于作业人员使用的个人安全防护用品？（ABD）

A. 安全帽   B. 安全带   C. 安全网

D. 焊接面罩   E. 限位器

79. 对现场建筑材料的堆放的一般要求有（ABCDE）。

A. 应当根据用量大小、使用时间长短、供应与运输情况堆放

B. 各种材料必须按照总平面图规定的位置放置

C. 各种材料物品必须堆放整齐，并符合安全、防火的要求

D. 应当按照品种、规格堆放，并设明显标牌，标明名称、规格、产地等

E. 要组织排水措施，符合安全防火的要求

80. 多层悬挑结构模板的立柱应（AC）。

A. 连续支撑   B. 不少于二层   C. 不少于三层

D. 不少于四层   E. 不少于五层

81. 钢管不得使用的疵病有：（BCDE）。

A. 不符设计要求   B. 严重锈蚀   C. 严重弯曲

D. 压扁   E. 裂纹

82. 扣件式钢管脚手架的钢管规格、间距、扣件应符合设计要求，每根立杆底部应设置（AB）。

A. 底座   B. 垫板   C. 砖块

D. 石板   E. 水泥块

83. 脚手架所用钢管使用时，应注意：（AD）。

A. Φ48×3.5 与外径 Φ51×3 的不得混用   B. Φ51×3 与 Φ48×3.5 的应混用

C. Φ51×3 与 Φ32×2 的管理可混用   D. 钢管上严禁打孔

E. 钢管上可以随便开孔

84. 双排脚手架连墙件的间距除应满足计算要求外还应（AC）。

A. 脚手架高度不大于 50m 时，竖向不大于 3 步距，横向不大于 3 跨距

B. 脚手架高度不大于 50m 时，竖向不大于 4 步距，横向不大于 4 跨距

C. 脚手架高度大于 50m 时，竖向不大于 2 步距，横向不大于 3 跨距

D. 脚手架高度不大于 50m 时，竖向不大于 2 步距，横向不大于 4 跨距

E. 脚手架高度不大于 50m 时，竖向不大于 5 步距，横向大于 5 跨距

85. 双排脚手架每一连墙件的覆盖面积应（AD）。

A. 架高不大于 50m 时，不大于 40m²   B. 架高不大于 50m 时，不大于 50m²

C. 架高大于 50m 时，不大于 30m²   D. 架高大于 50m 时，不大于 27m²

E. 架高大于 50m 时，不大于 60m²

86. 一字型、开口型脚手架连墙件设置做了专门的规定，它们是（AC）。

A. 在脚手架的两端必须设置连墙件

B. 在脚手架的两端宜设置连墙件

C. 连墙件间距竖向不应大于建筑物层高，并不应大于 4m（两步）

D. 连墙件间距竖向不应大于建筑物层高，并不应大于 6m（三步）

E. 连墙件的设置与封圈型架相同

87. 使用旧扣件时，应遵守下列有关规定（AD）。

A. 有裂缝、变形的严禁使用   B. 有裂缝但不变形的可以使用

C. 有变形但无裂缝的可以使用   D. 出现滑丝的必须更换

E. 螺栓锈蚀，弯曲变形可以使用

88. 连墙件设置位置要求有（ACD）。

A. 偏离主节点的距离不应大于 300mm

B. 偏离主节点的距离不应大于 600mm

C. 宜靠近主节点设置

D. 应从脚手架底层第一步纵向水平杆处开始设置

E. 应从脚手架第二步纵向水平杆处开始设置

89. 纵向水平杆（木横杆）的接头可以搭接或对接。搭接时有以下具体要求（ABD）。

A. 搭接长度不应小于 1m

B. 等间距设置 3 个旋转扣件固定

C. 端部扣件盖板边缘至搭接杆端的距离不应小于 500mm

D. 端部扣件盖板边缘至搭接杆端的距离不应小于 100mm

E. 搭接长度 0.5m

90. 横向斜撑设置有如下规定（ABC）。

A. 一字型、开口型双排脚手架的两端必须设置

B. 高度 24m 以上的封圈型双排架除在拐角处设置外，中间应每隔 6 跨设置一道

C. 高度在 24m 以下的封圈型双排架可不设置

D. 高度在 24m 以下的封圈型双排架应在拐角处设置

E. 20m 高度以下的封圈型双排架须在拐角处设置

91. 连墙件的数量、间距设置应满足以下要求（ABD）。

A. 计算要求　　　　　　　　　　　B. 最大竖向、水平向间距要求

C. 每一连墙件覆盖的最小面积要求　D. 每一连墙件覆盖的最大面积要求

E. 不考虑覆盖面积的要求

92. 在脚手架使用期间，严禁拆除（ACD）。

A. 主节点处的纵向横向水平杆　　　　　B. 非施工层上，非主节点处的横向水平杆

C. 连墙件　　　　　　　　　　　　　　D. 纵横向扫地杆

E. 非作业层上的踏脚板

93. 纵向水平杆的对接接头应交错布置，具体要求是（ABD）。

A. 两个相邻接头不宜设在同步、同跨内

B. 各接头中心至最近主节点的距离不宜大于纵距的 1/3

C. 各接头中心至最近主节点的距离不宜大于纵距的 1/2

D. 不同步、不同跨的两相邻接头水平向错开距离不应小于 500mm

E. 不同步、不同跨的两相邻接头水平向可在同一个平面上

94. 脚手架作业层上的栏杆及挡脚板的设置要求为（ABD）。

A. 栏杆和挡脚板均应搭设在外立杆的内侧

B. 上栏杆上皮高度应为 1.2m

C. 挡脚板高度不应小于 120mm

D. 挡脚板高度不应小于 180mm

E. 不设挡脚板

95. 临边防护栏杆的上杆应符合下列哪些规定？（AE）

A. 离地高度 1.0—1.2m　　　　　　　B. 离地高度 0.5—0.6m

C. 承受外力 3000N　　　　　　　　　D. 承受外力 2000N

E. 承受外力 1000N

96. 悬空作业应有牢靠的立足处，并必须视具体情况配置（BC）或其他安全设施。

A. 立网　　　　　　　B. 栏杆　　　　　　　C. 防护栏网

D. 安全警告标志　　　E. 安全钢丝绳

97. 在下列哪些部位进行高处作业必须设置防护栏杆？（ABCDE）

A. 基坑周边　　　　　　　　B. 雨篷边　　　　　　　　　C. 挑檐边

D. 无外脚手的屋面与楼层周边　　　E. 料台与挑平台周边

98. 建筑施工中通常所说的"三宝"是指哪些？（ADE）

A. 安全带　　　　　　　　　B. 安全锁　　　　　　　　　C. 安全鞋

D. 安全网　　　　　　　　　E. 安全帽

99. 安全平网主要由哪几部分组成？（ABCD）

A. 网体　　　　　　　　　　B. 边绳　　　　　　　　　　C. 系绳

D. 筋绳　　　　　　　　　　E. 包装绳

100. 没有采取相应安全措施，在（ABCDE）情况下不允许焊割作业。

A. 制作、加工和贮存易燃易爆危险品的房间内

B. 贮存易燃易爆危险品的储罐和容器

C. 设备带电

D. 刚涂刷过油漆的建筑构件和设备

E. 盛过易燃液体而未进行彻底清洗处理过的容器

三、判断题（本题型每题题干下有两个答案。只有一个选择，正确或是错误）

1. 施工单位应当建立、健全教育培训制度，加强对职工的教育培训；未经教育培训或者考核不合格的人员，不得上岗作业。（A）

A. 正确　　　　　　　　　　　　　　　　B. 错误

2. 建设单位在编制工程概算时，不必确定建设工程安全作业环境及安全施工措施所需费用。（B）

A. 正确　　　　　　　　　　　　　　　　B. 错误

3. 建设单位在申请领取施工许可证时，不必提供建设工程有关安全施工措施的资料。（B）

A. 正确　　　　　　　　　　　　　　　　B. 错误

4. 安全生产责任制是一项最基本的安全生产管理制度。（A）

A. 正确　　　　　　　　　　　　　　　　B. 错误

5. 任何单位和个人不得伪造、转让、冒用建筑施工企业管理人员安全生产考核合格证书。（A）

A. 正确　　　　　　　　　　　　　　　　B. 错误

6. 建设单位应当将拆除工程发包给具有相应资质等级的施工单位。（A）

A. 正确　　　　　　　　　　　　　　　　B. 错误

7. 未办理施工建筑意外伤害保险的项目，可以发放施工许可证，待发证后再予办理。（B）

A. 正确　　　　　　　　　　　　　　　　B. 错误

8. 施工单位从事建设工程的新建、扩建、改建和拆除等活动，应当具备国家规定的注册资本、专业技术人员、技术装备和安全生产等条件，依法取得相应的等级的资质证书，并在其资质等级许可的范围内承揽工程。（A）

A. 正确　　　　　　　　　　　　　　　　B. 错误

9. 施工单位专职安全生产管理人员应当依法对本单位的安全生产工作全面负责。（B）

A. 正确　　　　　　　　　　　　　　　　B. 错误

10. 在施工中发生危及人身安全的紧急情况时，作业人员有权立即停止作业或者在采取必要的应急措施后撤离危险区域。（A）

A. 正确　　　　　　　　　　　　　　　　B. 错误

11. 企业未取得安全生产许可证的，不得从事生产活动。（A）

A. 正确　　　　　　　　　　　　　　　　B. 错误

12. 任何单位或个人对事故隐患或者安全生产违法行为，有权向负有安全生产监督管理职责的部门报告或举报。（A）

A. 正确　　　　　　　　　　　　　　　　B. 错误

13. 施工起重机械在验收合格之日起 30 日内，施工单位应当向建设行政主管部门或者其他有关部门登记。（B）

A. 正确　　　　　　　　　　　　　　　　B. 错误

14. 电工不需要特别的培训，只要懂得电气工作原理的人就可以在施工现场操作用电。（B）

A. 正确　　　　　　　　　　　　　　　　B. 错误

15. 建筑施工企业应当为施工现场从事施工作业和管理的人员，在施工活动过程中发生的人身意外伤亡事故提供保障，办理建筑意外伤害保险，支付保险费。（A）

A. 正确　　　　　　　　　　　　　　　　B. 错误

16. 《关于深化建筑安全生产专项整治淘汰限制使用竹脚手架、井字架、人工挖孔桩等落后施工设备和工艺的实施意见》规定：建设行政主管部门在办理施工许可证和受理安全措施备案时要认真审查建设单位提供的申请材料，对违规使用落后施工设备和工艺的，不予办理相关许可手续。（A）

A. 正确　　　　　　　　　　　　　　　　B. 错误

17. 在生产过程中，事故是仅指造成人员死亡、伤害，但不包括财产损失或者其他损失的意外事件。（B）

A. 正确　　　　　　　　　　　　　　　　B. 错误

18. 《生产安全事故报告和调查处理条例》规定事故发生单位的负责人和有关人员在事故调查期间不得擅离职守，并应当随时接受事故调查组的询问，如实提供有关情况。（A）

A. 正确　　　　　　　　　　　　　　　　B. 错误

19. 《劳动防护用品监督管理规定》生产经营单位不得以货币或者其他物品替代应按规定配备的劳动防护用品，提供的劳动防护用品，必须符合国家标准或者行业标准。（A）

A. 正确　　　　　　　　　　　　　　　　B. 错误

20. 《关于严格实施建筑施工企业安全生产许可证制度的若干补充规定》发生事故的企业，安全生产许可证颁发管理机关应在事故发生之日起 5 个工作日内暂扣企业安全生产许可证。（A）

A. 正确　　　　　　　　　　　　　　　　B. 错误

21. 建设单位应按照合同约定将安全文明施工费用及时支付给施工单位（A）

A. 正确   B. 错误

22. 安全生产是为了使生产过程在符合物质条件和工作程序下进行，防止发生人身死亡、财产损失等事故，采取的消除或控制危险和有害因素、保障人身安全和健康、设备和设施免遭损坏、环境免遭破坏的一系列措施和活动。（A）

A. 正确   B. 错误

23. 施工单位应当为施工现场从事危险作业的人员办理意外伤害保险。意外伤害保险费由建设单位支付。（B）

A. 正确   B. 错误

24. 安全生产管理机构是指建筑施工企业及其在建设工程项目中设置的负责安全生产管理工作的独立职能部门。（A）

A. 正确   B. 错误

25. 进行专家论证会时，专家组成员应当由 5 名及以上符合相关专业要求的专家组成。（A）

A. 正确   B. 错误

26. 建筑工程实行施工总承包的，专项方案应当由施工总承包单位组织编制。（A）

A. 正确   B. 错误

27. 建筑起重机械安装完毕后使用单位应当按照安全技术规范及使用说明书的有关要求，对建筑起重机械进行自检、调试和试运转，出具自检记录。（B）

A. 正确   B. 错误

28. 县级以上人民政府负有建设工程安全生产监督管理职责的部门在各自的职责范围内履行安全监督检查职责时，有权纠正施工中违反安全生产要求的行为，责令立即排除检查中发现的安全事故隐患，对重大隐患可以责令暂时停止施工。（A）

A. 正确   B. 错误

29. 建设单位不得明示或者暗示施工单位购买、租赁、使用符合安全施工要求的安全防护用具、机械设备、施工机具及配件、消防设施和器材。（B）

A. 正确   B. 错误

30. 建筑施工企业安全生产责任制的考核范围包括各级管理人员、工程项目管理人员和作业人员，以及施工单位各职能部门。（A）

A. 正确   B. 错误

31. 对专业性较强的分部分项工程以及涉及新技术、新工艺、新设备、新材料的工程，施工单位应当单独编制安全技术措施。（A）

A. 正确   B. 错误

32. 按照《建筑施工安全检查标准》多人对同一项目检查评分时，应按加权评分方法确定分值。权数的分配原则应为：专职安全人员的权数为 0.4，项目负责人的权数为 0.6。（B）

A. 正确   B. 错误

33. 各工种的安全技术交底一般与分部分项安全技术交底同步进行。对施工工艺复杂、施工难度较大或作业条件危险的，应当单独进行各工种的安全技术交底。（A）

A. 正确   B. 错误

34. 建筑施工单位的主要负责人和安全生产管理人员，应当由建设行政主管部门对其安全生产知识和管理能力考核合格后方可任职。（A）

A. 正确　　　　　　　　　　　　　　　B. 错误

35. 建筑施工企业管理人员安全生产考核内容包括安全生产知识考试和安全生产管理能力考核。（A）

A. 正确　　　　　　　　　　　　　　　B. 错误

36. 所谓特种作业人员，是指直接从事特种作业者，其作业的场所、操作的设备、操作内容具有较大的危险性，容易发生伤亡事故，或者容易对操作者本人、他人以及周围设施的安全造成重大危害。（A）

A. 正确　　　　　　　　　　　　　　　B. 错误

37. 特种作业人员的培训考核内容，主要包括安全技术理论和实际操作技能两部分。（A）

A. 正确　　　　　　　　　　　　　　　B. 错误

38. 施工单位在设置防护栏杆、防护门等临边、洞口防护设施，以及搭设用于安全防护的脚手架时，要严格按照国家和行业标准、规范进行设置和搭设，并进行验收。（A）

A. 正确　　　　　　　　　　　　　　　B. 错误

39. 施工升降机运行到最上层或最下层时，可以采用限位装置来作为停止运行的控制开关。（B）

A. 正确　　　　　　　　　　　　　　　B. 错误

40. 施工人货升降机的基础坐落在地下室顶板上时，基础应进行重新设计，并严格按照设计要求进行施工。对地下室顶板位置要进行适当的加固，编制加固方案。（A）

A. 正确　　　　　　　　　　　　　　　B. 错误

41. 钢丝绳式施工升降机驱动吊笼的钢丝绳不应少于两根，且是互相独立的，钢丝绳直径不应小于 9mm。（A）

A. 正确　　　　　　　　　　　　　　　B. 错误

42. 安装时遇有雨、雪、雾以及风速超过 20m/s 的恶劣气候，不得进行安装作业。（B）

A. 正确　　　　　　　　　　　　　　　B. 错误

43. 施工升降机应设置高度不低于 1.5m 的地面防护围栏和围栏门登机门。（B）

A. 正确　　　　　　　　　　　　　　　B. 错误

44. 遇有大雨、大雾以及风速超过 20m/s 时必须停止运行，将梯笼降到底层，切断电源。（A）

A. 正确　　　　　　　　　　　　　　　B. 错误

45. 启动前应试验各限位装置、各门联锁装置的完好情况，空载进行升降试验，测定制动器的效能，确认正常后，方可工作。（A）

A. 正确　　　　　　　　　　　　　　　B. 错误

46. 项目经理部应对分包单位、机械租赁单位的建筑施工机械进行安全监督，分包单位、建筑施工机械租赁方应接受项目经理部的统一管理。（A）

A. 正确　　　　　　　　　　　　　　　B. 错误

47. 使用Ⅱ类电动工具，开关箱内应安装额定动作电流不大于 15mA，额定动作时间不大于 0.1s 的漏电保护器。（A）

A. 正确　　　　　　　　　　　　　　　　　B. 错误

48. 作业时，应一人扶夯，一人传递电缆线，递线人员应跟随夯机后或两侧调顺电缆线，电缆线不得扭结或缠绕，且不得张拉过紧，应保持 3～4m 的余量。（A）

A. 正确　　　　　　　　　　　　　　　　　B. 错误

49. 潜水泵的金属外壳应接零保护，设置专用的末级开关箱，箱内应安装漏电保护器，额定动作电流不大于 30mA，额定动作时间不大于 0.1s。其电源电缆应选用橡套软电缆，并不得有接头。工作时泵的周围 30m 以内不得有人、畜进入。（B）

A. 正确　　　　　　　　　　　　　　　　　B. 错误

50. 对一起事故的原因详细分析，通常有两个层次，即直接原因和间接原因。（A）

A. 正确　　　　　　　　　　　　　　　　　B. 错误

51. 当风速超过七级时，应将桩机顺风向停置，并增加缆风绳。（A）

A. 正确　　　　　　　　　　　　　　　　　B. 错误

52. 混凝土搅拌机作业中，当料斗提升时，严禁任何人在斗下停留或通过。（A）

A. 正确　　　　　　　　　　　　　　　　　B. 错误

53. 钢筋切断机运转中，应用手清除切刀附近的断头和杂物。（B）

A. 正确　　　　　　　　　　　　　　　　　B. 错误

54. 灰浆搅拌机运转中，不得用手或木棍等伸进搅拌筒内或在筒口清理灰浆。（A）

A. 正确　　　　　　　　　　　　　　　　　B. 错误

55. 多台电焊机集中使用时，应接在三相电源同一网络上。（B）

A. 正确　　　　　　　　　　　　　　　　　B. 错误

56. 施工现场用电工程的二级漏电保护系统中，漏电保护器可以分设于分配电箱和开关箱中。（B）

A. 正确　　　　　　　　　　　　　　　　　B. 错误

57. 需要三相五线制配电的电缆线路可以采用四芯电缆外加一根绝缘导线代替。（B）

A. 正确　　　　　　　　　　　　　　　　　B. 错误

58. 施工现场停、送电的一般操作顺序是：送电时，总配电箱→分配电箱→开关箱；停电时：开关箱→分配电箱→总配电箱。（A）

A. 正确　　　　　　　　　　　　　　　　　B. 错误

59. 用电设备的开关箱中设置了漏电保护器以后，其外露可导电部分可不需连接 PE 线。（B）

A. 正确　　　　　　　　　　　　　　　　　B. 错误

60. 一般场所开关箱中漏电保护器的额定漏电动作电流应不大于 30mA，额定漏电动作时间不应大于 0.1s。（A）

A. 正确　　　　　　　　　　　　　　　　　B. 错误

61. 施工现场架设或使用的临时用电线路，当发生故障或过载时，就有可能造成电气失火。（A）

A. 正确　　　　　　　　　　　　　　　　　B. 错误

62. 在一、二、三级动火区域进行焊割作业，焊工必须持操作证动火作业。（B）

A. 正确 B. 错误

63. 施工现场应当设置消防通道、消防水源、配备消防设施和灭火器材，现场入口处要设置明显标志。（A）

A. 正确 B. 错误

64. 违章指挥或违章作业、冒险作业造成事故的，应由肇事者或有关人员负直接责任或主要责任。（A）

A. 正确 B. 错误

65. 对事故的原因进行分析，技术和设计上有缺陷属于造成事故的直接原因。（B）

A. 正确 B. 错误

66. 对事故的原因进行分析，有分散注意力行为属于造成事故的间接原因。（B）

A. 正确 B. 错误

67. 安全距离是指高压线放电距离之外、施工坠落半径以内。（B）

A. 正确 B. 错误

68. 在学校、市场、主要人行道等行人较密集的地区，不宜使用砖墙围挡。（A）

A. 正确 B. 错误

69. 小型防护棚，一般可用钢管扣件脚手架材料搭设，但应符合规范要求。（A）

A. 正确 B. 错误

70. 当拆除工程对周围相邻建筑安全可能产生危险时，必须采取相应保护措施，必要时应对建筑内的人员进行撤离安置。（A）

A. 正确 B. 错误

71. 在拆除作业前，施工单位应检查建筑内各类管线情况，确认全部切断后方可施工。（A）

A. 正确 B. 错误

72. 拆除工程施工区应设置硬质围挡，围挡高度不应低于1.8m，非施工人员不得进人施工区。（A）

A. 正确 B. 错误

73. 当临街的被拆除建筑与交通道路的安全距离不能满足要求时，必须采取相应的安全隔离措施。（A）

A. 正确 B. 错误

74. 在拆除工程作业中，发现不明物体，应停止施工，采取相应的应急措施，保护现场并应及时向有关部门报告。（A）

A. 正确 B. 错误

75. 对脚手架立杆接长的规定是：除顶层顶步外，其余各层各步必须采用搭接连接。（B）

A. 正确 B. 错误

76. 扣件拧紧扭力矩应控制在以下范围应是：≥40N·m；≤65N·m。（A）

A. 正确 B. 错误

77. 扣件拧紧力矩不应小于40N·m，主要这是因为拧紧扭力矩过小：会使脚手架的

235

整体刚度过低，降低脚手架的整体稳定性。（A）

    A. 正确　　　　　　　　　　　　　　　B. 错误

78. 暴风雪及台风暴雨后，应对高处作业安全设施逐一加以检查。发现有松动、变形、损坏或脱落等现象，应立即修理完善。（A）

    A. 正确　　　　　　　　　　　　　　　B. 错误

79. 对邻近的人与物有坠落危险性的其他竖向孔、洞口，均应予以设盖板或加以防护，并有固定其位置的措施。（A）

    A. 正确　　　　　　　　　　　　　　　B. 错误

80. 防护棚搭设与拆除时，应设警戒区，并应派专人监护，可以上下同时拆除。（B）

    A. 正确　　　　　　　　　　　　　　　B. 错误

81. 攀登和悬空高处作业人员以及搭设高处作业安全设施的人员，必须经过上岗培训，并定期进行体格检查。（B）

    A. 正确　　　　　　　　　　　　　　　B. 错误

82. 临边防护栏中，钢管横杆及栏杆均采用符合要求的管材，以扣件或电焊固定。（A）

    A. 正确　　　　　　　　　　　　　　　B. 错误

83. 采用人字梯作业时，只有高级工可以站在梯子上移动梯子或在最顶层作业。（B）

    A. 正确　　　　　　　　　　　　　　　B. 错误

84. 悬挑式钢平台的搁支点与上部拉结合，宜设置在脚手架等施工设施上。（B）

    A. 正确　　　　　　　　　　　　　　　B. 错误

85. 结构施工自二层起，凡人员进出的通道口宜视情况搭设安全防护棚，高度超过24m 的层次必须搭设安全防护棚。（B）

    A. 正确　　　　　　　　　　　　　　　B. 错误

86. 施工前，应逐级进行安全技术教育及交底，落实所有安全技术措施和人身防护用品，未经落实时不得进行施工。（A）

    A. 正确　　　　　　　　　　　　　　　B. 错误

87. 我国现行的安全生产管理体制是"企业负责，行业管理，国家监察，群众监督"。（B）

    A. 正确　　　　　　　　　　　　　　　B. 错误

88. 政府是安全生产的监管主体。（A）

    A. 正确　　　　　　　　　　　　　　　B. 错误

89. 企业文化观念对于安全管理没有影响。（B）

    A. 正确　　　　　　　　　　　　　　　B. 错误

90. 垂直运输机械人员、安装拆卸工、爆破作业人员、登高架设作业人员、电工、锅炉工、焊工、信号工等特种作业人员必须经过考核合格取得操作证后方准上岗作业。（A）

    A. 正确　　　　　　　　　　　　　　　B. 错误

91. 安全生产责任制是一项最基本的安全生产管理制度。（A）

    A. 正确　　　　　　　　　　　　　　　B. 错误

92. 任何单位或个人对事故隐患或者安全生产违法行为，有权向负有安全生产监督管

理职责的部门报告或举报。（A）

    A. 正确　　　　　　　　　　　　　　　　B. 错误

93. 施工单位可以在尚未竣工的建筑物内设置员工集体宿舍。（B）

    A. 正确　　　　　　　　　　　　　　　　B. 错误

94. 施工组织设计是指导施工准备和组织施工的全面性的技术、经济文件，是指导现场施工的纲领性文件。（A）

    A. 正确　　　　　　　　　　　　　　　　B. 错误

95. 施工单位主要负责人依法对本单位的安全生活工作全面负责。（A）

    A. 正确　　　　　　　　　　　　　　　　B. 错误

96. 建设工程实行施工总承包的，由总承包单位对施工现场的安全生产负总责。（A）

    A. 正确　　　　　　　　　　　　　　　　B. 错误

97. 建设工程施工前，施工单位负责项目管理的技术人员应当对有关安全施工的技术要求向施工作业班组、作业人员作出详细说明，并由技术人员签字确认。（B）

    A. 正确　　　　　　　　　　　　　　　　B. 错误

98. 在施工中发生危及人身安全的紧急情况时，作业人员有权立即停止作业或者在采取必要的应急措施后撤离危险区域。（A）

    A. 正确　　　　　　　　　　　　　　　　B. 错误

99. 施工现场集体宿舍未经许可，一律禁止使用电炉及其他用电加热器具。（A）

    A. 正确　　　　　　　　　　　　　　　　B. 错误

100. 易燃易爆物品可以与其他材料混放保管。（B）

    A. 正确　　　　　　　　　　　　　　　　B. 错误

四、案例题（根据背景提出 4 个问题。每个问题可以有 4 个备选答案或有两个判断是否正确的答案，其中只有 1 个答案是正确的）

1. ［背景材料］某工程的 1 号物料提升机笼停在 2 层，女工唐某进行卸料作业，操作人员临时离开。这时另一班组喊叫要求得升相邻的 2 号提升机，路过此地的工作胡某却开动了正在卸料的 1 号提升机；唐某正跨于吊笼与平台之间，上升的提升机把唐某掀翻，从二层井架平台坠落到井架底，头部撞在井架上，抢救多日后，因颅内出血过重死亡。

    请判断下列事故原因分析得对错。

    （1）当有人在高工处提升机员笼处作业时，提升机操作人员擅自离岗。（A）

    A. 正确　　　　　　　　　　　　　　　　B. 错误

    （2）违反同一施工现场不得安装 2 台物料提升机的规定。（B）

    A. 正确　　　　　　　　　　　　　　　　B. 错误

    （3）女工唐某进行卸料作业时不应该进入员笼。（B）

    A. 正确　　　　　　　　　　　　　　　　B. 错误

    （4）非提升操作人员擅自操作提升机。（A）

    A. 正确　　　　　　　　　　　　　　　　B. 错误

2. ［背景材料］某高层住宅工地，由于进行清理墙面未经施工负责人同意将 15 层的电梯井预留口防护网拆掉，作业完毕未进行恢复。抹灰班张某上厕所随便在转弯处解手，不小心从电梯井预留口掉了下去，当场摔死。经现场勘查，电梯井内未设防护网。

请判断下列事故原因分析得对错。

(1) 未经施工负责人同意随意拆除安全防护设施，在作业完毕未立即恢复。（A）

A. 正确 　　　　　　　　　　　　　　　　　　B. 错误

(2) 全部责任由张某自负。（B）

A. 正确 　　　　　　　　　　　　　　　　　　B. 错误

(3) 电梯井内未按规定挂设防护平网。（A）

A. 正确 　　　　　　　　　　　　　　　　　　B. 错误

(4) 张某未将拆除的防护网恢复。（B）

A. 正确 　　　　　　　　　　　　　　　　　　B. 错误

3.［背景材料］某城建公司在某 5 号楼用吊篮架搞外装饰，工长指派 1 名抹灰工升降吊篮，在用倒链开降时，未挂保险钢丝绳，突然一个倒链急剧下滑 70cm，吊篮随即倾斜，使一名工人从吊篮上摔下死亡。

请判断下列事故原因分析的对错。

(1) 吊篮由未经培训的抹灰工操作升降，违反了安全规定。（A）

A. 正确 　　　　　　　　　　　　　　　　　　B. 错误

(2) 未挂保险钢丝绳。（A）

A. 正确 　　　　　　　　　　　　　　　　　　B. 错误

(3) 在吊篮上作业时未挂安全带。（A）

A. 正确 　　　　　　　　　　　　　　　　　　B. 错误

(4) 工人未戴绝缘手套。（B）

A. 正确 　　　　　　　　　　　　　　　　　　B. 错误

4.［背景材料］某建筑工地进行主体施工，搭设脚手架外侧未挂设密目式安全网，当日风很大，张某从楼底下经过，突然从五楼楼板边缘处掉下一块 1m 长 4cm×6cm 的方木，正好击中张某头部（未戴安全帽），经送医院抢救无效死亡。

请判断下列事故原因分析的对错。

(1) 主要是风太大风吹落方木所致。（B）

A. 正确 　　　　　　　　　　　　　　　　　　B. 错误

(2) 脚手架外侧未按规定挂设密目式安全网。（A）

A. 正确 　　　　　　　　　　　　　　　　　　B. 错误

(3) 张某违章未戴安全帽。（A）

A. 正确 　　　　　　　　　　　　　　　　　　B. 错误

(4) 对管理和操作人员缺乏应有的安全教育和安全技术交底。（A）

A. 正确 　　　　　　　　　　　　　　　　　　B. 错误

5.［背景材料］某建筑工地将挖基坑的土放在离基坑 10m 以外的一道砖砌围墙，围墙的外侧是一所小学操场，土堆高于围墙。一场大雨过后，一天，小学生课余操场上活动中，突然围墙倒塌，将正在围墙边玩耍的 4 名小学生压死在围墙底下。

判断下列对或错：

(1) 挖机堆土不应堆在围墙边。（A）

A. 正确 　　　　　　　　　　　　　　　　　　B. 错误

（2）小学生不应在围墙边玩耍。（B）

A. 正确　　　　　　　　　　　　　　　　　　B. 错误

（3）挖土单位违反操作规程。（B）

A. 正确　　　　　　　　　　　　　　　　　　B. 错误

（4）挖基坑基槽应按规定堆土。（A）

A. 正确　　　　　　　　　　　　　　　　　　B. 错误

6.［背景材料］某工地，焊接一膨胀水箱。焊工在完成了 4/5 的工作量下班后，工地负责人又安排了油漆工将焊好的部分刷上防锈漆。因场地通风不良，到第二天油漆未干。焊工上班后，未采取相应措施继续施焊，造成水箱内油漆挥发气体爆炸燃烧，焊工被烧灼伤。

判断题：

（1）从上述案例应吸取的主要教训是：工地负责人应严格按焊接要求组织生产、合理安排工序，进行有针对性的安全技术交底，不能强令工人冒险作业。（A）

A. 正确　　　　　　　　　　　　　　　　　　B. 错误

（2）施工现场动火前，动火过程中要严格进行环境安全检查。（A）

A. 正确　　　　　　　　　　　　　　　　　　B. 错误

（3）施工现场油漆作业与焊接作业可同时进行。（B）

A. 正确　　　　　　　　　　　　　　　　　　B. 错误

单选题：

（4）下列施工现场消防器材的配备说法正确的是（C）。

A. 临时搭设的建筑物区域内，每 100m² 配备 5 只 10L 灭火器

B. 大型临时设施总面积超过 50000m²，应备有专供消防用的太平桶、积水桶（池）、黄砂池等设施，上述设施周围不得堆放物品

C. 临时木工间、油漆间和木、机具间等每 25m² 配备一只种类合适的灭火器

D. 30m 高度以上高层建筑施工现场，应设置具有足够扬程的高压水泵或其他防火设备和设施

7.［背景材料］某房地产项目已由某施工单位中标作为总承包单位。该施工单位提出由另一家施工单位作为分包，承担主体施工。所有安全责任由分包单位负责，如果有了事故也由分包单位上报，并已签订了分包合同。

判断题：

（1）主体工程可以由分包单位自主承担。（B）

A. 正确　　　　　　　　　　　　　　　　　　B. 错误

（2）国家有规定，总包单位对工程建设项目施工的安全生产负总责。（A）

A. 正确　　　　　　　　　　　　　　　　　　B. 错误

（3）此事故应由分包单位上报。（B）

A. 正确　　　　　　　　　　　　　　　　　　B. 错误

（4）国家有规定，事故统一由建设单位上报。（B）

A. 正确　　　　　　　　　　　　　　　　　　B. 错误

8.［背景材料］某建工集团是一大型建筑公司。根据《中华人民共和国安全生产法》

和《中华人民共和国安全许可证条例》的有关规定应领取安全生产许可证，请判断下列论述是否正确：

(1) 安全生产许可证由国务院安全生产监督管理部门规定统一的式样。（A）

A. 正确   B. 错误

(2) 安全生产许可证的有效期为 4 年。（B）

A. 正确   B. 错误

(3) 安全生产许可证有效期满需要延期时，某建工集团应当于期满前 3 个月向原安全生产许可证颁发管理机关办理延期手续。（A）

A. 正确   B. 错误

(4) 某建工集团在安全生产许可证有效期内，严格遵守有关安全生产的法律法规，未发生死亡事故的，安全生产许可证有效期届满时，经原安全生产许可证颁发管理机关同意，不再审查，安全生产许可证有效期延期 4 年。（B）

A. 正确   B. 错误

9. ［背景材料］某宾馆单位负责人决定对饭店进行装修，工程由某建工集团公司负责施工。此次装修将涉及承重结构的变动。请就此案例回答下列问题：

(1) 为降低工程造价，某宾馆可以要求某建工集团公司使用不合格的建筑设备。（B）

A. 正确   B. 错误

(2) 某宾馆应当在施工前委托宾馆原设计单位或者具有相应资质等级的设计单位提出设计方案。（A）

A. 正确   B. 错误

(3) 为赶工期，可否在设计方案提出前就进行施工？（B）

A. 可以

B. 不可以

C. 经当地市人民政府批准后可以

D. 经当地市建设局批准后可以

(4) 在装修过程中原租用某宾馆五楼的某贸易公司可以按自己的需要自行变动房屋的承重结构。（B）

A. 正确   B. 错误

10. ［背景材料］某建工集团公司承建××市友好饭店的扩建项目，部分工程分包给某一建、某三建施工，整个项目由××监理公司监理。某建工集团公司董事长对生产安全事故的应急救援和调查处理提出以下问题，请回答：

(1) 某建工集团公司（B）制定本单位生产安全事故应急救援预案，建立应急救援组织或者配备应急救援人员，配备必要的应急救援器材、设备，并定期组织演练。

A. 不必   B. 应当

C. 视情况决定   D. 按××市建设局的要求

(2) 此项目应由某建工集团公司统一组织编制建设工程生产安全事故应急救援预案。（A）

A. 正确   B. 错误

(3) 若某一建负责部分的工程在施工中发生生产安全事故，应由（A）负责上报事故。

  A. 某建工集团公司   B. 某一建

  C.××监理公司   D.××市建设局

  （4）发生生产安全事故后，（A）应当采取措施防止事故扩大，保护事故现场。

  A. 某建工集团公司   B. 某一建

  C.××监理公司   D.××市建设局

11.［背景材料］某施工现场，一工人徒手推一运砖小铁车辗过一段地面上的电焊机电源线（电缆），一声爆裂，该工人倒地身亡。

  请判断事故原因。

  （1）小车将电缆线辗断，电缆破皮漏电工人手扶小铁车触电死亡。（A）

  A. 正确   B. 错误

  （2）电焊机的开关箱中无漏电保护器或漏电保护器失灵。（A）

  A. 正确   B. 错误

  （3）电焊机电源电缆线不应无防护覆设在地面上，应埋地或架设。（A）

  A. 正确   B. 错误

  （4）该推车的工人未戴绝缘手套。（B）

  A. 正确   B. 错误

12.［背景材料］某建筑公司施工的 2 号宿舍楼工程，1 名作业人员杨某在进行抹灰作业时，不慎踩滑从 6 楼窗外 18.5m 高处脚手架上坠落地面死亡。经现场勘查和问询有关人员，杨某所在作业面下无安全平网，杨某坠落前一只脚踏在脚手板（只有 1 块，未固定）上，另一只脚站在比脚手板低 30cm 的五层窗遮阳板上。

  请判断下列事故原因分析的对错。

  （1）未按规定搭设安全网进行防护。（A）

  A. 正确   B. 错误

  （2）未按规范架设脚手板，脚手板未固定。（A）

  A. 正确   B. 错误

  （3）杨某应当自行搭设脚手板后，再进行抹灰作业。（B）

  A. 正确   B. 错误

  （4）杨某违章作业。（A）

  A. 正确   B. 错误

13.［背景材料］1987 年 10 月，天津某公司机械站承担津翔铝型材制品分厂 15m 跨屋面梁及大型板吊装，当板（板重 1.1t）吊起约 4m 高度时，由于绳断、板落，将正在现场作业的起重工刘××和吊车司机李××当场砸死。后查所使用钢丝绳早就达报废标准，施工人员无安全教育和安全交底。

  请判断事故原因。

  （1）违章使用了已经达到报废标准的钢丝绳吊装大型屋面板，是造成这起事故的直接原因。（A）

  A. 正确   B. 错误

  （2）机械站管理混乱，缺乏相应的管理制度，已经达到报废标准的钢丝绳还继续使

用。（A）

    A. 正确   B. 错误

（3）在吊装作业前，没对各项准备工作做认真检查。（A）

    A. 正确   B. 错误

14. ［背景材料］某市建筑装潢公司油漆工吴某、王某二人将一架无防滑包脚的竹梯放置在高 3m 多的大铁门上。吴某爬上竹梯用喷枪向大门喷油漆，王某在下面扶梯子。工作一段时间油漆不够，吴某叫王某到存放油漆点调油漆，吴某在梯上继续工作。突然竹梯失重向右侧滑倒，导致吴某（未戴安全帽）坠落后脑着地，经送医院抢救无效死亡。

请判断下列事故原因分析的对错。

（1）竹梯无防滑措施。（A）

    A. 正确   B. 错误

（2）吴某施工作业时未戴安全帽。（A）

    A. 正确   B. 错误

（3）王某离开，使竹梯无专人扶梯。（A）

    A. 正确   B. 错误

（4）吴某高处作业未使用安全带。（B）

    A. 正确   B. 错误

15. ［背景材料］某大厦工程主体工程和外装修工程已基本完成，当 4 名工人乘施工升降机吊笼在该大厦第 9 层拆卸 SS100 型钢丝绳升降机架体时，升降机吊笼从 33m 高处坠落在地面，造成 4 人死亡。经现场勘查，该工地拆除了架体顶部的附墙杆，使架体自由高度超过 16m，按照该施工升降机使用说明书规定，设置附墙杆使用的升降机，架体自由高度不得超过 8m。违章拆除了架体顶部滑轮上钢丝绳防脱装置，防坠安全器失灵。

请判断下列事故原因分析的对错。

（1）违章拆除了架体顶部的附墙杆，使架体自由高度超过 16m，导致架体摇摆。（正确）

（2）SS100 型钢丝绳升降机不允许载人。（错误）

（3）升降机上的安全防护装置失灵。拆除了钢丝绳防脱装置，吊笼的防坠安全器失灵。（正确）

（4）由于违章拆除了架体顶部滑轮上钢丝绳防脱装置，导致防坠安全器失灵。（错误）

16. ［背景材料］某汽车厂二期扩建工程，为加夜班浇筑混凝土，安排电工将混凝土搅拌机棚的三个照明灯接亮，当电工将照明灯接完线合闸试灯时，听见有人喊"电人了"立即将闸拉掉，可是手扶搅拌机位外倒混凝土的杨某倒地经医院抢救无效死亡。经查搅拌机开关箱的电源线是四芯电缆，其中零线已断掉，这个开关箱中照明和动力混设，N、PE 混用。

请判断下列事故原因分析的对错。

（1）事故的直接原因是搅拌机接地线（PE）与照明器工作零线（N）共用一条零线，而且已经断线。当三个照明灯接通电源后，因共用零线已断，相线经灯具和共用零线连通搅拌机外壳致使其带电，当开灯时，杨某直接接触触电。（正确）

（2）这段线路没按临时用电 TN—S 系统的要求使用五芯线，而是使用了四芯线，线

路上没有专用保护零线（PE），当共用零线断掉时，使设备失去接地保护。（正确）

（3）搅拌机开关箱中，没有设置漏电保护器，而且搅拌机处 PE 线未作重复接地。因此，当外壳漏电时因无漏电保护使操作者触电死亡。（正确）

（4）施工现场应按规定将照明与动力两条线路分设。（正确）

17.［背景材料］某工地，一民工张某正在开搅拌机，开了半小时后，他发现地坑内砂石较多，于是将搅拌机料斗提升到顶，自己拿铁锹去地坑挖砂石，此时料斗突然落下，将张某砸成重伤。

请判断下列事故原因分析的对错。

（1）未切断电源。（B）

A. 正确   B. 错误

（2）将料斗提升后，未用铁锁锁住。（A）

A. 正确   B. 错误

（3）作业前，未进行料斗提升试验。（B）

A. 正确   B. 错误

（4）离合器、制动器失灵，未检查。（B）

A. 正确   B. 错误

18.［背景材料］某工地宿舍因用电乱接乱拉，在工人上班后电线短路引起大火，损失很大。

［问题］（1）请判断下列事故原因分析的对错。

1）用电管理混乱。（A）

A. 正确   B. 错误

2）无值班员。（A）

A. 正确   B. 错误

3）无建立用电管理制度。（A）

A. 正确   B. 错误

4）未有三级配电。（A）

A. 正确   B. 错误

［问题］（2）施工现场对于电气防火主要有哪些技术措施和组织措施

答：1）电气防火技术措施：

A. 用电系统的短路、过载、漏电保护器要配置合理，更换电器要符合原规格。

B. PE 线的连接点要确保电气连接可靠。

C. 电气设备和线路周围，特别是电焊作业现场和碘钨灯等高热灯具周围要清除易燃易爆物或作阻燃隔热防护。

D. 电气设备周围要严禁烟火。

E. 电气设备集中场所要配置可扑灭电气火灾的灭火器材。

F. 防雷接地要确保良好的电气连接。

2）电气防火组织措施：

A. 建立易燃易爆物和腐蚀介质管理制度。

B. 建立电气防火责任制，加强电气防火重点场所烟火管制，并设置禁止烟火标志。

C. 建立电气防火教育制度，定期进行电气防火知识宣传教育，提高各类人员电气防火意识和电气防火能力。

D. 建立电气防火检查制度，发现问题，及时处理，不留隐患。

E. 建立电气火警预报制，做到防患于未然。

F. 建立电气防火领导责任体系及电气防火队伍。

G. 电气防火措施可与一般防火措施一并编制。

19. ［背景材料］某工地现场木工房，因木工活多，木材下脚料，木屑满地都是，木工有吸烟习惯，木工认为干了20多年木工也没事，一天木工吸完烟头没处理好便下班了，半夜木工房内起了大火，把工地木材和木棚烧光。

［问题］（1）分析木工房发生火灾的主要原因是什么？

答：1）木工房用火管理制度不严，对作业人员没有进行安全教育；

2）违反木工作业场所严禁烟火的规定；

3）作业场所堆放混乱，木材下脚料，木屑满地都是，没有及时清理，没有做到工完场清。

［问题］（2）施工现场对建筑木工作业时防火有哪些要求？

答：1）建筑工地的木工作业场所要严禁动用明火，工人吸烟要到休息室。工作场所严禁堆放易燃易爆物品。

2）经常检查电气设备及线路情况，有问题要请电工及时维修，及时清理刨花和锯末，并堆放在指定地点。

胶水炉子应置于单独房间内，用后立即熄灭。

严格执行建筑安全操作规程，木料堆放整齐，做到工完场清。

现场支模时，作业人员严禁吸烟，严禁在支模作业上方进行焊接动火作业，模作业区应配备消防器材，明确消防责任人。

20. ［背景材料］某工地在一面积为8m×8m的车间内，氧气瓶、乙炔瓶、二氧化碳气瓶存放在同一房角的水泥地面上，两名工人进行电焊作业，辅助工在休息吸烟，正在作业的人员经过培训考核，但尚未领到"特种作业操作证"，因天气炎热，两人只穿汗衫。请分析以上描述中存在哪些不安全因素？

答：（1）氧气瓶、乙炔瓶、二氧化碳瓶三种瓶未保证5m的安全距离。

（2）三种瓶放在8m×8m的房间内均不能保证与施焊点10m的安全距离。

（3）辅助工人休息吸烟属于严重违章。焊工虽经培训，但未持证上岗。且两人应穿电焊防护服，只穿汗衫不符合劳保规定。

（4）8m×8m的房间不应作为焊接车间，消防管理不到位。另外动火证是否办理，灭火器或其他灭火设施是否配备。